余滔 编著

# 做人好『关键』

## ——经典故事助你长情商

江苏大学出版社

JIANGSU UNIVERSIT PRESS

镇江

图书在版编目（CIP）数据

做人好"关键"：经典故事助你长情商 / 余滔编著
. — 镇江：江苏大学出版社，2014.1(2015.9 重印)
ISBN 978-7-81130-630-9

Ⅰ.①做… Ⅱ.①余… Ⅲ.①情商－青年读物②情商
－少年读物 Ⅳ.①B842.6－49

中国版本图书馆 CIP 数据核字(2014)第 006961 号


做人好"关键"——经典故事助你长情商
ZUOREN HAOGUANJIAN——JINGDIAN GUSHI ZHUNI ZHANGQINGSHANG

编　　著/余　滔
插图创作/吕立永
责任编辑/汪再非　仲　蕙
出版发行/江苏大学出版社
地　　址/江苏省镇江市梦溪园巷 30 号(邮编：212003)
电　　话/0511-84446464(传真)
网　　址/http：//press.ujs.edu.cn
排　　版/镇江华翔票证印务有限公司
印　　刷/虎彩印艺股份有限公司
经　　销/江苏省新华书店
开　　本/718 mm×1 000 mm　1/16
印　　张/17
字　　数/250 千字
版　　次/2014 年 1 月第 1 版　2015 年 9 月第 3 次印刷
书　　号/ISBN 978-7-81130-630-9
定　　价/34.00 元

如有印装质量问题请与本社营销部联系(电话：0511-84440882)

# 自 序

　　一位哲人说过:世界上的事情,除了"做人",几乎每一件都可以自己请人代做,唯有"做人",这件独一无二的事情,非得自己亲自来做不可!

　　每个人"做人"的理想和追求各有不同,然而想要在"做人"的各种经历面前事事顺心、处处如意,应是每个人共同向往的"做人"佳境吧?

　　现实生活之中,有的人"做人"难,有的人难"做人";因此,顺心如意的时候并不多。然而,有的人却能"做人"时"前后照应",有的人则能"做人"时"左右逢源";这些人无论担任什么样的"角色",都能唱一段令人满意的"折子戏",顺心如意的时候自然要多一些。

　　其实,"做人"做得怎么样,并没有多少高深的学问,也没有多少科技的含量;因此,并不需要如何去深入钻研。"做人"这件事,与"智商"略有联系,主要则靠一个人的"情商"。

　　"情商"即人的情绪品质和适应社会的能力。一个人的"情商"大抵是可以训练养成的,相比"智商"的培养和提高,"情商"更多地依赖于"后天"的努力,不必受"先天"条件太大的制约,换句伟人毛泽东的话说,这是应该可以"好好学习,天天向上"的。

如何去培养"情商"呢？很多人已经采用了很多的方法,效果也很好。不过,传统"国学"以及中外经典故事中就有许多生动的事例,既可以令人读起来津津有味,还能够使人读过后仔细寻味。这些事例易于熟记,而且蕴含许多通俗而明白的道理,便于领会,举一反三,融会贯通,如此一来,"做人"的情商自会不断提高和增强。

故而,不揣浅陋及冒昧编著此书,以求有益于青少年和有心人,并就教于宗师和大家。

2013 年 6 月 1 日

# 目　录

# 第 1 讲
## 做 个 好 自 我

**自然·自尊·自立·自在**

"自我"是构成社会的个体,特定人群中的"自我"担负不同的责任,维护共同的秩序;社会才得以进步和发展。然而,社会进步和发展的最终目的是为了人的利益和幸福,没有人的根本利益和幸福生活,社会的所有变化和激荡最终必然是毫无正面价值可言的。因此,我们关心社会的起点和归属,归根结底是关心"自我"的存在和实现。做一个好的"自我",不仅有利于社会和他人,而且能使自己的生命活得更加精彩、更加适意。

## 自　然

> "人法地,地法天,天法道,道法自然。"——老子

　　人是有意志的,但人的意志不能违背自然规律,这是因为人本身就是自然规律的产物,人来自于自然,必将归之于自然。所以,作为"自我"的个人,首先要正确认识生命的本质,正确了解人生的内涵。

　　老子说过:"道生一,一生二,二生三,三生万物。"这句话说出了宇宙及大自然形成演变的基本规律:世上的一切,都不过是大自然的产物。庄子说:"死生,命也,其有夜旦之常,天也。"意思是说:死与生是自然而不可避免的,它们如同黑夜和白天的永恒交替一样,是自然的规律。并进一步假托黄帝之口说:"生也死之徒(延续),死也生之始,孰知其纪(规律)!人之生,气之聚也。聚则为生,散则为死。若死生为徒(如果生和死是一个互相延续的必然的过程),吾又何患(有什么可担忧的呢)!"

　　庄子的妻子去世了,庄子的朋友惠子前来吊唁,惠子原以为庄子与妻子感情深厚,一定会十分悲痛地吃不下,睡不安。不料,惠子来到庄家,却看到庄子一边分开双腿像簸箕一样盘腿坐着,一边敲打着瓦缶唱歌。

　　惠子不由得生气说:"你跟自己的妻子生活了一辈子,妻子为你生儿育女,操持家务,直到老病而亡,你不伤心哭泣也就罢了,怎么还能敲着瓦缶唱起歌呢?你这家伙是不是太过分了?"

　　庄子回答说:"不是你说的这个意思啊。我妻子她刚去世时,我怎么能不伤心感怀和悲痛呢?然而仔细想来想去,如果我一味地悲伤不已,岂不是不明生死之理,不通天地之道吗?"惠子反问说:"生死之理、天地之道应该是怎样的呢?"庄子说:"人的生命出生之前是不存在的,所以说她原来就不曾出生,不只是不曾出生,而且本来就不具有形体,不只是不具有形体,而且原本就不曾形成元气。阴阳交杂在冥茫之间,变化而有了元气,有了元气变化而有

了形体,形体变化而有了生命。如今她又变化回到了死亡。所以,人的生命从生到死的变化就如同春夏秋冬四季运行一样,这是大自然的一种规律。死去的那个人将安安稳稳地睡在天地这个最大的房室之中,已归于寂静,而我却一直不停地围着她痛哭不止,我如果这样做,岂不是不能通达生命的本质和天地之道吗?所以,我就停止哭泣了。"

在庄子看来,生死犹如日出日落、四时交替,都属自然变化,人不应该为顺乎自然的事难过。即使庄子的行为有不妥之处,而他的阐述并非没有道理。

儒家的代表人物同样认为,人的生命从生到死是一个符合天地运行规律的自然的过程。子(孔子)在川上曰:"逝者(过去的时光)如斯夫! 不舍昼夜。"子曰:"天何言哉? 四时行焉,百物生焉,天何言哉?"意思是说,天说什么话了吗? 四季照样按照

【子在川上曰】

天的意志运行,万物照样按照天的意志生长,天说什么话了吗? 孟子曰:"我善养吾浩然之气。……其为气也,至大至刚,以直养(用正直、坦荡去培养)而无害(不加伤害),则塞(充塞)于天地之间。"孔、孟以后的儒家越来越清晰地表达出同样的思想,北宋时期的大儒张载在其著作《正蒙》中说:"气之为物,散入无形,适得吾体,聚为有象,不失吾常。太虚不能无气,气不能不聚而为万物,万物不能不散而为太虚。""聚亦吾体,散亦吾体,知死之不亡者(知道死了并非什么都没有了),可与言性(谈论天性与人性的道理)矣。"

儒家尤其是宋朝及其之后的儒生,普遍认为:人的生命受之于自然,必归之于自然,如果生是有意义和有价值的,对死亡就应该无所畏惧。正如朱熹所言:"人受天所赋许多道理,自然完备无欠缺。须尽得这道理无欠缺,到那时,乃是生理已尽,安于死而无愧。"

孔子还对人生命的过程和进展同样有合乎自然法则的概括性的表达。子曰："吾十有五而志于学,三十而立,四十而不惑,五十而知天命,六十而耳顺,七十而从心所欲,不逾矩。"这是孔子最为著名的言论之一,它微言大义,既勉励人们注重自身的道德修养,规范自己的言行举止;同时又告诉人们,人的一生有循序渐进的成长规律,每个阶段应各有不同的心境和追求,这也是人生的自然法则。正所谓:到什么山,唱什么歌;到什么时候,说什么话。一个人在30岁之前就应该通过学习和努力,打下良好的思想和事业的基础,足以在社会上自立。到了40岁就应该明白事理,辨别是非;所以,子曰:"年四十而见恶焉,其终也已!"意思是说:这个人到了40岁还(好歹不识,是非不分)被人们所厌恶,那么这个人一生也就完了。人到了50岁就应该懂得天道物理的根本规律。至于人到了晚年,该怎样呢? 60岁的时候就应该"耳顺",什么话都能听得进去,不必听到什么不利于自己的话就动火发脾气。70岁以后就应该达到一种"自由"的境界:一方面随心所欲,不再受这样那样的羁绊和役使,可以完全地"只为自己活着";另一方面又不会超越法度和规矩妨害他人,做出越轨的事来。

人应有"自我"意识,首先就应该懂得人不过是大自然的一部分,生于自然,必将归于自然。每个人的生命都是一个过程,这个过程如日月普照大地,众生皆如是,概莫例外,不必惆怅,不必悲伤。

当然,人的生命并非生下来什么样子,死了以后还是什么样子。每个人都应该经历从出生到成长、成熟及至衰老和死亡的阶段,每个阶段的生命又各有其不同状态和特征;因此,必然会有不同的表现和需求,这也是规律。人在出生以后的成长阶段,主要的需求是肉体和精神的营养补充,此时离不开家人、老师及他人的哺育、帮助和教导。人在长成青壮年以后,精力充沛,信心百倍,当然应该大显身手干一番事业,对家庭和社会作出自己应有的贡献。到了生命的后阶段,尤其是晚年时光,一般人的意志、精神和体力都会下降,除非有特殊的原因和特别的使命,每一个人都应当逐步"退"下来,不再做过多的"非分"之想。长江后浪推前浪,一代更比一代强;前浪总不让,后浪怎么上? 最后前浪只能被后浪拍到堤岸上去了。

人来于自然,理应合乎自然、顺乎自然。

## ● 自 尊 ●

"儒有可亲而不可劫也,可近而不可迫也,可杀而不可辱也。"——《礼记·儒行》

每个"自我"都希望得到别人的尊重,这是每一个正常人的共性,也是每一个正常人最基本的需求;因为只有得到尊重的生命,才是有价值和有意义的人生。任何人要想得到别人的尊重,首先要自己尊重自己,不向别人卑躬屈膝,不允许别人对自己歧视和侮辱。

《礼记·儒行》中说:"儒有可亲而不可劫(威逼)也,可近而不可迫(胁迫)也,可杀而不可辱(羞辱)也。"《礼记》中还记载了这样一则故事:春秋战国时期,有一年,齐国发生了一次十分严重的灾荒,很多人由于缺粮少食而饿死。有一位名叫黔敖的贵族奴隶主,在大路旁摆上一些食物,等着饿肚子的人经过,施舍给他们。一天,一个饿得十分狼狈的人用袖子遮着脸,拖着一双破鞋子,摇摇晃晃地走了过来。黔敖看到他,便左手拿起食物,右手端起汤,傲慢地吆喝道:"嗟! 来食!"("喂! 来吃吧!")那个饿汉抬起头来,轻蔑地看了黔敖一眼,说:"我就是因为不吃像你这种人的'嗟来之食'才饿成这样的。"黔敖听他这么一说,也觉得自己做得有点过分了,便向饿汉表示道歉,但是饿汉终究不吃他的食物,最终宁可饿死。

故事到这里并没有全部结束,孔子的学生曾子听说这件事后,说了这么一句话:"微与,其嗟也可去,其谢(道歉)也可食。"曾子的意思是说:施舍者傲慢地侮辱饿汉,饿汉是不能接受的;但是,当施舍者表示道歉后,饿汉还是应该接受食物的,毕竟人不能过于固执吧。

饿汉最终不食而亡,的确令人同情和惋惜;但是从此"不食嗟来之食"成为一个人维护自尊极端典型的事例。

自尊是一种良好的品性,也是一种风骨,它不仅维护的是个人的尊严,同时也是对生命的敬仰和尊重,在特殊的场合,它还起到维护国家和民族尊严的作用与效果。

中华人民共和国的开国总理周恩来有一次会见某个外国元首,那个时候,中华人民共和国的国际地位还没有得到巩固和提高,这个外国元首看不起中国人和中国的总理。就在和周恩来总理礼节性地握过手之后,他从衣服兜里掏出一块手帕擦了擦手,然后把手帕放回了兜里。这时,周恩来总理不慌不忙地掏出一块手帕,擦了擦手,然后把洁白的手帕扔进了垃圾箱。还有一次,一位外国记者问周恩来总理:"我们西方人走路总是挺起胸膛,中国人走路总是弯腰曲背,这是为什么?"周恩来总理回答说:"这是因为我们中国人正在走上坡路,而你们西方人正在走下坡路。"

周恩来总理恰当而机智、幽默而大方的应对,让外国人看到了"站起来的中国人"的尊严以及中国文化的魅力,极大地提升了他个人及祖国在国际社会中的影响和地位。

唯有自尊,才能自强,这一点是不分地域和贫富的。

20世纪初,美国南加州沃尔逊小镇上来了一群逃难的流亡者。镇长杰克逊大叔给一批又一批的流亡者送去粥食。这些流亡者,显然已好多天没有吃到这样的食物了,他们拿到粥食,马上就狼吞虎咽地大口吃起来,连一句感谢的话也来不及说。

只有一个人例外,当杰克逊大叔将食物送到他面前时,这个脸色苍白、十分削瘦的小伙子问:"先生,吃您这么多东西,您有什么活儿需要我做吗?"杰克逊大叔心想:给流亡者一顿果腹的饮食,是每一个善良的人都会做的事情，不需要有什么交换，于是回答说："没有，我没有什么活儿需要你来做的。"小伙子很遗憾地说："那我就不能随便吃您的东西了，我不能没有经过劳动，便平白无故地得到这些东西。"杰克逊大叔又想了想说："我想起来了，我家确实有一些活儿需要你帮忙。不过，等你吃完这些食物，我再给你派活儿吧。"

"不，我现在就做活儿，等我做完了您的活儿，我再吃您的食物。"小伙子站起来说，杰克逊大叔十分赞赏地望着他，思忖片刻说："小伙子，你愿意为我这个老人捶捶背吗?"说着，就蹲在了他的面前。小伙子也蹲下来，十分认真而细致地给杰克逊大叔轻轻地敲起背。过了几分钟，杰克逊大叔十分惬意地站起来说："好了，小伙子，我的腰现在舒服极了。"说完，将食物递过去，小伙子立刻狼吞虎咽地吃起来，杰克逊大叔笑着注视着他说："小伙子，我的庄园现在太需要人手了，如果你愿意留下来帮我的话，那我可就太高兴了。"

小伙子留下来了，并很快成为杰克逊大叔庄园里干活的一把好手。过了两年，杰克逊大叔把自己的女儿玛格珍妮许配给他，杰克逊大叔对女儿说："别看他现在一无所有，可他日后百分之百会成为富翁，因为他有强烈的自尊，这样的人必将成为强者。"20多年后，小伙子果然拥有了一笔让所有美国人都羡慕的财富，成为美国石油大王，他的名字叫哈默。

人们从自尊者身上所看到的，往往不仅仅是人格的尊严，还有拼搏奋斗的勇气和智慧。

自尊者知耻，不做丑恶卑贱之事，不为苟且龌龊之举，自然也就不容歧视、侮辱自己的事情发生。只有如此，才能赢得别人对自己的尊敬和重视，才能感受做人的体面和快乐。

当然，自尊不是妄自尊大。自尊者与人平等友善，相互尊敬;自大者处处表现自己，轻视他人。自尊者得人心，自大者失人心，得人心者人助之，失人心者人弃之。一个好的自我，就要做一个自尊者，不要成为自大者。

同时，做一个好的自我，还要正确对待别人，尤其是遇到与自己本无矛盾和冲突之人,对自己无敌意、非故意的不礼貌或者不敬重时,要用一颗平常心和包容心进行善意的提醒和化解。否则,做出过于"自尊"的强势表现和强烈反应,反而得不到别人的理解和尊重,甚至会引发更多、更大的麻烦和问题。曾子评价"嗟来之食"说过:"其嗟也可去,其谢也可食。"其"谢也可食",既是对别人出现失误之后改正表现的尊重,也是对自己维护尊严之后宝贵生命的尊重,这是一种更具有特殊意义的"自尊"。

## 自 立

"天行健,君子以自强不息;地势坤,君子以厚德载物。"

——《周易》

自尊是对生命意义的觉醒,然而生命还有其更重要的价值,这就是使命。较好地完成使命是超越个体死亡,得到个体生命延续的途径。老子说:"民不畏死,奈何以死惧之。"孔子说:"朝闻道,夕死可矣。"孟子说:"尽其道而死者,正命也。"但是老子又说:"死而不亡者寿(人虽然死了,但其精神、事迹、影响还存在,这就叫长寿)。"孔子又说:"小不忍,则乱大谋。"孟子又说:"天将降大任于斯人也,必先苦其心志,劳其筋骨,饿其体肤,空乏其身……"总之,一个好的"自我",必须多加考虑的是如何把自己个人有限的生命与天地之间无限的变化、发展联系在一起,这才是对个体死亡真正的超越。

《左传》中记载:晋国执政者范宣子问鲁国大夫叔孙豹说:"古人有言曰'死而不朽',何谓也?"叔孙豹说:"豹闻之,太上有立德,其次有立功,其次有立言,虽久不废,此之谓不朽。"意思是说:我听说,(作为一个人)最高层次是树立高尚的品德,第二层次是建立卓越的功勋,第三层次是创立闪光的学说,(只要实现其中的一项,这个人的影响)即使经历再长的时间也不会被废弃,这就叫做人虽然死了,却能长久地存在下去,永不磨灭。叔孙豹对人如何才能"死而不朽",也就是永生的判断和概括,可谓全面而准确、通达而深刻,千百年来,为人们所引用、牢记和传扬。

明朝的王阳明,人称"治学之名儒,治世之能臣"。他的故居有一副楹联:"立德立言立功真三不朽,明理明知明教乃万人师。"晚清的曾国藩,大到治国、治军,小到治家、修身都有很多宝贵的经验做法和理论思想,值得后人学习和借鉴。他是蒋介石、梁启超、青年毛泽东崇拜过的偶像。有人用对联总结曾国藩的一生:"立德立功立言三不朽,为师为将为相一完人。"

人生"三立"为什么以立德为"太上"放在第一位呢?因为"德"是做人的基础和根本,有了"德"才能正确处理自己与他人、与社会、与自然的关系,才能既让自己好好地活着,又使他人好好地活着;自立之人有了良好的道德品行,才能更好地"立功"、"立言"。另外,现代哲学大师冯友兰先生,对此还有更具实际意义的深刻理解,他说:"人生所能有的成就有三——学问、事功、道德,即古人所谓立言、立功、立德,所以成功的要素有三——才、命、力,即天资、命运、努力。学问的成就需要才的成分大,道德的成就需要努力的成分大。……要成大学问家,必须有天资,即才。……有的人常常说我立志做大学问家,或立志要做大政治家,这种人可能会失望的,因为如果才(天资)不够,不能成为大学问家(立言),命运(机遇)欠好,不能成为大政治家(立功),唯立志为圣贤(立德),则只要自己努力,一定可以成功。"

人若做到"三立",则非凡夫俗子,然而,现实世界中能为世上的大众"立功"、"立言"的毕竟是少数人,能够给全国人民或者一个地方、一个领域"立德"(树立道德楷模)的,也并非人人皆可为。对于芸芸众生而言,"自立"的意义更多的时候体现在家庭之中、人伦范围。

江苏淮安有一位姓严的老人,一辈子以种田为生。他在70多岁得绝症住院的日子里,表现得十分淡定和坦然。他的子女和孙辈们既为此感到安慰,又有点迷惑不解,因为他们的父亲和爷爷并非是有多少文化知识的人,也不是什么宗教信徒,岂能如此参透人生?有一天,上大学的大孙子陪着爷爷过夜,老人家拉着大孙子的手说:"大孙子,你知道爷爷这一辈子最开心、最骄傲的事情是什么吗?"不等孙子回答,老人家就自言自语地说道:"我这辈子最开心的事就是盖了两次房屋。第一次是20世纪80年代初,我才40岁出点头,刚刚搞'大包干'(农村改革)不久,那时候家家户户都有吃有穿了,可许多人家还住在土房子(用土垒墙的房子)里,我和你奶奶没日没夜地干活,终于在我们村里最早盖起三间大瓦房。记得刚住到新屋子里面的时候,你老太爷高兴得直淌眼泪,你爸爸、叔叔、姑姑们一个劲儿在三间屋子里跑来跑去。第二次就是你爸爸30多岁的时候,我帮助他一起努力在城里造起了独门独院的五间大瓦房。"

"那爷爷就是为盖房子开心,为盖房子骄傲吗?"大孙子问爷爷。老人家拍着孙子的手说:"是,也不全是。爷爷还骄傲的是,你和你弟弟、妹妹们都是肯学上进的好孩子。你可是我们村子里少有的大学生啊。"停了一会儿,老人家又自言自语地说:"我现在没有什么牵挂的了,我就要去见我的爸爸、妈妈了,我要告诉他们,我的任务都完成了,现在,就让我来陪着你们吧。"七天以后,这位姓严的老人十分安详地离开了人世。

一个好的自我,他的人生必然是自力更生、奋发有为的,"达则兼济天下,穷则独善其身"。当他被推上历史舞台,成为国家民族或大众的代言人、主心骨、精英分子,就应该成为时代的弄潮儿、社会的领跑者,摆在他面前的人生使命是为国家和人民建功立业、鼓劲呐喊。然而,无论是多么汹涌澎湃、惊天动地、排山倒海的巨浪,都是由一滴滴水珠、一朵朵浪花所组成的,作为一个个平凡而普通的"自我",虽然只是一朵朵并不显眼的浪花,但是同样有自己所要面对的人生使命,这就是:担负起凝聚血脉、传宗接代的责任!唯有如此,才能涓涓细流汇成大海,才有人类生生不息的延续和发展;因此,每一个平凡普通的"自我",同样有"立功"、"立言"的不朽事业,这就是:创建自己的"家业",传承自己的"家风"。

正如古人所言:"一等人忠臣孝子,两件事读书种田。"忠臣并非愚忠于某个皇帝或主子,而是忠于国家和人民,忠心为国家、人民出力,这样的人便是一等人。做不了忠臣,就做孝子,担负起"养家"、"孝亲"的责任,孝子无论贵贱、贫富,同样是"一等人"。"种田"是为了生存和生活,自力更生、丰衣足食,这是最普遍和最根本的"自立";读书是为了明白做人的道理和努力的方向——做忠臣抑或孝子,这是"自立"的思想基础和动力源泉。

当然,一个人无论是"大立"于社会,还是"小立"于家园,足以依靠的主要是自己的努力。所以孔子说:"君子求诸己,小人求诸人。"一个好的"自我"遇到困难时首先想到的是靠自己去想办法解决,不到万不得已不去求助别人。

汉代有人编辑过运用《诗经》叙事、议论的著作《韩诗外传》,其中有一段故事。魏国国君魏文侯问大臣狐卷子曰:"父贤足恃乎?"(一个人的父亲很贤明,这个人可以依靠自己的父亲达成自己的人生目的吗?)对曰:"不足。""子贤足恃乎?"对曰:"不足。""兄贤足恃乎?"对曰:"不足。""弟贤足恃乎?"对曰:"不足。""臣贤足恃乎?"对曰:"不足。"文侯勃然作色而怒曰:"寡人问此五者于子,一一以不足者何也?"最后这句话的意思是,魏文侯发怒地责问狐卷子:"我问你父、子、兄、弟、臣五种贤明的人,能不能让人去依靠他们,你每一个都回答不行,为什么啊?"

狐卷子回答说:"即便有尧这样贤明的父亲,他的儿子丹朱也遭到放逐;即便有舜这样贤明的儿子,他的父亲瞽叟也被拘禁;即便有舜这样的兄长,他的弟弟象也被流放;即便有周公这样贤明的弟弟,他的哥哥管叔也被诛杀;即便有商汤王、周武王这样贤明的臣子,夏桀王、商纣王也遭到了讨伐。因此,一个人凡事要靠自己努力,一心指望别人是不能如愿的,一心依靠别人是不能长久的。大王您要想治理好自己国家,就要靠自身从勤奋努力做起。"

任何人哪怕是自己的父亲或儿子再贤明、再尊贵、再富裕,都不足以成为一个好的"自我"所完全依赖的对象。一个好的"自我"必须从自己依赖的人那里独立出来，自己行动，自己做主，自己负责，自己创造。古人将天、地、人并称为"三才"，作为"三才"之一的人，应该是顶天立地、堂堂正正，自立于天地之间的人。

## ● 自 在 ●

"日出而作，日入而息，逍遥于天地之间，而心意自得。"

——庄子

    人是大自然最杰出的灵长类动物，是"上帝"的宠儿。一个好的自我理当是有情有义有作为，与此同时，还应该充分享受美好的自然和幸福的人生，做一个有乐有趣的自在人。

庄周梦蝶

    那么，人的"自在"从何而来呢？《庄子·梦蝶》篇千百年来引发人们无尽的思考。"昔者庄周梦为蝴蝶，栩栩然蝴蝶也，自喻适志与！不知周也！俄然觉，则蘧蘧然周也。不知周之梦为蝴蝶与，蝴蝶之梦为周与？周与蝴蝶，则必有分矣。此之谓物化。"这段话的意思是说，从前庄子（庄周）做了一个梦，梦见自己变成一只蝴蝶，翩翩飞舞的一只蝴蝶，自我感觉十分轻松惬意、自在快乐。这时候全然忘记了自己是庄周。一会儿醒来，对自己还是庄周这个人感到很惊奇。再想一想，不知是庄周做梦变成蝴蝶呢，还是蝴蝶做梦变成庄周呢？庄周与蝴蝶必定是有分别的，现在这样变化就应该叫做物化。

    原来，当一个人达到"忘我"之境界时，"天地与我共生，万物与我为一"是最为舒适、自在的啊。所以,一个好的自我,应该不仅拿得起,还要放得下。

古代有一位身经百战、出生入死、从未有过畏惧之心的老将军,解甲归田之后原本想安享晚年,过上自由自在的恬淡、舒适的生活;可是由于一些过去的老部下经常带一些古董来看他,几年以后,他渐渐地迷上收藏古董。一天,他在把玩最心爱的一件古瓶时,一不小心差点脱了手,老将军吓得出了一身的冷汗,几乎晕死过去,幸亏家人及时扶住老人,才未跌倒在地。老人休息了一会儿,用毛巾擦拭面部时,突然若有所悟:"为什么我当年出生入死,从来什么都不怕,现在老了解甲归田,想过舒心的日子,反而会吓出一身冷汗,险些晕厥呢?"他反复这样问自己。最后,他终于找到了答案:因为对古瓶过于迷恋,始终放不下它,才会患得患失,时时为它担惊受怕;若破了这种迷恋,把它彻底放下,就不会再有什么牵挂和担忧的了,也就没有什么能妨碍自己自由自在地舒展身心了。于是,老将军将古瓶掷碎在地。

一个人用正当的手段追求功名富贵和名望等没有错,但是如若把功名富贵和名望等变成人生的巨大负担,并且每时每刻都顶在自己的心头、绑在自己的身上;那么,这个人便会有太多的压力和羁绊。古人说:"谋事在人,成事在天。"任何事,只要尽力而为就行,至于能否达到目的,那就要看时运如何了。时运不好,努力了不成功的事情太多,那怎么办呢? 放下就是了。"放下"不等于放弃,可以等待,等待好时运的到来;但是"放不下",就会使人不自在。所以,唐代大诗人李白说:"古来万事东流水,……且放白鹿青崖间,须行即骑访名山。……"

东晋的陶渊明是个十分典型的不断说服自己不同流合污、不受拘束,追求安闲、舒适生活,从"理想"主义转化为"山水"主义的古代知识分子。他出身于破落仕宦家庭,年轻时曾有"猛志逸四海,骞翮思远翥"(自己立了宏伟志向,要从困顿中奋起展翅高飞)的豪情。孝武帝太元十八年(公元393年),他怀着"大济苍生"的愿望,担任江州祭酒(负责一州的文化教育等)。当时,门阀制度森严，做官讲究出身名门望族，陶渊明因为出身庶族（平民家庭），经常受人轻视，难以施展自己的本领和抱负，他自己感到"不堪吏职，少日自解归"。

后来，陶渊明又到荆州投入桓玄门下作属吏，这时，桓玄正控制着长江中下游，窥伺着篡夺东晋政权。陶渊明当然不肯与桓玄同流合污，做野心家、阴谋家的心腹，于是不到几个月的时间，他以母丧为由辞职回家。桓玄叛乱后，陶渊明投入到平叛将军刘裕幕下，任镇军参军。刘裕攻下都城，掌握朝廷实权后，起先尚能"以身范物"（以身作则），不久便徇私情任人为亲，意图篡位，剪除异己。目睹黑暗的现实，陶渊明又一次"目倦山川异，心念山泽居"，"聊且凭化迁，终返班生庐"，再一次辞职隐居。

陶渊明最后一次从政为官，是在彭泽县令任上，到任81天后，碰到浔阳郡派遣督邮（负责考核监察的官员）来县视察，秘书提醒陶渊明要整冠束带，穿戴齐整地拜见上级，陶渊明发出叹息："吾不能为五斗米折腰，拳拳事乡里小儿！"于是解印去职，从此结束了他13年的仕宦生活。

陶渊明辞官归里，赋《归去来兮辞》，辞中说道："归去来兮！田园将芜胡不归？既自以心为形役？奚惆怅而独悲？悟已往之不谏，知来者之可追；实迷途其未远，觉今是而昨非。……归去来兮，请息交以绝游。……悦亲戚之情话，乐琴书以消忧。农人告余以春及，将有事于田畴……"意思是说：回去吧，田园快要荒芜了，为什么还不回去呢？既然自以为心志被形体所役使，又为什么惆怅而独自伤悲？认识到过去的错误已不可挽救，知道了未来的事情尚可追回。实在是误入歧途还不算太远，已经觉悟到今天"是"而昨天"非"。……回去吧，我要断绝与外人的交游。……亲戚间说说知心话儿叫人心情欢悦，抚琴读书可以解闷消愁。农人们告诉我春天已经来临，我将要到西边去耕耘田亩……

从此，陶渊明与夫人翟氏过着"躬耕自资"的生活，如他所言："结庐在人境，而无车马喧。问君何能尔？心远地自偏。采菊东篱下，悠然见南山。山气日夕佳，飞鸟相与还。此中有真意，欲辨已忘言。"

陶渊明终于摆脱了世俗欲望和贪恋物权的束缚,过上了轻松、悠闲的生活。即使到了晚年,生活陷入贫困,仍然固穷守节,老而益坚。然而,仔细分析陶渊明的生平,他的"自在"其实是一次次追求失败之后的一种无奈,虽然不失自尊和高贵,但归根到底还是一种被动的自在。并非真正的超然物外的自在。因此,陶渊明一生嗜酒,且饮必醉,他的诗文既有怡然山水之情的表达,也有牢骚愤世之意的诉说。他最终在63岁时因贫病交加离开人世。

真正的超然物外的自在是什么样子的呢?有一则故事,说的是一位中年渔翁,在太阳还没有落山之前,就收网上岸在沙滩上晒起了太阳。一位大富翁走过来对他说:"你不该在这个时候晒太阳啊,你应当继续下海去捕更多的鱼。"渔翁问:"那又怎样呢?"大富翁说:"那样你就可以赚很多的钱。""那又怎样呢?"渔翁又问。"雇很多的人帮你打鱼啊,还可以买大渔船。"大富翁对渔翁说。渔翁还是问:"那又怎样呢?"大富翁回答说:"那样,你就不用亲自出海打鱼,就可以在阳光明媚的日子里躺在沙滩上晒太阳了啊。"渔翁这才回答说:"你看我现在在做什么呢?"

接下来,大富翁和渔翁都不说话了。不过,我们可以从渔翁的心理出发,替他追说几句:"我忙了半辈子了,我就应该抽空晒晒太阳了。人活在世界上最不可缺少,又最不需要花钱购买的东西,就是温暖的阳光、新鲜的空气;那么,难得的好天气就在眼前,我为什么不好好享受享受呢?"

真"自在",不计较身在哪里,"小隐隐于野,大隐隐于市"。真"自在"也不在乎别人会怎样,"走自己的路,让他人说去吧"。所以,真"自在"的人必然是豁达之人,既放得下,又看得开。

还有一则故事,说古代有一个姓吕的读书人,考上廪生(公家给以膳食的生员),他这个人开朗、豪放,自己给自己取了个外号叫"豁达先生"。有一天傍晚,他到城外某镇拜会朋友后回家,路过西乡,天渐渐地黑了下来。刚刚翻过一个小山坡,穿过一畦菜地,忽然看到一个身材苗条的妇人,面部搽着淡粉,画着浓眉,急急忙忙地拿着绳索向前走着。她望见了吕廪生略停了一下,便跑到路旁一棵大树下躲起来了，但手中所拿的绳索却丢在了地上。吕禀生走到前面，从地上收起绳索看了一下，原来是一条草绳，用鼻子闻一下，略有一股阴冷腐臭的气味。他心里马上明白过来，这可能是别人讲的"吊死鬼"，便将草绳藏到怀里，若无其事地一直朝前走。

姓吕的正朝前走着，那个妇人从树后走出来，不一会儿走到前面拦住他的路，在吕禀生面前挤眉弄眼。吕禀生不理睬她，继续往前走。但是，他从路的左边走，妇人就拦住左边；从路的右边走，妇人就拦住右边，反复多次就是走不过去。吕禀生心想：这就是人们所说的"鬼打墙"了。但我偏偏不怕你！于是他不顾一切地向前硬冲直撞过来。

那女的拦他不住，突然大叫一声，马上变成披头散发，满口、满脸不断流血，一副凶恶的样子；连舌头都从口里伸出来了，而且越伸越长，一会儿伸了一尺有余，向着吕禀生跳跃。吕禀生微微一笑，十分沉着、冷静地对这女"吊死鬼"说："我不管你是人是鬼，你刚才搽粉画眉，打扮得漂漂亮亮，又在我面前挤眼弄眉，是想诱惑我；接着拦住我走路，不让我往前走，是想阻碍我；现在又变成这副穷凶极恶的样子，是想吓唬我。这些对我都没有用，你的三套本领都用完了，我还是不在乎，我看你还有什么其他的本领使出来，我不怕你！你还不知道我这个人吧？我就是'豁达先生'。你知道什么是'豁达先生'吗？"

这女"吊死鬼"原来就是人扮的，想要打劫吕禀生，听他这么一说，只得恢复人形，立即趴在地上，跪拜吕禀生，然后急急忙忙走开了。吕禀生这个"豁达先生"继续迈开大步向前走去。

吕禀生在黑夜的旷野中前行，在种种挑战面前仍然保持"自我"本性，究其原因，是他放下了心中的畏惧、心中的顾虑、心中的欲念，漂亮的女"吊死鬼"也奈何不了他，拿他没办法。

"自在"不是"处境"，而是心境。当一个人达到无所牵挂、无所顾虑、无所畏惧之时(当然不能任意胡为)，便是他轻松、自在的日子。人到了老年以后，就应当逐步学会寻找和适应这样的生活，这是人生的"大自在"，孔子所说的"七十而从心所欲，不愈矩"，也讲的是这个道理。

其实,除了老年的"大自在",人的一生还应当经常有类似"渔翁晒太阳"这样的"小自在"和不大不小的"中自在",如此才能享受人生许许多多美好的时光。唐代诗人李涉说:"终日昏昏醉梦间,忽闻春尽强登山。因过竹院逢僧话,偷得浮生半日闲。"这便是人生的"小自在"。至圣孔子也有这样的"自在",《论语》记载:"子在齐闻《韶》,三月不知肉味。曰,'不图为乐之至于斯也!'"《韶》是大型礼乐,孔子在齐国用半天的时间听了一回,之后竟然三个月不知道肉的味道,并且说:"我没有想到听音乐会使我愉悦、轻松到如此忘我的地步。"

一个好的"自我"就应当学会在繁忙中"偷得浮生半日闲","多晒晒太阳"、"多听听音乐",只要不违法乱纪,该去哪里去哪里,该玩什么玩什么,让自己处于十分愉悦、轻松的状态,好好享受人生的美好。这样的"小自在"应当时常出现在"自我"的生命之中,并能伴其一生。

至于不大不小的"中自在",孔子有"三不"、"四绝"(断绝四种不好的念头)。子曰:"知者不惑,仁者不忧,勇者不惧。"意思是说:聪明的人能将事理看得明白透彻,所以不会困惑;仁德的人不在乎自己个人的得失,所以不会忧虑;勇敢的人不害怕挫折和困难,所以不会畏惧。《论语·子罕》记载,孔门弟子提到孔子思想中有四个绝学:"毋意、毋必、毋固、毋我",意思是说:遇到事情不要有主观的成见,不要武断绝对,不要固执拘泥,不要自以为是。

庄子则提倡:做事要向姓丁的厨师屠宰牛(庖丁解牛)那样"依乎天理,因其固然","以无厚入有间"从而"游刃有余"。也就是说,做什么事都要尊重客观规律,因势利导,因时、因物制宜(根据不同时期、不同地区的具体条件和情况,制定并采取相应的措施);这样就能用巧劲儿达到事半功倍的效果,轻松自在地把事情处理掉。

一个好的"自我"能够正确地认识事物,认识自己,认识他人;想得透,放得下,看得开。这样的"自我"才是真自在:忙里偷闲小自在,从心所欲大自在,"三不""四绝"能"游刃",人生岂能不自在。

# 第 2 讲
## 做 个 好 丈 夫

**担当·齐家·怜爱·洒脱**

中国最早的诗歌总集《诗经》的开篇《关雎》如此描写:"关关雎鸠,在河之洲。窈窕淑女,君子好逑。参差荇菜,左右流之。窈窕淑女,寤寐求之。求之不得,寤寐思服。悠哉悠哉,辗转反侧。参差荇菜,左右采之。窈窕淑女,琴瑟友之。参差荇菜,左右芼之。窈窕淑女,钟鼓乐之。"诗的意思是说:一个小伙子思慕河边一个采荇菜的美丽姑娘,使他坐卧不宁,时刻难忘。小伙子殷切地追求姑娘,一片真情打动了心上人,最终鼓乐齐鸣,二人婚配,成双成对。孔子对这首诗评价极高,谓之"乐而不淫,哀而不伤"。

为什么《诗经》要以表现男女爱情的内容开篇呢?因为,夫妇乃人伦之始,天下一切道德的完善,都必须以夫妇之德为基础,之后才有齐家、治国、平天下。孟子说过:"人有恒言,皆曰'天下国家'。天下之本在国,国之本在家,家之本在身。"《易经·序卦传》更是把"夫妇"作为人类从自然界脱离出来,转化为人伦社会、人伦世界的一个最重要、最根本的转折点:"有天地,然后有万物;有万物,然后有男女;有男女,然后有夫妇;有夫妇,然后有父子;有父子,然后有君臣;有君臣,然后有上下;有上下,然后礼仪有所错。夫妇之道不可以不久也。""男女居室,人之大伦",夫妇相处,男女相配,是人间最大的伦理。

作为"男女居室"的男方即丈夫,如何才能充当好自己的角色呢?

## 担 当

> "有情意,有担当,无依无傍我自强。"——《大宅门》片尾曲歌词

所谓担当,就是为了自己心爱的女人,能勇敢面对各种困难和挑战,不畏怯,不退缩,努力争取,积极创造,为她春风送暖,给她美好幸福。对于这样真正的男子汉,与他相好、相处的女人,自然会产生一种依赖感,她会觉得这样的男人即使不富贵不帅气也值得托付终身。

汉景帝时,蜀郡有一个美丽的才女叫卓文君,她"眉色远望如山,脸际常若芙蓉,皮肤柔滑如脂",不但貌美,而且善于弹琴,文采非凡。她的父亲叫卓王孙,是当时中国的冶铁大王,著名的企业家和大商人。在卓文君年幼之时,卓王孙就将她许配给了皇帝的一位孙子。17岁的时候,卓文君嫁入帝王将相家;不料,刚过门丈夫就得了急病,一命归西,卓文君成了年轻貌美的寡妇。从夫家返回娘家后,她对自己未来的生活会是个什么状况毫无所知。

就在这时,一个穷困潦倒的落拓文人司马相如,一路风餐露宿,来到了卓文君的娘家所在地——蜀郡临邛县,投奔县令王吉。卓文君的父亲知道县令王吉家里来了客人,于是就邀请县令和他的客人一起到自己家中作客,顺便搞了个"名流"大聚会,发了一百多张请帖,遍请县中的官员和许多有名望的人。

宴会开始,酒过三巡,王县令向大家介绍说:"司马相如乃当今名士,能文善词,尤擅调琴。今日良辰美景,高朋满座,何不请相如先生弹奏一曲助兴?"现场顿起一片叫好之声。

司马相如坐到琴边,缓缓弹了一曲。此时,他想起王吉对自己说过,卓家小姐是位十分年轻貌美的寡妇,而且才华非凡,王吉有意做媒,只可惜自己虽有才名,但人生跌宕,家徒四壁,奈何提亲?正当司马相如思绪翩翩之时,他影影绰绰地看到竹帘后面,有一个穿白衣服的年轻娇美的女子在听琴,司马相如心想:这个人该是卓文君吧。于是,他情不自禁地弹唱了一曲《凤求凰》:

凤兮凤兮归故乡,遨游四海求其凰。

时未遇兮无所将,何悟今兮升斯堂!

有艳淑女在闺房,室迩人遐毒我肠。

何缘交颈为鸳鸯,胡颉颃兮共翱翔!

这首古琴曲的意思是说,凤鸟来到人间,遨游四海寻求它的配偶凰(雌性),凤鸟生不逢时无所依持,没有想到今天登上了这华美的厅堂。有一位美丽贤淑的姑娘在她的闺房里,房子很近,人却很远,让我痛断肝肠。不知如何才能与她头靠头、脸靠脸成为鸳鸯,什么时候二人比翼双飞共翱翔!

这分明是用歌声在求爱。优美的琴声和大胆直露的表白,顿时拨动了卓文君少女的心弦。

宴终人散,卓文君在自己房中不断想起司马相如英俊潇洒的身影,以及他弹奏的《凤求凰》,一夜难以入眠,她想:自己虽然年轻,但毕竟已成二婚之人,弹琴之人是否真心对自己呢?

过了两天,司马相如通过卓家的仆人送来一封求爱信,表达爱慕之情,希望卓文君嫁给自己。卓文君阅信后大喜,告知父亲。谁料卓王孙嫌厌司马相如家境贫寒,坚决不同意这门亲事。

面对卓王孙的阻挠,司马相如不为所迫,依然十分执着地通过各种途径向卓文君表达自己的爱恋思慕之情。终于,在一个月明风清的晚上,卓文君从家中逃出,与早已在门外等候的司马相如会合,两人连夜乘车回到司马相如的家乡成都。蜜月很快过去了,为了生活,司马相如的长袍被典当出去了,卓文君逃出家门时所带的首饰更是早已被变卖。虽然夫妻恩爱,但总得一日三餐,今后怎么办呢?

司马相如毅然决定放下书生的架子,索性卖掉好友赠送的车马,筹集了一笔钱,带着卓文君回到她的娘家临邛,和卓文君一道

开起了夫妻酒店。美貌的才子佳人,一个在柜台内外招呼客人,一个做菜、上菜、洗碗、抹桌子,忙里忙外,终于在小县城轰动起来。司马相如的烹饪水平越来越高,酒店的生意也越来越好,每天门庭若市,热闹非凡。小两口的日子也过得和和美美。

卓文君的父亲看他们二人如此恩爱,觉得司马相如不仅是"文艺青年",而且算是个敢作敢当的男子汉,最终接纳了这位为了爱情不顾一切的女婿,一家人从此和好。

常言说,自古美人爱英雄,大凡英雄都是"有情意,有担当,无依无傍我自强"。

北宋末年的淮安府出过一位巾帼英雄,名叫梁红玉,其祖父和父亲都是武将出身。她天生丽质,自幼习武研文,貌美如花,臂有神力,"可张二十石弓,射二百步而无虚发"。在她父亲生前,淮安府城里城外,有许多王侯将相家的子弟欲与红玉结亲;父亲被奸臣陷害而亡以后,更有不少纨绔子弟不断纠缠,而梁红玉一个也看不上。

父亲死后,梁红玉和母亲漂流到京口(今镇江),以卖艺为生。一天清晨,正在街头卖艺的梁红玉被官兵强行带走,一位大将军逼迫梁红玉在军营中做艺妓,梁红玉只答应卖艺,绝不卖身。这位大将军以死威胁她,梁红玉为保贞节正要挥剑自刎,紧要关头,一位青年军人冲到她和大将军面前,一把夺下梁红玉手中的宝剑,然后从容地回过头来对大将军说:"这位民女性情刚烈,大将军强逼恐不为美。不如就让她在军营舞剑唱歌,不也一样能为将士们助兴。"大将军见事已至此,于是顺水推舟地说:"好吧,看在你韩校尉屡立战功,我就答应了。"

梁红玉望着面前这位青年军人同情而善意的目光,心中的感激之情油然而生。

这位韩校尉就是韩世忠,家中有过元配夫人白氏,金人南侵,韩世忠老家陕西绥德沦落金兵之手,从此再无音讯。韩世忠当天返回前线与金兵作战,梁红玉在后方军营中成为只卖艺不卖身的营妓。

一天清晨，梁红玉起身赴营帐，不料在戒备森严的营帐门口，隐隐听到一阵如雷的鼾声。薄雾缭绕中，她寻声望去，雾中，竟然出现一只鼾睡的老虎。梁红玉连忙用手揉了揉眼，定睛一看，原来是一位身着戎装、满身血污的军士正倚躺在营帐篷布上沉然昏睡。

站哨的士兵告诉梁红玉，这个人昨天半夜从金兵重围中杀出，回营帐要见大将军，但大将军正在入睡，侍卫不让人打扰，他就非要在营帐门口等大将军起身。

梁红玉再仔细打量，原来他正是曾经帮助过自己的韩校尉，连忙脱下自己身上的斗篷披到韩世忠身上。突然，韩世忠睡梦中举起右臂，喊起梦话："杀金贼啊！还我河山。"梁红玉闻言，敬爱之情油然而生，再望韩世忠的右手指残缺不全，还在殷殷滴血，于是，从袋内掏出手绢轻轻地给他包扎起来。这一下惊醒了韩世忠，他望着面前这位年轻貌美的女子好生面熟，渐渐想起她就是那位自己早就倾慕只卖艺不卖身的刚烈女子。韩世忠定神望着梁红玉，心中涌起一股热流。

此后，梁红玉和韩世忠缘定终生，结为夫妇，二人相依相伴，共同战斗，担负起抵抗外敌、保家卫国的重任。

司马相如和韩世忠，虽然一文一武，身处不同时代，然而他们都是一腔热血男儿，在大爱和大义面前的勇敢表现和担当精神，自然会赢得美人的芳心。

做一个有担当的男人，首先要"拿得出"。就是说要"有本事"，无论文才武略，还是一技之长，关键时刻要能够为自己心爱的女人大显身手，能派上用场。

其次要"经得起"。无论顺境逆境，还是背时风光，都能应付自如，心态正常，莫把自己心爱的女人丢在一旁。

最后，关键时刻还要"扛得住"。面对艰难险阻，面临重大事变，要沉着冷静，临危不惧，化险为夷，转危为安；任何时候都能为自己心爱的女人心甘情愿付出所有，努力营造即使不奢华但很温馨、不壮观但很安全的人生港湾。

## ● 齐 家 ●

"欲治其国者,先齐其家。"——《大学》

　　自古以来,好男儿一生追求的是"正心、修身、齐家、治国、平天下"。齐家,就是治理好自己的家庭。"家和万事兴",好男儿无论在外有多大的理想和抱负,都应该十分重视把"齐家"放在重要地位,承担起丈夫不可替代的家庭责任。

　　东汉初年,陕西出了个有名的贤者叫梁鸿,他学问高深,品德高尚,博得了许多妙龄女子的青睐,但梁鸿不为所动,拒绝了一个又一个提亲的人家。同县一富户姓孟,家里有一个女儿,长得不是很美,人比较胖,力气特别大,平常衣着朴素,吃苦耐劳;因为家中有钱,提亲的人倒也不少,但她到了三十岁还不肯出嫁。父母问她到底要嫁什么人? 她说:"只有像梁鸿这样的贤者,我才肯嫁。"

　　梁鸿听说这件事,主动上门提亲,娶孟家女儿为妻。孟女高高兴兴地准备嫁妆,等到过门的那天,孟女穿着华丽的服饰,把自己打扮得漂漂亮亮的。哪想到,婚礼过后一连几天,梁鸿对自己的妻子一言不发。孟女问他原因,梁鸿说:"我一直希望自己的妻子是位能与我共同劳动的人,不慕荣华,不贪富贵,穿得起粗布衣服,干得了日常家务。我这样的要求,你是知道的,所以你才说想嫁给我,我才到你家登门提亲;可如今你穿着如此华丽,整天忙着涂脂抹粉,梳妆打扮,一点儿也不想劳动。这哪是我理想中的妻子啊?"

　　孟女听了,不由得笑了起来,对梁鸿说:"我这些日子每天忙着穿着打扮和涂脂抹粉,只是想验证夫君你是否真是个贤者。其实,我早就准备了居家过日子勤苦劳作的服饰和用品。"孟女说完便将头发卷成髻,穿上粗布衣,架起织机,动手织布。梁鸿见状大喜,连忙走过去对妻子说:"这才是我梁鸿的好妻子啊!"于是给妻子起名叫孟光。

　　梁鸿看不惯官场的腐败,不想卷入尔虞我诈、你死我活的权力争斗,始终不愿出来做官。在妻子的支持下,夫妇二人来到霸陵山,隐居起来;每天,男耕女织,闲来吟诗弹琴自乐,生活平静而又幸福。后来,为了躲避强召梁鸿入京的官吏,夫妇二人离开了家乡,来到异地(江苏无锡),住在一个大户皋伯通家宅廊下的小屋中,靠梁鸿给人舂米生活。

梁鸿白天出去做工,妻子孟光在家里操持家务。梁鸿回家吃饭,孟光总是将盛好饭菜的托盘双手举到自己的眼前,递给丈夫,梁鸿也总是恭恭敬敬地抬起双臂伸手接过来,放在桌上,夫妇二人这才共同用餐。皋伯通看到这种情形,大吃一惊,心想,一个雇工家庭,夫妻二人如此恭敬有礼,一定是不凡之人;于是立即请梁鸿夫妇迁入他的家宅中居住,并供给他们衣食。于是梁鸿闭门著书十余篇,贤者之名越传越广。

同样是东汉时期的名士樊英,有一次身患疾病,遵医嘱夫妇分居,妻子每日过来问候。一天,妻子身体不适,不方便过来探望,心中又放不下丈夫,于是派婢女去探问丈夫的病情。婢女来到樊英的房中,传达樊英妻子的问候,樊英竟然从床上爬起来,下床后作揖拜谢。

当时的人们听到这件事都很诧异,樊英解释说:"婢女是代表我妻子来的,我拜谢的是我妻子。妻者,齐也,是与我共同祭祀祖先的人,按照礼的要求,她来问候,我就应该答谢。"

这就使人联想到,孔子曾经对鲁哀公说过这样一段话:"昔三代明王,必敬妻子也,盖有道焉。妻也者,亲之主也;子也者,亲之后也,敢不敬与?"这段话的意思是说,以前夏、商、周三代的贤明君王,必定是敬重自己的妻子和儿子的,这是有道理的,妻子是侍奉、祭祀宗亲的主体,儿子是延续宗亲后代的人,怎么能够不敬重呢?

所以,古人说:"夫妇者,何谓也? 夫者,扶也,以道扶接也;妇者,服也,以礼屈服也。"古人的话意思是说,什么是夫妇呢? 夫,就是扶，是用道义帮助扶持妻子的人；妇，就是服，是对丈夫合乎礼义的言行表示服从的人。

晚清时期的曾国藩就是这方面做得最好的典型人物之一。曾国藩的妻子欧阳夫人，是曾国藩老师欧阳凝祉的女儿，一共生了五个女儿、三个儿子（大儿子早殇）。曾国藩出山办团练后，常年在外行军打仗，欧阳夫人带着儿女在乡下老家生活了十多年。这期间，曾国藩经常念及妻儿的生活状况，嘱其兄弟族人帮忙照顾，但绝不允许妻儿养成"骄奢"之气。

曾国藩工作之余，所做最多的事情就是往家里写信，了解家庭情况，提出自己处理家庭事务的意见。

他在家信中写道："世家子弟，最易犯奢、傲二字。不必锦衣玉食而后谓之奢也，但使皮袍呢褂俯拾即是，舆马仆从习惯为常，此即日趋于奢矣。见乡人则嗤其朴陋，见雇工则颐指气使，此即日习于傲矣。……京师子弟之坏，未有不由于'骄奢'二字者。"又写道："凡世家子弟，衣食起居无一不与寒士相同，则庶可以成大器。若沾染富贵气习，则难望有成。吾忝为将相，而所有衣服不值三百金。愿尔等常守此俭朴之风，亦惜福之道也。"还写道："处兹乱世，银钱愈少，则愈可免祸；用度愈省，则愈可养福。"还说："仕宦之家，不蓄积银钱，使子弟自觉一无可恃，一日不勤则将有饥寒之患，则子弟渐渐勤劳，知谋所以自立也。"

曾国藩兄弟分家之后，曾国藩一家只分到 55 亩田地，欧阳夫人带着子女们住在老屋里仅靠此为生，日子过得很窘迫。为了更好地照顾家人，曾国藩把欧阳夫人及两个儿子、女儿、女婿们接到了安庆。欧阳夫人和孩子们兴冲冲来到总督府，本想享享总督府家眷的清福，可到了那里，才知道曾国藩的生活起居极其简朴。

曾国藩每顿饭只有两个主菜，不但没什么山珍海味，就连鸡、鸭、鱼、肉也不多。他穿的马褂又短又小，质地普通；所住的卧室里有一张木板床，床上有一张低小的葛帐和布夹被，一张矮小的桌子上陈设着纸笔，旁边有一个小箱子，仅此而已，没有一件珍贵的东西。

总督府中一下子添了这么多人，只有两位女仆，人手不够用，欧阳夫人又另外花钱雇了一个女仆。曾国藩得知后,立即怪罪下来,欧阳夫人随即把女仆转给他人。

既少钱花,又缺仆人,那么总督府中的日子怎么过呢? 曾国藩要求自己的夫人和女儿“自己动手,丰衣足食”。曾国藩女儿多,“深以妇女之奢逸为虑”,他认为,“凡世家之不勤不俭者,验之于内眷而毕露”。为此,曾国藩还为家中女眷制定了一个“工作日程表”:早饭后,做小菜点心酒酱之类,食事;午刻(早上九点至十一点),纺花或绩麻,衣事;中饭后,做针黹制绣之类,细工;酉刻(下午五点至七点)做男鞋女鞋或缝衣,粗工。在这个日程表后,还提出工作量要求,并表示将定期检查。

齐家的好丈夫是个坚持原则的人。无论是在选择自己配偶之时,还是在成立家庭过日子以后,在他的心中永远有一个理想的“家园”。

齐家的好丈夫还是个率先垂范的人。他不仅言教,更注重身教,对自己首先严格要求,自然会更好地带动家庭成员向自己看齐。

齐家的好丈夫又是个懂得体贴的人。他追求的是家庭内部的同心同德、互尊互爱;因此,虽然要求严格,尤其在原则问题上绝不迁就,但是能尊重和关怀自己的妻子及儿女,给他们家的温暖。

## 怜 爱

“知我意,感君怜,此情须问天。”——李煜

鲁迅先生说过:“无情未必真豪杰,怜子如何不丈夫。”做一个好丈夫,就应当懂得去怜爱自己的妻子,让她真切地体会到丈夫对自己的深情厚意。

张敞是西汉时期的朝廷大臣,水平很高,能力很强,颇有政绩,做官屡屡提升,担任过京城的最高行政长官(京兆尹)。张敞妻子小时候因为被人推倒在地,额头跌伤,缺了一块眉毛。成婚以后,

张敞妻子生怕丈夫嫌弃,经常闷闷不乐,张敞就不断宽慰她,还在妻子化妆时,仔细地为妻子把笔画眉。画好以后,他又哄妻子开心说:"你看,这样的眉毛不是更美吗?"妻子很高兴,于是对张敞说:"那你天天为我画啊。"张敞说:"那有何难?以后为夫人画眉的事就由我包了。"

此后,只要张敞在家,就经常为妻子画眉。有人把这件事告诉给皇帝,说张敞"风流轻浮,耽于粉黛"。有一天,皇帝问张敞:"听说你在家经常为妻子画眉毛,这是怎么回事啊?"张敞回答说:"在闺房之内,夫妻间隐私超过画眉毛的事很多啊。"皇帝听了,认为他说得有理,于是一笑了之。

从此,朝廷重臣为妻子画眉毛的事在京城传开,还受到一些人的追捧。这在古代似乎有失士大夫体统,然而张敞毫不在意,"张敞画眉"的故事反而在历史上传为佳话。

还有一则古代传说,讲的是三国时期有一个男人叫荀奉倩,他是一个极度疼爱自己妻子的丈夫。平日里夫妻恩爱,荀奉倩对身体虚弱的妻子呵护关怀细致入微,几乎把所有的家务活全包了。有一年冬天,荀妻突发热病,浑身如火炉般发烫,百般请医问药均无良效。看着妻子烧得满脸通红、极度痛苦难熬的样子,荀奉倩心疼得肝肠寸断,在妻子床前转来转去。突然,他跑到院子里,站在冰天雪地中,一件又一件地脱下自己的衣服,最后只剩下一条内裤,站在原地不动,冷却自己的身体。等到自己冻得实在不能支撑了,荀奉倩赶紧跑回妻子房中,上床抱住妻子烧得发烫的身体,给她降温。

这个故事现在听起来有悖医学常识,但是荀奉倩的行为却是令人十分感动的。

明末清初的爱国诗人吴嘉纪与妻子王睿志志同道合,相濡以沫。清朝入关后,他和自己的妻子隐居在海边的盐场。有一年,王睿志生日,吴嘉纪没有钱财为妻子买生日礼物,早晨起床后,出去转了半天,两手空空回到家,于是写下了一首《内人生日》诗:

潦倒丘园二十秋,亲炊葵藿慰余愁。

绝无暇日临青镜,频过凶年到白头。

海气荒凉门有燕,溪光摇荡屋如舟。

不能沽酒持相祝,依旧归来向尔谋。

这封手写的情诗,字里行间充满了对妻子的浓浓爱意,以及因无钱为妻子买一个像样的生日礼物的歉意。其妻王睿志从自己丈夫手中接过诗稿,一行行读了以后,不由得流下了苦涩而幸福的泪水。

东汉时期有一个叫宋弘的人,跟着光武帝刘秀打仗,受伤后被刘秀托付给姓郑的人家疗养,郑家虽然不富裕,但很真诚地接纳了宋弘,帮助他养好了伤。郑家有女儿,与宋弘年龄相仿,于是就被许配给宋弘为妻,宋弘满怀感激。伤愈后归队,宋弘继续辅佐刘秀打天下。

刘秀登基称帝后,宋弘任大司空,封为宣平侯,于是把郑家人接来,夫妻团圆,一家人生活在一起,其乐融融。刘秀有个姐姐早年丧夫,一直单身,有人给她提亲,说了一个又一个她都不乐意。刘秀反复打听姐姐想嫁个什么样的人,得知姐姐爱上了宋弘。于是,刘秀亲自出马找宋弘,让姐姐在屏风后观听。刘秀对宋弘说:"常听人说,富易交,贵易妻。这是人之常情啊!你现在是朝廷大员,家中妻子才貌都不出众,我姐姐年轻貌美,她又看上了你,你是不是考虑考虑啊?"宋弘回答说:"臣也听说过一句话,贫贱之交不可忘,糟糠之妻不下堂!臣既忠心为皇上效力,断不能抛弃与自己患难与共的结发妻子。"刘秀听了宋弘的一番话,回过头来,向屏风后的姐姐说:"此事办不成了。"

从此,"糟糠之妻不下堂"这句话,成为好丈夫对自己患难与共、情真意切的妻子永不言弃的一种信念。

怜爱自己的妻子,是一个好丈夫必备的品质。当代人有句俗语说得好,老婆是用来心疼的;一个男人对与自己朝夕相处、同床共枕、相依为命的人生伴侣都没有爱心,又怎么可能去爱他人、爱集体、爱社会。

怜爱自己的妻子,关键是看言行,看表现。男人的一半是女人,对自己的另一半用不着讲价钱、谈条件,物质上的付出只要量力而行则可。即使没有金银珠宝,一封手写的情书,一个深情的拥抱,一道共同劳动,一起分担家务,未尝不会令妻子感动,甚至更能给自己的妻子带来由衷的幸福。正所谓"你耕田来,我织布,我挑水来,你浇园;夫妻恩爱苦也甜"。

### ● 洒 脱 ●

"智慧的代价是矛盾,这是人生对人生观开的玩笑。"

——哲言

做一个好丈夫,不仅要怜爱自己的妻子,还要体谅自己的妻子,不要在家庭琐事上斤斤计较,更不能处处留个小心眼,把祥和温馨的港湾变成暗礁密布的险滩。

亚圣孟子成亲以后,曾经有一次从外面回家,走进自己和妻子的卧室,看见自己的老婆伸开两条大腿,臀部着地坐在席子上,心中突然感到极其不快。孟子掉头离开,来到自己母亲屋中,越想越生气,就对自己母亲说:"我这个老婆无礼,请允许我把她休了。"

孟母很奇怪,就问孟子:"你怎么知道你媳妇无礼的?"孟子说:"我到卧室去看她,她竟然伸开两条腿臀部着地坐在席子上。"

孟母说:"乃汝无礼也,非妇无礼。《礼》不云乎?将入门,问孰存。将上堂,声必扬。将入户,视必下。不掩人不备也。今汝往燕私之处,入户不有声,令人踞而视之,是汝之无礼也,非妇无礼也。"

孟子母亲对孟子说的这句话的意思是说:"我看这是你做无礼之事,不是她做无礼之事。《礼经》上不是说过吗?将要进门的时候,要提前问一下屋里谁在里面;将要进入厅堂的时候,必须先高声传扬,让里面的人知道;将要进屋的时候,眼必须往下看。《礼经》这样讲,为的是不让屋里面的人措手不及,无所防备。而今你到自己老婆闲居休息的卧室中去,进屋没有声响,人家不知道你来了,因而让你看到了她伸开两条腿坐在席子上的样子。这是你做无礼之事,而不是你的媳妇做无礼之事。"

孟子听了母亲的一番话,认识到是自己小心眼犯了错,非常自责,从此再也不讲休妻的事了。

洒脱的丈夫,不在非原则的事情上和妻子较真,不在无确证的问题上对妻子猜疑。即使在遇到比较重大的问题和十分紧要的关头,也会先从妻子的角度去分析和思考,然后设法帮助妻子选择正确的方向和道路。

南北朝末年,隋文帝最终灭掉陈国,完成了统一天下的大业。陈国未亡时,陈后主陈叔宝有一个妹妹叫乐昌公主,才貌极为出色,嫁给太子舍人(执掌书令表启事务的文官)徐德言。二人成婚不久正赶上陈朝衰败,时局很乱,即将面临国破家亡。徐德言预感到以自己的能力难免在陈朝灭亡之时夫妻分离,于是找了一面铜镜一劈两半,夫妻二人各藏半边,徐德言对乐昌公主说:"如果我们真的失散了,每年正月十五日那天,将你的半边铜镜拿到街市上去卖,假若我也幸存人世,那一天就一定会赶去找你。"

陈国灭亡之后,乐昌公主在逃难之中果然与丈夫徐德言失散了,后来被隋兵俘获,隋文帝派人将她送给平陈功臣杨素。

多年之后的正月十五日,乐昌公主像每年一样把那半片铜镜交给下人到集市上去卖。徐德言经过千辛万苦,颠沛流离,终于在这一年赶到都市大街,果然看见一个老者在叫卖半片铜镜,而且价钱十分昂贵,根本无人问津。

徐德言连忙以自己愿意高价购买为由,将老人领到自己住处,向老人讲述了多年前破镜的故事,拿出自己珍藏的另一半铜镜给老人看。

老人告诉徐德言,乐昌公主现在已经是杨素十分宠爱的小老

婆。徐德言心中百感交集,于是在破镜上题诗一首:

镜与人俱去,镜归人不归。

无复仙娥影,空留明月辉。

乐昌公主看到丈夫题诗,不禁泪如雨下,终日容颜凄苦。杨素得知后,看见自己的爱妾整日为前夫以泪洗面的痛苦模样,不但没有责怪她,反而心疼不已,于是就派人将徐德言召入府中,让他们二人见面。

在宴席之上,乐昌公主看到当年风流倜傥的徐德言两鬓斑白,徐德言看到当年笑逐颜开的公主如今沦为小妾,两人感慨万千。

杨素一来为缓解沉闷的气氛,二来也为了解爱妾的真实想法,于是就请乐昌公主对此情此景赋诗一首。乐昌公主吟道:

今日何迁次,新官对旧官。

笑啼俱不敢,方验做人难。

杨素听后微微点头,想到自己虽然很爱乐昌公主,但从乐昌公主诗句中分明可以感受到她对前夫依然感情深厚。于是,杨素决定成人之美,把乐昌公主送回给徐德言,并且还赠送银两,供他们夫妻二人回归故里养老。

徐德言十分感激杨素,带着乐昌公主回到江南,从此二人携手相伴终生。

以上就是"破镜重圆"的故事。故事中的女主人公是不幸的,作为公主身处乱世,国破家亡,夫妻分离,沦为人妾;但她又是幸运的,前后两次婚姻遇到的都是在她所处的那个时代十分罕见的洒脱男人。由于对乐昌公主的真爱,徐德言在得知妻子沦为人妾之时,想到更多的不是妻子失节多么不对,而是自己未能保护好心爱的女人是多么愧疚。杨素的表现更见洒脱之中情和义,他的行为不仅仅是成人之美,还是对自己心爱之人的尊重和祝福:既然你心有所爱,那就让我遂你心愿。

如何做一个洒脱的丈夫呢?关键是要有宽广的气度,这种气度源自于对妻子的理解和尊重。一个丈夫若能如此对待自己的妻子,往往会收到意想不到的喜人效果。

在英国有一则神奇而美丽的传说。年轻的国王亚瑟在与邻国的战争中被俘,本应被处死,但对方国王见他英俊而乐观,十分欣赏。他要求亚瑟在规定的期限里回答一个很难的问题,答出来邻国撤兵,亚瑟就可以得到自由;否则,就要处死亚瑟。这个问题就是:女人真正想要的是什么?

亚瑟开始向身边的每个人征求答案:骑士、牧师、智者、法师、士兵……结果没有一个人给他满意的回答。

有人告诉亚瑟,郊外的阴森城堡里住着一个女巫,据说她无所不知,但收费高昂,且会附加一个离奇的要求。期限马上就要到了,亚瑟别无选择,只好去找女巫。女巫答应回答他的问题,但条件是,要和亚瑟最高贵的圆桌骑士之一、最亲近的朋友——嘉文结婚。

亚瑟惊骇极了,他看着女巫:驼背,丑陋不堪,只有一颗牙齿,身上散发着臭水沟般难闻的气味……而嘉文高大英俊、诚实善良,是最勇敢的骑士。亚瑟说:"不,我不能为了自由强迫我的朋友娶你这样的女人。否则,我一辈子都不会原谅自己。"嘉文知道这个消息后,对亚瑟说:"我愿意娶这个女巫,为了你,也为了我们的国家。"

于是,婚事公布于众,女巫也遵守约定,回答了问题。女巫说:"女人真正想要的,是主宰自己的命运。"亚瑟带着这个答案去见邻国国王,每个人都觉得他答得十分准确,于是亚瑟自由了。

婚礼上,女巫用手抓东西吃,打嗝,说脏话;这令所有的人都感到恶心。亚瑟痛苦得一言不发,蒙着头,流着眼泪。嘉文却一副温和与安详的模样。

婚礼仪式结束后,嘉文不顾众人的劝阻,谦和地走进新房,准备面对自己丑陋不堪的妻子,然而婚床上却睡着一个风华绝代的年轻美女,嘉文不禁愣住了。女巫说:"我的丈夫,我在一天的时间里,一半是丑陋的女巫,一半是倾城的美女。你想我白天是美女,夜间是女巫;还是想我白天是女巫,夜间是美女呢?"

这是一个令人十分揪心的问题,白天是美女,一起出门多有面子;夜间是美女,同床共枕多么风流。女巫凝神望着嘉文,等着他的答案。

嘉文似乎想也没想就回答说:"既然女人真正想要的是主宰自己的命运,那么这个问题就由我的妻子自己决定吧。"女巫听嘉文这么一说,感动得热泪盈眶,深情地望着嘉文,说:"我亲爱的丈夫,从此以后,我白天和夜间都是你美丽的女人。"

一个洒脱的丈夫不仅要有宽广的气度,还要有幽默的情趣。现代著名学者胡适先生说过,他在和自己妻子相处时,奉行男人的"三从四得",三从是太太出门跟从,太太命令服从,太太说错了盲从;四得是太太化妆要等得,太太生日要记得,太太'打骂'要忍得,太太花钱要舍得。现代著名漫画家丁聪先生也是如此洒脱,他曾这样说过:"如果发现太太有错,那一定是我的错。如果不是我的错,也一定是我害太太犯的错。如果我还坚持她有错,那就更是我的错。如果太太真错了,尊重她的错,我才不会犯错。总之,太太绝对不会错——这肯定没有错。"

胡适先生和丁聪先生真可谓"洒脱丈夫"的楷模。当然,丈夫的这种洒脱绝不是对妻子的漠视或胆怯,而是对妻子处理日常生活琐事时所表现出来的女性特有的小脾气、小嗜好的容忍和不计较,甚至是一种喜欢和欣赏。一个好的妻子会因为丈夫的这种"洒脱",倍加爱护和体贴自己的丈夫;夫妻生活不仅少有矛盾,而且会频添情趣,从此更加美满幸福。相信绝不会有哪个好妻子,会把丈夫的这种洒脱,当成自己可以不尊重丈夫、欺负丈夫,甚至背叛丈夫的可乘之机;如果那样的话,丈夫的洒脱就会变成挣脱,美好的夫妻生活就会结束。

# 第 **3** 讲
# 做 个 好 妻 子

## 明理 · 持家 · 柔情 · 纯美

俗话说,男人的一半是女人。每一个成功的男人背后都有一个了不起的女人。"妻者,齐也",一个好妻子是其丈夫及家庭的守护神。

## 明 理

"明主可以理夺,难以情求。"——许允妻

做一个好妻子,从古至今最重要的就是要"知书达理"。这样的妻子不仅能靠自己端庄美丽的容颜赢得丈夫的欢心和喜爱,且能以自己春风化雨般的贤惠赢来丈夫的尊重和依靠。

东晋时期有一个叫许允的名士娶了阮德慰的女儿为妻,洞房花烛夜,许允发现妻子长得不好看,一气之下就跑出了洞房,一连几天再也不肯进去了。家里人都很着急,担心会闹出什么事情来。恰好有客人来拜访许允,许允妻叫婢女过去看看是谁。婢女看后告诉许允妻来客是许允的知交好友桓范,许妻说:"这下子好了,你们不用担忧了,桓范一定能劝我丈夫回心转意的。"

桓范和许允相见,了解他不肯进洞房的原因后,就劝他说:"阮家把丑女嫁给你,一定是有用意的,你应该好好考察考察。"在桓范的坚持下,当天晚上,许允无奈地回到洞房,但他看到妻子难看的容貌就又想往外溜。许妻知道他会有这一招,急忙拽住许允的衣服后襟,不让他再走。许允一边强行要走,一边说:"女有四德(妇德、妇言、妇容、妇功),你符合几条?"许妻轻轻地说道:"新娘子我唯一缺少的是美貌。夫君您是名士,士有很多的品行操守,您又占几个呢?"许允大言不惭地说:"我都具备。"

许妻一听,又轻声细语地说:"德行是诸项品行操守的首条,夫君您好色不好德,怎么还能说都具备呢?"许允一听这话,愣在屋中。当夜,夫妻二人同床共枕而眠。

面对丈夫的无理举动,许允妻子用不卑不亢而又鞭辟入里的对话,以及对夫妻恩爱的执着期盼,终于留住了自己的丈夫。后来,许允在和自己妻子相处过程中,越来越感受到妻子的远见和品行非一般女子所能及,二人感情愈加浓厚。

许允担任吏部郎(相当于组织部门的主管)后,在选拔郡守(地方政府主要官员)时多用了几个同乡人。有人到皇帝那儿告

状说:"许允以权谋私,结党
营私。"明帝听信谗言,派人
将许允抓了起来。

许妻得知丈夫被抓时,
正在家里光着脚做事,她急
忙之中鞋也忘了穿,赤脚跑
到关押许允的地方。看到
许允后,许妻对丈夫说:"明
主可以理夺,难以情求。"这句话的意思是说:贤明的君主可以用道
理来说服他,但不能向他求情。

许允把妻子的话记在了心里。在明帝亲自责问他为什么要任
用这些同乡的人担任郡守时,许允一点不慌张,很镇静地说:"皇上
您要臣推举人才,臣的那几个同乡都是臣所知的人才。皇上可以
验核他们的职位和能力是否相称,如果他们的能力不足以胜任职
务,臣甘愿接受责罚。"

明帝觉得这话有道理,就亲自进行验核,发觉许允的那几个同
乡,每个人都能胜任自己的职务,就将许允释放了。过了一段时
间,许允又被任命为镇北将军。

南宋时期,梁红玉嫁给韩世忠后,因为她少时习武练文,于是
协助丈夫训练士兵,管理军营。当时,汉人已失去北方大片河山,
金人仍然不断挑衅。宋高宗建炎四年,金兀术率兵南侵,所经之
处,疯狂掠夺财物,纵火焚烧城池,及至饱欲之后,想及自己孤军深
入已久,于是欲取道京口(今镇江)北归。此时,韩世忠的部队正
驻扎在京口一带,金人就迫不及待下了第二天一决胜负的战书。
金兵十万人,韩世忠部队仅有八千人,一旦开战,宋军获胜的把握
实在不大。

晚上,韩世忠苦思行兵布阵之法,梁红玉见后,提议说:"敌多
我少,不能硬拼。金兀术南侵,抢掠无数,如今饱欲,急归老巢,一
定骄狂大意;为此,我方可智取不宜力敌。我军可分为两部,一部
由我管领,专任守御,只用炮弩射杀,不让敌人靠近,敌人就会分兵
来围攻。元帅您带领一部,分为前后两队,埋伏截杀。此时,我在

船楼上面视敌动向击鼓挥旗,旗往东时,元帅率人向东截杀,旗往西时,元帅率人向西截杀。这样一来,定会杀得金兵措手不及。"韩世忠高兴地猛击一掌说:"夫人此计甚妙!"

第二天,梁红玉英姿飒爽,足登高靴,身裹金甲,手握鼓槌,凛然站于中军楼船上,两边站着几十名手持强弩、精神抖擞的士兵,还有一人掌定令旗。金兀术领兵杀来,见宋军楼船上站着一位女将,不禁产生了轻蔑之心,正在暗自得意之时,只听得这位女将奋力挥动鼓槌,大鼓发出"咚、咚、咚"的响声,一面号旗快速升起,接着一声炮响,千万支"火箭"犹如雨下,灰瓶碎石全都抛向金船。金船上不是着火,就是人亡,金兀术慌忙下令转舵。

梁红玉在船楼上看得真切,金兀术走向哪里,梁红玉就指挥号旗指向哪里,同时不断用力击响战鼓;韩世忠则带队按照号旗所指,截住金兀术,与其厮杀。金兀术被打得晕头转向,心胆俱寒,最后溃不成军地大败而去。

金兀术逃走,被困在黄天荡(地处今镇江和南京之间)40多天。由于韩世忠疏忽大意,且不听梁红玉的劝告,没有加强防备,结果,金兀术派兵疏通老鹳河仓皇北去。

那时候,以岳飞和韩世忠为首的主战派,在朝廷上并不受赏识,甚至皇帝对他们时有不满。金兀术原本插翅难逃,北去之后,如遇政敌及主和派借机诬陷韩世忠与金人勾结;那么,韩世忠自己是怎么也说不清楚的。

作为妻子的梁红玉此时做出了一个惊人之举,带着自己的丈夫上殿面君,自己弹劾丈夫韩世忠:"麻痹大意,失机纵敌,乞加罪责。"这样一来,奸人想借刀杀人,弹劾韩世忠与金人勾结以致放跑金兀术就无机可乘,反而无话可说了。

结果,宋高宗做了顺水人情,不但不予治罪,反而褒奖韩世忠以八千之众胜十万大军,拜为检校少保、兼武成、威德军节度使;梁红玉助战有功,且不徇私情,加封为杨国夫人,领五军都督使,以示慰勉。

韩世忠被夺兵权后,卖国贼秦桧第一个要除掉的就是他。好在梁红玉在事前事后帮助丈夫仔细打算和安排,最终才免去一场大祸。

为了让宋高宗对自己放心，韩世忠在妻子的指点和配合下，一而再、再而三地向皇帝请求赏赐，购买房屋田地。对金钱财物的迷恋意味着上进心的失去，这正是皇上所想要的。当得知秦桧在皇上的默许下还欲加罪于自己，韩世忠按照梁红玉的脱身之计，只身一人去见皇帝，跪在地上，脱下衣服，请皇上亲眼看看自己身上的道道伤疤，又举起自己残缺不全的双手，大哭不止。皇上毕竟也是血肉之躯，生起怜惜之心，韩世忠这才又逃过一劫。

岳飞被害以后，韩世忠曾当面质问秦桧："'莫须有'三字何以服天下。"梁红玉又协助丈夫救下了岳夫人。此后，梁红玉和丈夫一道把皇上所赏赐的钱财分给部下，田产分给了封邑的百姓。二人辞去官职，隐居山水之间，闭门谢客。在妻子梁红玉的精心陪侍下，韩世忠度过了一段清静悠闲的晚年生活。一生戎马倥偬、舞枪弄棒的大元帅自号"清凉居士"，游山玩水之余，写字吟句，为世人留下了颇具意趣和哲理的两首词，其中有一首《临江仙》：

冬看山林萧疏净，春来地润花浓。少年衰老与山同。世间争名利，富贵与贫穷。

荣贵非干长生药，清闲是不死门风。劝君识取主人公。单方只一味，尽在不言中。

一个明理的妻子，首先要有一定的文化修养；否则，就"明"不了，"理"不清，只能稀里糊涂地过日子。

一个明理的妻子还要识大体，知好歹，懂人心；在紧要关头，能够控制自己的情绪进行细致的分析和思考，周密而巧妙地推动或影响事态的发展。

一个明理的妻子，最重要的是要深爱自己的丈夫，珍惜夫妻恩爱的美好生活，时时处处以一颗爱心去理解自己的丈夫，帮助自己的丈夫，温暖自己的丈夫；即使在自己丈夫有过失、犯糊涂的时候，也能从大局出发，从情理入手，妥善地协助自己的丈夫纠正失误，处理好僵化抑或溃乱的矛盾和败局。

## 持 家

"历览前贤国与家,成由勤俭败由奢。"——李商隐

有句俗语是这样说的:"男人摇钱树,女人聚宝盆。"一个男人再有能力,再会打拼,终究需要一个懂得过日子的女人,在家里帮他操持和打理,这样才符合美满婚姻的成功之道。

西汉时期的鲍宣是春秋齐国鲍叔牙的第 19 世孙,到了他这一代家境最终破落了。鲍宣勤奋刻苦,为人正派,就学于桓少君(后来嫁鲍宣为妻)父亲门下。桓少君的父亲看出鲍宣是个可造之材,便想将女儿桓少君许配给鲍宣,桓少君十分乐意,于是桓家准备了丰厚的嫁妆。鲍宣知道这件事后,托人告诉桓少君:"你是富家小姐,我是穷书生,我怎么配得上你?"

桓少君听了之后,明白鲍宣是担心自己婚后不能勤俭持家,夫妻生活难免产生矛盾和隔阂。为了向鲍宣表明自己的心迹,桓少君就将嫁妆中的绸缎衣服全部换成了粗布衣。结婚当天,桓少君与鲍宣一道推着小车来到了夫家。

婚后,桓少君一点儿也不摆富家小姐的架子,对婆婆和丈夫都很尊敬,每天家中生火做饭这样较为繁重的家务全都由自己打理,还时常提着水瓮到门外的水井中打水,不让年迈体弱的婆婆受累。她会精打细算过日子,尊敬长辈,待人以礼,乡里的人对她非常赞赏。

在桓少君持家有方的支持下,鲍宣全身心投入到自己的事业之中,发展很快,先后担任过汉哀帝时期的谏议大夫、朝中三品司隶校慰(中央政府的检察官)等职。王莽篡汉时,鲍宣遇害。王莽政权灭亡后,鲍宣的儿子鲍永、孙子鲍昱也都先后当上了司隶,后人颂扬鲍宣祖孙"三世三司隶,千秋动汉京"。而鲍家这一切的成就,无疑都与桓少君持家有方、相夫教子之功密不可分。

明太祖朱元璋对自己的原配妻子马秀英,十分敬重和爱护。马皇后生病去世,"太祖甚悲,遂不复立后",以示对妻子的怀念。

史书上还记载：马皇后出殡那天，南京百姓几乎倾城而出，自发为她送葬，时值盛夏，忽然电闪雷鸣，下了一场瓢泼大雨，扶老携幼的万千百姓，竟然没有一个回家躲雨的。

马皇后为什么能够得到自己贵为天子的丈夫以及成千上万的普通百姓的如此挚爱呢？

马秀英当初是"下嫁"给朱元璋的，虽说是个农村姑娘，但她"有智鉴，好书史"，算得上是有才华的女知识分子，她还是义军头领郭子兴的养女；朱元璋那时还只是郭子兴手下的一名小将领。有一次，郭子兴听人挑拨，怀疑朱元璋不忠心，把朱元璋关了起来，不给饮食。马秀英偷偷将刚出炉的热饼揣在怀里，给朱元璋送去，以至烫伤了自己的胸脯。

朱元璋领兵征战，从不纳取私财，自己应得的收入拿回家后，马秀英都一一积攒起来舍不得花。郭子兴对朱元璋起疑以后，马秀英就把自家财产送给郭子兴的老婆和小妾，请她们在丈夫面前为朱元璋澄清，说些好话，以弥缝二人之间的裂痕。

平时，马秀英对丈夫的生活关怀备至。当时，因战乱粮食困乏，马秀英在家省吃俭用，经常一两天吃不上一顿饱饭，饿得睡不着觉；而她却千方百计地做些干粮和肉脯，送到前线给朱元璋吃。

朱元璋在前线作战，马秀英在后方带领一批妇女，夜以继日地缝衣服，做鞋袜，为将士们提供军需。朱元璋还把自己部队里的花名册、记账单等簿籍，交给自己的才女老婆马秀英掌管；马秀英十分细心周到，妥为保存，无论世上如何兵荒马乱，从未丢失遗漏簿籍。每到关键时刻，这些簿籍就起到了十分重要的作用。

马秀英做了皇后以后，勤俭持家、贤惠助夫的行为更加感人。

她经常把后宫的金银财宝、绸缎丝帛全部拿出来，犒劳随朱元璋御驾亲征的将士，自己平常穿的衣服洗了又洗，早已破旧了，也不愿换新的。她还命人在后宫架起织布机，亲自织些绸衣料、缎被面等，以皇家的名义赐给那些年纪大的孤寡老人；而剩余的布料，则裁成衣裳，赐给王妃、公主，让她们知道"天桑艰难"。遇到灾荒日，她还带领宫里的人吃粗劣的菜饭，以此来体察民间的疾苦。

马秀英对珍宝和钱财看得很淡，对人才和百姓看得很重。明朝的将领攻克了元朝的首都，把缴获的奇珍异宝、金银美玉送回南京。朱元璋看到这些喜形于色，马皇后却在一旁很冷静地说："元朝有这么多财宝，怎么不能保全国家？我想大概这世上还另外有宝物吧？"朱元璋一愣，沉思片刻，说："皇后的意思是说，人才是宝吧。"马皇后接着说："陛下说得对，我与陛下出身贫贱，一直辛苦打拼，而能有今天，我常常担心骄横腐败由奢侈贪婪而生。一个家庭、一个国家的危亡往往从细小之处而起。希望陛下见人不见财，广招贤能之士共同治理天下。"

明朝太学刚刚建成，马皇后问朱元璋有多少学生，朱元璋告诉她有几千人。当时，有些太学生携带眷属在京，他们没有薪俸，无法养家。马皇后建议按月发给口粮，朱元璋接受，专门设立"红板仓"，存储粮食，发给太学生。此后，"月粮"成为明代学校的一项制度。

马秀英一生还严于律己，宽以待人，处理复杂的人际关系十分得体。她与朱元璋出生入死，患难与共，朱元璋做了皇帝后对她既感激又尊重。马秀英对娘家人极为怀念，每当说到父母早逝，就痛哭流涕。朱元璋因为关心她，要为她访找亲属，以便封赏，马秀英坚持不让。马秀英对丈夫的亲属以及宫人十分关心。朱元璋的嫡亲侄儿朱文正在对陈友谅战争中立功，朱元璋未及时赏赐，他很不满，纵容手下人大发牢骚，行动不积极，贻误大事。朱元璋十分恼火，杀了朱文正的手下人，还要治朱文正的罪。马秀英劝丈夫："这孩子立了好多战功，守南昌尤其不易，况且只是性急要强，并不是反叛，让他吸取教训就好。"朱元璋这才将朱文正免官了事。

马秀英贵为皇后，还要亲自管丈夫的饮食。宫女认为不必这样做,她解释说这有两方面的原因:一是尽做妻子的责任,再就是怕皇帝对饮食不中意,皇帝脾气暴烈,怪罪下来,宫人担当不起,她好承受着。

马皇后临终前得了一场重病,朱元璋命太医诊治,命宫女们好好侍候服药。但马皇后不服药,朱元璋强要她吃药,她说:"如果我吃药无效,你就会杀死医师和宫人,那不等于我害了他们吗? 我太不忍心了。"朱元璋连忙说:"不要紧,你吃药,就是治不好,我也不会因为你惩治他们。"但是,马皇后预感到自己的病服药也无效果,坚持不用药,以致死亡。

马皇后可谓古代贤内助的最高典范,她的感人事迹令后世人千秋敬仰,当代的妻子可以从她身上学到许多持家真经。

持家的好妻子要精打细算。晚唐诗人李商隐有两句诗:"历览前贤国与家,成由勤俭败由奢。"该花的钱当然要舍得,不该花的钱坚决不乱花,尤其要禁绝铺张浪费,不做"月光族"。平常要量入为出,对各项支出进行计划安排,省下钱财"办大事"。

持家的好妻子要勤劳朴实。虽不要求家务事样样会料理,然而日常生活中的烧饭做菜、打扫卫生等力所能及的事,持家的好妻子还是应当亲自动手,乐此不疲。这不仅仅是为节省开支,更是对丈夫爱心的表现,俗话说,要想温暖男人的心,首先应该温暖他的胃。

持家的好妻子要态度端正。在钱财、待遇等问题上不会贪心胡为,不做非份之想;管好自家人,把好自家门;同时做到严于律己,宽以待人,妥善处理与家人及亲朋之间的关系,尤其能够真心孝敬自己的公婆,尊重和关心丈夫的亲戚好友等,为丈夫和自己创造美好和谐的生活、工作环境。

总之,一个好妻子会用自己精心持家的实际行动理解、支持、帮助自己的丈夫做好工作、创建事业以及争取人生更大的成就。

## 柔 情

"柔情似水,佳期如梦,忍顾鹊桥归路。"——秦观

一个好妻子的爱心是围绕着自己的丈夫而舒展的,因此,无论是帮助、开导自己的丈夫,还是寄希望于自己的丈夫,一个好妻子都会以柔情蜜意作为最合适的手段和方法。

毛泽东曾称赞东汉开国皇帝刘秀是中国历史上最有学问、最会打仗、最会用人的皇帝。刘秀在登基称帝前,先后娶了两个妻子,一个叫阴丽华,一个叫郭圣通。这两个女人都很爱刘秀,但她们的结局却大不相同,而且出人意料。

刘秀虽然是西汉皇室刘氏宗族的后裔,但到了西汉末年,早已沦为和皇家毫无关联的布衣平民。刘秀少年时期家境还算不错,而他偏偏喜欢和自己的小伙伴们在田间玩耍,无论出身贵贱,都能打成一片。王莽篡夺西汉政权,建立自己的新王朝。那时,刘秀的父亲已经去世,刘秀一家陷入窘迫的生活困境。在叔父的帮助下,刘秀决定去长安太学读书。从长安归来以后,刘秀经常去姐夫家玩。有一天,姐夫邓晨领着他去拜访自己的好朋友——大户人家的公子阴识。阴识不在家,阴识的妹妹阴丽华在院子里给牡丹花浇水,阴丽华看见刘秀,妩媚地嫣然一笑,刘秀顿时着迷了,对阴丽华一见钟情,发誓说:"仕宦(做官)当作执金吾(执金吾即秦汉时率禁兵保卫京城和宫城的官员,巡城时车骑甚盛),娶妻当得阴丽华。"从此,阴丽华成为刘秀一生的挚爱。阴丽华对这位"丰神俊朗"的大哥哥也很有好感,只不过阴丽华那时还小,没到谈婚论嫁的时候。

后来,为了推翻王莽的新政权,刘秀和他的哥哥刘演一道起义,推举汉室宗亲刘玄为皇帝。从此,刘秀南征北战,出生入死。

哪知道,王莽新政权还没推翻,起义军就窝里斗了起来。刘玄借故杀害了刘秀的哥哥刘演。刘秀陷入万分悲痛之中,可是为了迷惑刘玄,不至于遭到刘玄的株连迫害,刘秀强忍悲愤随大军在外

征战。回到刘玄的中央政府,刘秀在刘玄面前故作欢颜,把失去兄长的悲痛深深地埋在心底。

就在这时,已经长大成人的阴丽华在哥哥阴识的支持下,冒着巨大的政治风险和战争风险,嫁给了发誓一定要娶自己为妻的刘秀。婚后,刘秀白天装着新郎官十分高兴的样子,晚上回到家想起冤死的哥哥,不由得痛入心脾,流下悲伤的泪水。

每当此时,阴丽华就会和刘秀紧紧依偎在一起,用女人的柔情体贴去融化刘秀那颗冰冷的心。渐渐地,刘秀在阴丽华的怀抱中获取了新的能量,从悲愤迷惘中走了出来。阴丽华的柔情蜜意从此就深深地烙印在刘秀的脑海里。

婚后几个月,刘秀终于有了脱离刘玄的机会。那时,刘玄政权已定都洛阳,然而各路群雄并起,纷纷建立自己的王国,谁也不买刘玄的账。刘玄派刘秀以大司马的名义,领着一小股军队去全国各地征讨。刘秀知道刘玄用他又防着他,所以只给了他很少的人马,但是刘秀知道这是他唯一的机会。

刘秀到达河北赵县时,队伍已渐渐壮大,眼前事态一步步好了起来,刘秀部下就劝刘秀自立门户。可就在这个时候,一个自称是汉成帝刘骜儿子的算命先生王郎,在河北邯郸坐上了金銮宝座,称起皇帝。一山不容二虎,王郎下令捉拿刘秀。

刘秀又一次面临生死抉择,怎么办?刘秀想到了一个关键人物——拥有十万大军的真定王刘扬。刘秀要和刘扬结盟对抗王郎,于是他派自己的手下刘植去游说刘扬。刘植回来后告诉刘秀说:刘扬同意了,但有一个条件,他要把自己的外甥女郭圣通嫁给刘秀。

刘秀闻言,不禁愣住了。他想起与自己患难与共的妻子,于是回答说:"我已经娶阴丽华为妻了。"

刘植赶紧劝刘秀说："郭圣通虽然是刘扬的外甥女,但她花容月貌,聪明伶俐,深得刘扬的喜爱,把她看得比亲闺女还亲。刘扬要把郭圣通嫁给你,这说明他很看重你,你若答应,强强联合,这天下迟早就是你的。你若不答应,刘扬就会勾结王郎弄死你,再说,现在刘玄对你已经有了疑心,你回到洛阳恐怕也是个死。大丈夫三妻四妾多的是,阴丽华知道你是迫不得已而为之,也会原谅你的。"

刘秀终于答应娶郭圣通。当天晚上,刘秀给阴丽华写了一封说明自己处境的信,派人送给她。洞房花烛夜,刘秀见到郭圣通,果然是标准的美女,而且身上还散发出与生俱来的高贵气质,这是阴丽华所没有的。

强强联合以后,王郎、刘玄先后灭亡,已经称帝的刘秀把都城定在了洛阳。

刘秀开基立业的第一年,侍中(皇帝身边的大臣)傅俊奉命护送阴丽华来到洛阳。阴丽华婚后数月和刘秀分别,随家人几经辗转惶恐度日,终于有了夫妻再次相见的时刻;然而,昔日的夫君不但登基称帝,身边还多了一个漂亮的女人,而且这个女人还为丈夫生下了儿子。阴丽华的心境之复杂可想而知。

到了夫妇聚首之时,刘秀面对阴丽华,喜悦之余愧疚之色溢于言表,他已经做好被阴丽华责怪甚至哭骂的准备。然而,阴丽华看到自己的丈夫,只是深情地凝望着他,一句责怪的话也没有。两个人幸福地依偎在一起,拥抱在一起。

对刘秀接回阴丽华这件事,郭圣通心中十分不满。她先是在刘秀面前冷言冷语地讥讽阴丽华和刘秀,接着在刘秀安排她和阴丽华见面时,始终板着脸,一句话也不说。阴丽华则客客气气地与郭圣通打招呼,笑脸相陪。刘秀对郭圣通自然十分生气,但他是天性仁厚的人,并没有当场发作。

刘秀为了弥补阴丽华,要封阴丽华的兄弟为侯爵,但阴丽华不肯;刘秀又要赏赐珠宝给阴丽华,但她仍然拒绝,说:国家刚刚稳定,百废待兴,要用钱地方太多,她一个女流之辈吃穿不愁,要这些珠宝又有何用。刘秀有点失落了,阴丽华看出他的心思,温柔地劝慰他说:"我们是患难夫妻,我知道你心里在乎我,这就足够了。"

于是,刘秀经常想着阴丽华,几乎天天都要去阴丽华的寝宫,每次去了之后,夫妇二人依偎在一起"慢慢聊",心中特别的愉悦和轻松。阴丽华还不忘提醒刘秀也要经常去看望郭圣通。刘秀自然要抽出时间去郭圣通那里,更何况他和郭圣通生的大儿子也在郭圣通的寝宫里,但是,刘秀去过几次之后,就不想再去了。

原来,郭圣通非常不高兴刘秀经常去看阴丽华,因此刘秀来到她的寝宫后,她虽然心里十分乐意,但是脸上却流露出生气的样子,趁刘秀来时,她就发泄自己心中的怨气和不满。结果,刘秀人虽然来到郭圣通的寝宫,心却还在阴丽华那里。

刘秀原本是要封阴丽华为皇后的,因为阴丽华是他的结发夫妻。但是刘秀怕郭圣通闹起来,而郭圣通的舅舅刘扬手握重兵也会跟着起哄。后来,原本与刘秀联盟就是为了终有一天自己能夺取天下的刘扬终于谋反了,刘秀派兵逮捕了刘扬及其手下,此时,刘扬自然是死路一条,但他的部下却都得到了刘秀的赦免,不予追究。此举深得人心,刘扬的部下从此对刘秀这个仁爱而贤明的皇帝彻底臣服。刘秀处理完刘扬事件后,决定封阴丽华为皇后,他认为现在再也没有什么理由不办这件事了。

当刘秀兴高采烈地把自己的想法告诉阴丽华时,阴丽华表示感谢丈夫对自己的深情厚意,却拒绝做皇后。刘秀这下子蒙了,这可是天底下所有的女人都梦寐以求的好事啊!阴丽华为什么拒绝了?

阴丽华这个懂得什么是真爱的女人是如此告诉自己的丈夫的:她知道刘秀是深爱自己的,这就足够了。她嫁给刘秀是因为自己爱刘秀,并不是要谋求什么荣华富贵。她爱刘秀,就要为刘秀着想。她是一个没有为刘秀生育过儿子的人,也不知道自己以后还能不能生育,而郭圣通已经为刘秀生下一个儿子。郭圣通的家庭又是为刘秀开基立国立下过很大功劳的,尽管郭圣通的舅舅谋反被诛,但是与郭圣通无关,这个时候,更不能雪上加霜,让郭圣通痛苦不堪,这对小王子也不好。

这真是一个深明大义的好女人啊!刘秀看着依偎在自己身旁

的阴丽华,听她的娓娓叙述,心中百感交集,怜爱之情越发升腾起来。郭圣通当了皇后,她的儿子刘强也顺理成章地被立为太子。

如果阴丽华宁要爱情不要皇后、郭圣通宁要皇后不要爱情,估计以后的事态会是另外一种发展走向,可是偏偏郭圣通也是真爱刘秀的。这也难怪,刘秀这个人既是美男子,又是大丈夫;既是开基立国的皇帝,又是风度翩翩的君子。而且,刘秀的私生活也十分检点,并不像有些皇帝那样荒淫奢靡。

郭圣通当上了皇后,但刘秀对她的冷淡并没有改变。如果可以选择,郭圣通也是情愿要刘秀的爱,不要这个皇后的,但问题是,刘秀不爱她;更严重的问题是,郭圣通始终搞不明白刘秀为什么不爱她!

郭圣通出身比阴丽华高贵,岁数比阴丽华小,相貌比阴丽华漂亮,生儿子的时间比阴丽华早好多年。可以说,在外人看来,阴丽华样样都比不上郭圣通,可为什么刘秀一直冷落郭圣通呢?其实,郭圣通所缺失的恰恰是阴丽华身上所拥有的对丈夫的似水柔情。

这一点,直到一件十分严重的事情发生以后,郭圣通这才想明白,但是已经为时晚矣。

刘秀和阴丽华的真爱感动了上苍,在公元28年,阴丽华终于为刘秀生下了一个儿子。就在这一年,刘秀御驾亲征,一连打了几个胜仗。整个皇宫沉浸在喜悦之中,作为皇后的郭圣通本应率领嫔妃们去向阴丽华道贺,以显示母仪天下的风范,可是她却一个人躲在自己屋子里生闷气。

就在阴丽华儿子刘庄12岁的时候,这件十分严重的事情终于发生了。

那是公元39年,天下大定,刘秀举办了一项规模浩大的人口普查活动。在送来的各地普查情况的报告中,他发现了一张神秘的字条,字条上写着这样一句话:"颍川、弘农可问,河南、南阳不可问。"这显然是普查人口的官员故意留给刘秀看的,因为有些话他们不好当面对皇帝说。

同是一个国家,为什么这些地方可查,那些地方不可查呢?刘秀问左右的官员和身边的儿子们,大家支支吾吾说不出所以然来。

这时候小小年纪的刘庄发话了,他说:"颍川、弘农富裕而且人口多,但并无多少人在朝中做官,所以可以随便查;然而河南是都城,全是达官贵人,而且南阳是皇帝的家乡,全是皇亲国戚,这两个地方的人们就算样样指标都超了规格,也只能睁一只眼闭一只眼。普查官员问多了就会惹来祸端。"

刘秀一听有道理,于是亲自派得力的人再去调查,果真如此。刘秀于是夸赞刘庄是个奇才,将来必能成就大事,由于太高兴了,刘秀无意之中又说了一句很感慨的话:如果不是早已立了太子,太子之位就应该是刘庄的。

这句随口说的话,事后可能连刘秀自己也都忘了。但是郭圣通知道后,不顾一切地冲进刘秀的房间,劈头盖脸地骂了起来,说:"你刘秀真是忘恩负义,没有我郭家,没有我舅舅,哪有你今天。这么多年,你都不喜欢我,我到底哪一点比不上阴丽华。不喜欢我,我都忍了,你还不喜欢我的儿子,你还想废太子,你想逼死我们母子两个啊。"

郭圣通已经完全失去了理智,刘秀反复解释,说:"自己不过就是顺口这么一说,并不是你想的那样。"可郭圣通根本听不进去,越说越起劲,越说越痛快,把自己积压许多年的怨气一股脑地发泄出来。刘秀见她已到了几近疯狂的地步,不得不离开自己的房间。

郭圣通还不解气,追着刘秀往外跑。找不到刘秀,就跑到阴丽华那里大骂起来,说阴丽华是狐狸精,人面兽心,想和她抢皇后的位置,不得好死。

阴丽华平白无故地遭到郭圣通辱骂,心里相当委屈,可阴丽华刚欲开口讲话,就被郭圣通给骂了回去。为了避免矛盾激化,阴丽华想只有自己一走了之了。刘秀不让她走,可阴丽华怕刘秀两头为难,坚持离开皇宫去了娘家。

阴丽华走了,刘秀心里很不是滋味。为了避免矛盾,刘秀处处避开郭圣通,可郭圣通仍然不依不饶找刘秀吵闹,还说刘秀又去找别的女人鬼混了。

就这样痛苦地熬了一段时间,刘秀虽然宅心仁厚,但毕竟是个热血男儿的皇帝,终于作出了废后的决定。

当废后的诏书下到郭圣通的寝宫,前去传达圣旨的官员要她交出皇后的印信时,郭圣通抓住印信不放。后来她语无伦次,跌坐在地,伴随她说出的一句话"是我错了吗?",印信掉在了地上。

郭圣通的结局完全是她的性格造成的,其实并没有谁和她抢皇后的位子,也没有谁和她抢刘秀;而且阴丽华才是刘秀的第一任妻子,可阴丽华为了自己的爱人,宁愿做了十多年的小妾。

刘秀把阴丽华接了回来,阴丽华依然是那么柔情,她向刘秀求情,不能把郭圣通打入冷宫,封郭圣通二儿子为中山王,让郭圣通做"中山王太后",和儿子一起生活。心软的刘秀自然听从阴丽华善良的建议,后来,还将自己和阴丽华生的女儿嫁给郭圣通哥哥的儿子,又封郭圣通哥哥、堂哥等为侯爵。

郭圣通很后悔,她似乎已经明白,自己到底哪里比不上阴丽华,但已为时晚矣!郭圣通的儿子刘强继续当太子,但是刘强也是深明事理的人,多次向父亲请辞。刘秀也意识到一个废后的儿子心理负担过重,难以在太子的位置上有所作为,于是就批准了他的辞职申请。消息传到郭圣通那里,郭圣通反而松了一口气。九年以后,郭圣通母亲去世,刘秀为这位岳母举行了隆重的国葬,并亲自出席。之后,刘秀又令人把郭圣通父亲的灵柩从真定运到洛阳,跟郭圣通的母亲葬在一起。郭圣通把这一切看在眼里,心里明白这不仅是刘秀自己的主意,也是阴丽华的善良仁慈促成的。

到了最后时刻,郭圣通这才弄明白,她不如阴丽华的地方就在于她没有阴丽华懂得怎么去爱自己的丈夫。其实,妻子爱自己的丈夫并不需要多少额外的手段和方法,只要让丈夫能真正深切地体会到妻子对自己的柔情蜜意就足够了。

西汉时期的卓文君即使在面临婚姻危机时,也是这样做的。

卓文君和司马相如的爱情故事十分感人,二人成婚以后,情意绵长。过后,司马相如因他的文学才干终于被汉武帝拜为郎官,不久又持节出使西南边陲地区。经过司马相如的宣慰与晓谕,西南诸夷(少数民族)尽皆奉表称臣,然后,司马相如受汉武帝封赏,留在了京城为官。久居京城繁华闹市,见多了年轻貌美的女子,司马相如也不禁产生了纳妾的念头。卓文君知道后,并没有声泪俱下地哭诉,而是用她自己擅长的方式,写下了一首情意绵绵的《白头吟》:"皑如山上雪,皎若云间月。闻君有两意,故来相决绝……凄凄复凄凄,嫁娶不须啼。愿得一心人,白首不相离。……"并附书:"春华竞芳,五色凌素,琴尚在御,而新声代故!……"随后再补写两行:"朱弦断,明镜缺,朝露晞,芳时歇,白头吟,伤离别,努力加餐勿念妾,锦水汤汤,与君长诀!"

卓文君所写充满凄怨但情意缠绵的《白头吟》和《决别书》,使得司马相如阅后心中大为不忍,想起妻子与自己患难与共、柔情蜜意的种种好处,于是放弃了纳妾的念头,并给卓文君回信:"诵之嘉吟,而回予故步。当不令负丹青感白头也。"此后不久,司马相如回归故里,与卓文君安居林泉,相守到老。

常言说,恋爱中的女人一半是聋子,一半是瞎子。一个深爱自己丈夫的妻子,她的柔情发自心灵深处,无论如何对自己心爱的人凶不起来、狠不起来。

做一个柔情的妻子,就不会在乎自己有多笨。即使是天生精明、聪慧的女子,也会在丈夫面前表现出大智若愚的样子。她们乐意依靠自己的丈夫,愿意让丈夫始终"胜过"自己。

做一个柔情的妻子,就不会在乎自己有多怯。天冷怕夫寒,天暖怕夫热;时时处处替丈夫着想,不让丈夫暗中为难、心中别扭。她们最怕自己的丈夫苦闷和抑郁。

做一个柔情的妻子,就不会在乎自己有多恋。看不见丈夫日夜挂念,在一起相处男欢女爱;她们的柔情蜜意,往往使自己的丈夫乐意一辈子都迷醉在二人世界的"伊甸园"。

### ● 纯 美 ●

"好女人是清纯美丽的天使。"——俗语

古人曰:"士为知己者死,女为悦己者容。"当今有人说:世上最不能缺少的两样东西就是男人的豪迈气概和女人的清纯之美。女人本应是清纯之美的化身。做一个好妻子就要懂得用自己的清纯去热爱美、欣赏美、装扮美、创造美。

林徽因是 20 世纪中国最美的才女，是现代中国著名的建筑学家和作家。在她的感情世界里有过三个男人，一个是杰出诗人徐志摩，一个是学界泰斗金岳霖，还有一个是建筑大师梁思成。她在事业发展中曾做过三件大事，第一是参与国徽设计；第二是改造传统景泰蓝；第三是参加天安门人民英雄纪念碑设计，为民族及国家作出过很大的贡献。在三个追求她的男人当中，她最终选择了梁思成作为自己的终身伴侣。那时候，徐志摩已经因飞机失事而去世，后来出现的金岳霖曾经令林徽因手足无措。梁思成经常外出考察，一去就是数月，托自己的好友金岳霖照顾生病的林徽因，时间久了，金、林二人萌生了一种感情，这种感情更多的是理解的需要和精神上的渴求。当梁思成考察回来，林徽因把这一切告诉了梁思成，经过一整夜的思想斗争，梁思成对林徽因说："你是自由的，如果你选择金岳霖，我祝你们永远幸福！"林徽因被梁思成的真情深深打动，于是又原原本本地转告给金岳霖，金岳霖说："看来思成是真正爱你的。我不能去伤害一个真正爱你的人。我应该退出。"

真心相爱的梁思成和林徽因从此过起相互扶持、相互关爱、共同创业且充满情趣的美好生活。

林徽因知道丈夫深爱自己的一个重要原因是自己始终保持清纯之美。对于这种清纯之美，林徽因始终十分珍惜和爱护，即使在生病和生活窘迫之时也是如此。

林徽因身体不是很好，20 世纪 20 年代初期，她住在北京香山养病。丈夫梁思成外出回家时，林徽因都会把自己梳妆好，然后在房子里燃上一炷香,再穿上一袭白色睡袍,手里拿着一卷书,斜躺在摇椅里,沐浴在溶溶的月色之中。梁思成每每见到林徽因都会禁不住看得发呆,这时,林徽因会调皮地说:任何一个男人进来看到她现在这个样子,都会陶醉地晕倒。憨厚的梁思成则会说:"我就没有晕倒,我就没有晕倒。"这句话怎么听着都像醉酒的人在说:"我没醉,我没醉。"

20 世纪 70 年代,江苏省淮安县有一对年近 50 岁的夫妇。新中国成立前丈夫家里是个大地主,妻子出身书香门第。二人婚后不久,丈夫到国民党部队里当上了一个团的参谋。内战爆发,国民党部队战败,丈夫所在的团就要撤退到台湾,这位丈夫惦念着家里的妻子,在兵荒马乱之中开了小差逃跑回来。

新中国成立后,家里的田地、财产全被没收了,夫妻二人在两间半平房里,过了几年安静的生活,家里添了两男一女三个孩子。然而,好景不长,在以后的岁月里一个又一个运动来了,丈夫因为在国民党部队当过参谋,于是一次次被打倒,一次次被批斗,直至被遣送到农场去劳动改造。妻子带着三个孩子在城里十分艰难地苦度日月。

善良的邻居都为这一家人担心,可奇怪的是每当人们看到这位妻子时,都见她穿戴得十分整洁,即使打过补丁的衣服也洗得干干净净,穿在她的身上都十分合体,且衬托出她身材的优美。丈夫被带走批斗,一连几天不能回家。晚上,这位妻子总会在家里仔细地整理房间,还经常用旧报纸把斑驳的墙面糊起来,并在上面贴上一些从新华书店买回来的画儿。

丈夫被遣送到农场劳动改造,两三个月才能回一次家。每到丈夫回家的这一天,这位妻子就会早早起来收拾房间,做好饭菜。然后自己坐在桌子前,照着镜子,一遍又一遍地用手蘸着清水往头发上抹,再用梳子把头发理顺,挽成漂亮的发髻。还从箱子里拿出结婚时的衣服,仔仔细细地穿好,等着丈夫归来。

有一次,同院的一位妇女问这位妻子:"你一个人在家带三个孩子,还要在单位忙碌,自己这么辛苦,这么累,丈夫回来还用得着这么收拾和打扮吗?"这位妻子回答说:"我们家和别人家不同啊。

我丈夫受这么多罪,全是因为我。他回来后对我说过,他是因为惦记着我这个清纯美丽的妻子,才逃回来的。我不能让他白白地吃这么多苦,遭这么多难,我要让他感觉到他那清纯美丽的妻子会永远陪伴着他,不管生活多么艰辛,我也不让他失望。"

丈夫也深深理解妻子的这份爱心和用心,无论受到什么样的迫害和摧残,他都坚强而乐观地面对。一面用劳动的汗水洗刷不平的内心世界;一面重新拾起儿时的爱好,用手中的钢笔速写绘画,而他画的最多的就是他钟爱一生的清纯端庄、美丽贤淑的妻子。

改革开放以后,夫妻二人都老了,到了20世纪90年代,在上海工作的儿子接走了这对老夫妻。家乡的老邻居出差去上海,无意之中与这对老夫妻相遇过一次。男的依然精神爽朗,花白的头发,梳得整整齐齐;女的虽然发胖了些,但脸上红扑扑的。两位老人衣着整洁,丈夫挽着妻子,妻子挽着丈夫,一步一步徜徉在人行道上。

做一个纯美的好妻子并不难,只要心中有爱,条件不是障碍。每个女人的身材、脸容各有差异,同一个人在不同的年龄阶段、不同的境遇状态也可能各有不同的相貌;但是,一个勤于动手的女人,任何时候都有整洁和装饰自己的能力。因此,从这一点上讲,世上没有丑女人,只有懒女人。

做一个纯美的妻子,不仅重视自己的外表美,而且重视自己的内涵美;不仅重视自己个人的美,而且重视自己的家人及家庭的美。纯美的妻子内心想的是如何为自己心爱的丈夫创造清新、优雅、美好的生活。她们还深深懂得,美丽的女人当然可爱,而可爱的女人才会更加美丽;因此,她们的文明言行和崇高的灵魂,足以让她们成为清纯而美丽的天使。

做一个纯美的妻子,就会到处发现美、爱护美。她们不是园艺师,但她们喜欢和欣赏花朵;她们不是音乐舞蹈家,但她们更易于被美妙的音乐和优雅的舞姿所陶醉;她们不是诗人、作家,但她们最能和优秀文学作品中的每一个鲜活的人物产生强烈的思想共鸣。

# 第 **4** 讲
# 做 个 好 父 母

**疼爱·规范·勉励·放手**

孔子说过:"君君臣臣,父父子子。"这里所谓的"父父子子",意思是说:做父母的要像个做父母的样子,做子女的要像个做子女的样子。那么做父母的应该是个什么样子呢?

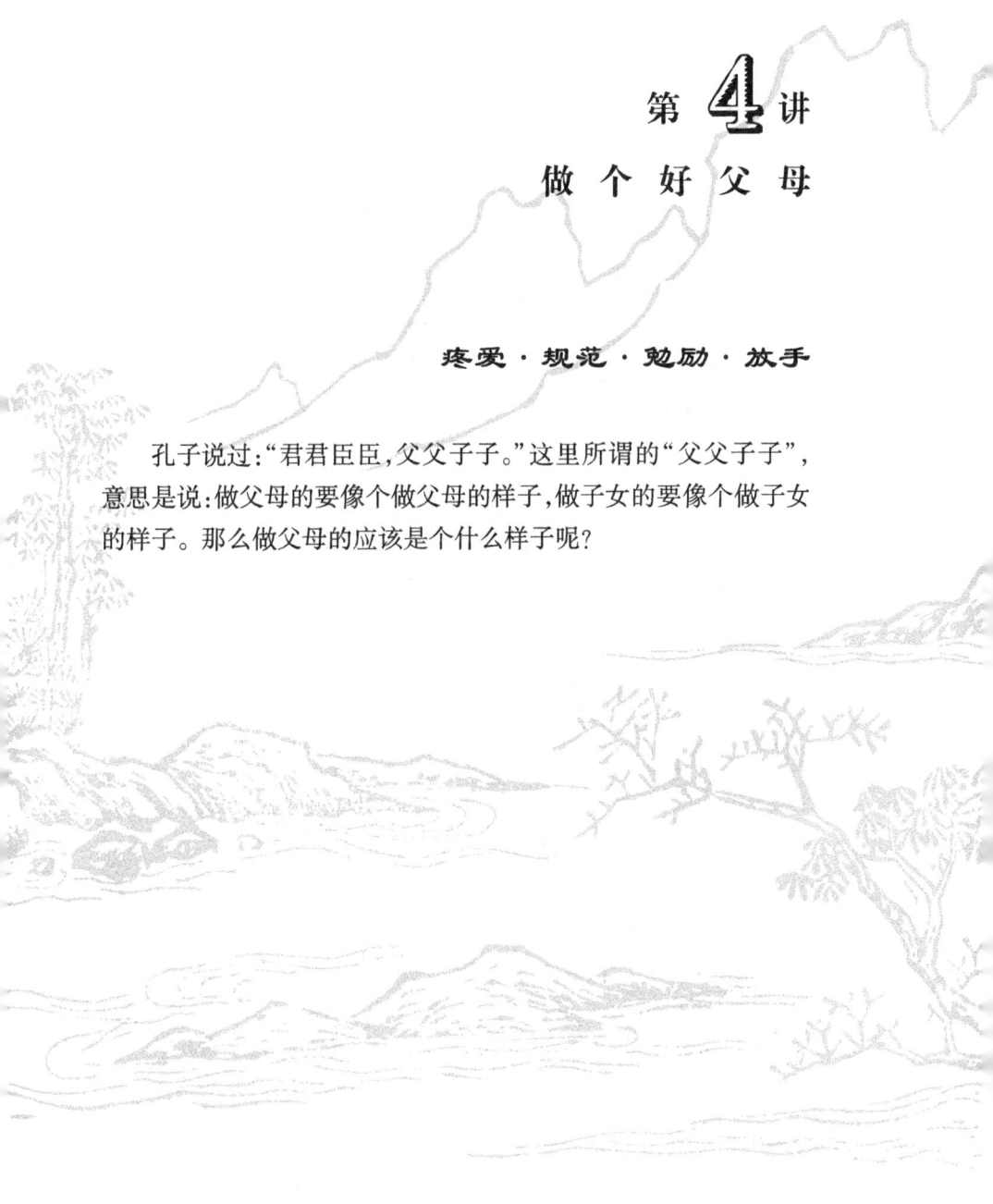

## 疼 爱

> "谁言寸草心，报得三春晖。"——孟郊

　　疼爱自己的孩子是父母的天性，更是父母的天职。父母可以给孩子的、愿意给孩子的东西很多，但是最为宝贵的是爱，最应该给予的还是爱，这种爱无关乎金钱和物质的多少，而在于父母对孩子关心、爱护的心意如何。小时候的拥抱和搀扶，长大后的叮咛和陪伴，往往是子女最难忘怀的爱，孩子有了这种爱才会学会爱；会爱，才会做人。

　　朱自清先生是一位伟大的爱国主义者，是现代中国著名的学者和作家。人们提到朱自清先生，总会联想到他的散文《背影》，因为在这篇散文中，我们看到了一位父亲对儿子简朴而深沉的大爱。朱自清先生写道：

　　我与父亲不相见已二年余了，我最不能忘的是他的背影。

　　那年冬天，祖母死了，父亲的差使也交卸了，正是祸不单行的日子。我从北京到徐州打算跟着父亲奔丧回家，到徐州见着父亲，看见满院狼藉的东西，又想起祖母，不禁簌簌地流下眼泪。父亲说："事已如此，不必难过，好在天无绝人之路。"

　　……丧事完毕，父亲要到南京去谋事，我也要回北京念书，我们便同行。

　　到南京时……第二日上午便须渡江到浦口，下午（我要）上车北去。父亲因为事忙，本已说定不送我，叫旅馆一个熟识的茶房陪我同去。他再三嘱咐茶房，甚是仔细。但他终于不放心，怕茶房不妥贴，颇踌躇了一会。其实我那年已二十岁，北京已来过两三次，是没有什么要紧的了。他踌躇了一会，终于决定还是自己送我去。我再三劝他不必去，他只说："不要紧，他们去不好。"

　　……（送我上车后）他嘱我路上小心，夜里要警醒些，不要受凉。又嘱托茶房好好照应我。……

　　我说道："爸爸，你走吧。"他往车外看了看说："我买几个橘子

去,你就在此地,不要走动。"我看那边月台的栅栏外有几个卖东西的等着顾客,走到那边月台,须穿过铁道,须跳下去又爬上去。父亲是一个胖子,走过去自然要费事些。我本来要去的,他不肯,只好让他去。我看见他……蹒跚地走到铁道边,慢慢地探身下去,尚不大难。可是他穿过铁道,要爬上那边月台,就不容易了。他用两手攀着上面,两脚再向上缩;他肥胖的身子向左微倾,显出努力的样子。这时,我看见他的背影,我的眼泪很快地流下来了。……我再向外看时,他已抱了朱红的橘子往回走了,过铁道时,他先将橘子散放在地上,自己慢慢爬下,再抱起橘子走。到这边时,我赶紧去搀扶他。他和我走到车上,将橘子一股脑儿放在我的皮衣上。于是扑扑衣上的泥土,心里很轻松似的。过一会儿说:"我走了,到那边来信!"我望着他走出去。他走了几步,回过头来看见我,说:"进去吧,里边没人。"等他的背影混入来来往往的人里,再找不着了,我便进来坐下,我的眼泪又来了。

……

这就是一位平凡而普通的父亲对子女的爱,这份爱虽然只是一段穿过铁道,爬上月台,买几个橘子的故事,但它的光辉一直照在儿子的心上,是世界上任何奇珍异宝都比不上的。

有一首现在大家都十分喜爱的歌曲,它是这样来描述母亲对子女的疼爱:你(子女)入学的新书包,有人给你拿;你雨中的花折伞,有人给你打;你爱吃的三鲜馅,有人给你包;你委屈的泪花,有人给你擦。你身在他乡住,有人在牵挂;你回到家里边,有人沏热茶;你躺在病床上,有人掉眼泪;你露出笑容时,有人乐开花。啊,这个人就是娘,这个人就是妈,这个人给了我生命,给我一个家。无论你走多远,无论你在干啥,到什么时候也离不开咱的妈!

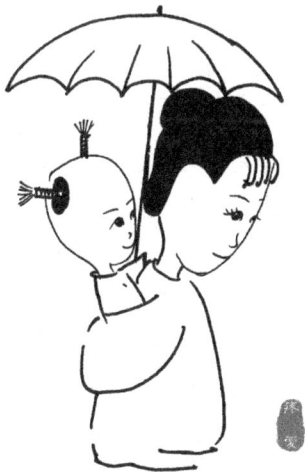

这就是父母对子女的疼爱,它是一种缘于亲情永远割舍不断

的爱,它是一种发自肺腑始终牵肠挂肚的爱。它无微不至,无时不在,无求回报,无法替代。

然而,疼爱不是溺爱,它是有方向的爱。每一个好的父母都会尽最大可能努力为子女的学习和生活、成长和工作提供必要的条件,进行必要的帮助;但是绝不能放任子女的骄纵和奢侈,更不能纵容子女的贪婪和自私。父母在疼爱子女过程中应该有亲情的交流和做人的教育,让子女学会感恩,不仅感恩父母,还要感恩他人,感恩社会,从而培养子女良好的情感和品德,使之日后在家庭、学校、单位和社会中都能同身边的人和谐相处、友好合作。

疼爱不同于溺爱,它是能长远的爱。不仅为子女的一时一处而着想,更为子女的一生一世而打算;因而,父母要及时地锻炼自己的子女,让子女去"经风雨,见世面",早日成为独立而坚强的人,更好地去适应社会、投身社会、立足社会。

战国时期的赵国有一位赫赫有名的赵太后(赵威后),她原本是深明大义之人。有一次齐国使者见威后,威后先问收成,后问百姓,最后才问候齐王。齐使不悦,说赵威后"先贱而后尊贵"。赵威后回答说:"苟无岁(如果没有好的年景收成),何有民?尚无民,何有君?"就是这样一位十分贤明的太后,一遇到如何疼爱自己小儿子的问题时,竟然也犯起了糊涂。

赵国国君赵惠文王去世,孝威王继承了王位,由于年纪轻,由太后执政。当时,赵国国势已大不如前。秦国看到赵国新旧交替,认为有机可乘,于是派遣兵将"急攻之",一举攻占了赵国的三座城池,赵国危在旦夕。太后不得不请求与赵国关系密切的齐国增援。齐王虽然答应出兵,但是提出赵国必须派太后的小儿子长安君到齐国去做人质。赵太后不答应,大臣们极力劝谏,太后不听,还明白地告诉身边的大臣说:"有再说让长安君去做人质的人,我一定朝他脸上吐唾沫!"

左师公(赵国掌权的执政官)触龙去见太后,先和她拉家常,说自己年纪大了,身体也有毛病,自己的儿子舒祺年龄最小,自己很疼爱他,希望太后能让他到王宫来充当黑衣卫士保卫王宫。赵太后说:"可以,年龄多大?"触龙说:"十五岁了,虽然他还小,但我希望在我还没去世入土时,就把他托付给您。"赵太后说:"你们男人也疼爱小儿子吗?"
触龙说:"比妇女还厉害呢。"太后笑了说:"妇女更厉害。"

触龙这才把话题扯到长安君,对赵太后说:"我私下认为,您疼
爱自己女儿燕后超过了疼爱自己小儿子长安君。"太后说:"你错
了,不像疼爱长安君那样厉害。"

左师公触龙这才说道:"父母疼爱子女,就得为他们考虑长远
些。您送燕后出嫁的时候,握着她的脚后跟哭泣,这是惦念并伤心
她嫁到远方,也够可怜的了。她出嫁以后,您也并不是不想念她,
可您祭祖时,一定为她祝告说:千万不要被赶回来啊!难道这不是
为她作长远打算,希望她在燕国生育子孙,一代一代做燕国国君
吗?"太后说:"就是这样。"

左师公触龙于是进一步对赵太后说:"您把长安君的地位提得
很高,又封给他肥沃的土地,给他很多珍宝,而不趁现在这个时机
让他去为国立功,一旦您去世之后,长安君凭什么在赵国站住脚
呢?"赵太后这才如梦方醒,说:"好吧,任凭您指派长安君吧。"因
此,赵太后就替长安君准备了一百辆车子,送他到齐国去做人质,
齐国救兵这才出动。

真正懂得如何疼爱子女的父母,都会既为子女的眼前考虑,又
为子女的长远规划;他们的出发点、立足点和最终目标都是为了自
己子女能够健康而快乐、体面而自尊地成长和生活。父母不能从子
女的成长需要去设想和努力,而是只顾自己感受、满足自己情绪的
所谓"爱"的行为,不但对子女无益,而且还会令子女曲解,使其产生
依赖、自私和骄横意识,从而造成爱的误区,甚至造成爱的灾害。

● **规 范** ●

"养不教,父之过。教不严,师之惰。"——《三字经》

疼爱子女,就不能让子女成为温室的花朵,更不能让子女成为

社会的另类。父母是儿童的第一任教师,也是最重要的领路人;因此,必须担负起从小规范子女言行之责任,帮助他们成为一个品行端正、有益于他人和社会的人。

有一个流传很广的故事,说的是,一个死刑犯,在即将走向刑场的时候,向法官提出一个要求,他想见他母亲最后一面。法官同意了,于是,他的母亲来到儿子的面前。面对悲痛欲绝的母亲,死刑犯儿子提出最后的要求:"妈妈,我能不能再吃你最后一口奶?"欲哭无泪的母亲默默地点了点头。

随着母亲的一声惨叫,她的奶头被死刑犯儿子使劲咬了下来。儿子从嘴里吐出奶头,恨恨地说:"妈,你为什么从小不好好教育我。我拿别人家东西回来你不但不责备我、处罚我,你还夸我能干;我和别人家孩子打架,你不但不批评我、制止我,你还帮我打别人家的孩子。现在想起来,正是你对我小时候的溺爱、纵容,才使我越来越无法无天,走上了犯罪杀人的道路啊!"这位母亲终于号啕大哭起来。

《三字经》里说:养不教,父之过。教不严,师之惰。"娇子如杀子",这是从古至今多少人用血和泪换取的教训。

郑板桥是清代著名的书画家、诗人,但他50岁以后才考取进士,被朝廷派到山东潍县、范县作了十二年的知县。郑板桥52岁时才有了儿子,起名小宝。他在外做官,小宝留在家里,由小宝的母亲和小宝的叔叔照管。郑板桥担心自己的儿子被娇惯变坏,所以不断从山东写诗寄回家中让小宝读:"锄禾日当午,汗滴禾下土。谁知盘中餐,粒粒皆辛苦。"还有"二月卖新丝,五月粜(卖粮食)新谷。医得眼前疮,剜却心头肉。"……小宝在母亲的教育下,一遍又一遍地背记着这些诗句,体味其中的道理。

郑板桥还写信给自己的妻子和弟弟,要求他们对小宝"爱之必以其道",教他"要明理做个好人"。信中说:"我52岁才有个儿子,哪有不疼爱他的道理?但爱孩子一定要有规矩,即使是孩子们一起玩耍游戏,也必须使他时刻记着对人应该忠厚,做事要稳妥,不能急躁。要紧的是必须培养他忠诚厚道的感情,消除他残酷冷漠的性情。……家中仆人的子女,总也和我们一样是生活于天地间的人,应该同样爱护,不能让我的儿子欺负虐待他们。凡是给孩子们鱼肉果点等,应该平均发放,使孩子们欢喜蹦跳。假如让我的儿子坐着独吃好的,而叫仆人们的子女远远地观望,想吃而不能够吃上一点点,他们的父母看见了,必然会可怜自己的孩子,岂不叫人割心挖肉一样难受吗?我们的孩子读书、中科举、中进士做官,这些全都不重要,首先应该使他们懂得道理做个好人。可以把这封信读给郭二嫂、饶三嫂听,使他们都明白疼爱孩子的做法应该是教他做人的道理而不在于娇惯他呀!"

小宝长到读书的年龄,郑板桥就把他带在自己身边,亲自教导儿子。他要求小宝每天必须背诵一定的诗文,并让他参加力所能及的家务劳动,比如,学洗碗,必须洗干净。到小宝长成少年时,他又让儿子用小桶挑水,天热天冷都要挑满,不能间断。

由于父亲言传身教,小宝进步很快,年少时就成为了一个品行优良的好孩子。

要规范好子女,首先要教育子女明理做个好人。什么是好人呢?用郑板桥的话讲,就是"培养他忠诚厚道的感情,消除他残酷冷漠的性情",也就是要令他有爱心和善心。

其次要教育子女检点自己的行为。日常生活之中迎来送往、言谈举止,都应当有一定的规范来指导和约束。该做什么,不该做什么;该怎样做,不该怎样做,都须有明确的标准和要求。

清朝有一本流传甚广的儿童启蒙读物《弟子规》,它的作者是康熙年间的一位秀才,名叫李毓秀,此人虽然一辈子未曾中举做官,但他在中国历史上却留下了重重的一笔。他根据《论语·学而》篇第六条"弟子入则孝,出则弟,谨而信,泛爱众,而亲仁。行有余力,则以学文"的文义,以三字一句,两句一韵,编纂成一本教导弟子行为准则的小册子。现在看来,虽然这本读物中有不少语句脱离了时代的发展,甚至有些封建糟粕的内容;但是,其中蕴含的许许多多做人的道理,至今仍然值得人们仔细研读和体会。

时代发展到了今天,各种各样的行为准则和礼仪规范应时而生。作为父母,要教育好自己的子女,就应该学习和了解一些必备的准则、规范的具体内容和要求,在自己熟知的情况下,有针对性地去教育好子女。否则"以其昏昏,使人昭昭",是难以收到良好效果的。

规范、教育子女要有耐心。人非圣贤,孰能无过,尤其是天真烂漫的小孩子难免在成人世界里说一些错话或做一些错事。作为父母既要重视子女的错误,不能充耳不闻,视而不见;还要注意耐心地去劝导、说服,即使进行批评、处罚,也要克制自己的怒气和怒火,不能粗暴,更不能虐待。

古人就有"爱子七不责"。① 对众不责:在大庭广众之下,不要过分地责骂孩子,要在众人面前给孩子留有尊严。② 愧悔不责:孩子已经为自己的过失错误感到惭愧和后悔了,父母就不要再责备孩子了。③ 暮夜不责:晚上睡觉前不要责备孩子,否则,孩子睡不好觉,会对孩子的身体不利。④ 饮食不责:吃饭时候不责备孩子,否则,孩子吃不好饭,同样有害身体。⑤ 欢庆不责:孩子十分高兴的时候不要责备他,否则,会造成孩子情绪不稳定。⑥ 悲忧不责:孩子十分伤心的时候不要责备他,否则会造成孩子过度忧愁。⑦ 疾病不责:孩子生病的时候不要责备他,因为生病时是人体最脆弱的时候,此时,孩子特别需要父母的关爱和温暖,这比任何药物都宝贵。

这就告诫我们:在教育子女这个问题上,要正确处理好严格要求与耐心引导的关系。既不能因为心情迫切而失去耐心,也不能因为麻痹大意而放松要求。应当在适当的时候,采取有效的措施,达到使孩子正确认识并自愿改正错误的目的,哪怕是处罚也要恰到好处,并令孩子心服口服。

规范教育子女还应该以身作则,不光要讲给孩子听,更要做给孩子看。尤其是在孩子幼小的时候,父母的行为,往往会成为他们效仿的对象,对其终生都会产生很大的影响;因此,父母要求孩子做到的,自己首先要做到。

曾子是孔子的得意弟子之一,他继承并发展了孔子的儒家思想,孔子死后,孔子的孙子子思曾受业于曾子。曾子小时候,他父亲要去赶集而他一定要跟着,曾父为了哄曾子留在家里,顺口说了一句:"好好留在家里,我回来给你杀猪吃。"

曾父赶集回来后,发现自己的妻子在磨刀,他连忙上前问妻子:"你磨刀干什么?"曾妻说:"我磨刀是为杀猪啊!"

曾父连忙对自己妻子说:"我只是哄哄他才说杀猪的,你还当真了。"

听丈夫这么说,曾妻认真起来,说:"既然我们说要杀猪给他吃,就一定要做到,否则,我们就会失信于孩子,孩子会怎么看我们,他又会从我们身上学到什么呢?"

为了让小曾子知道他的父母是遵守承诺的,在小曾子母亲的坚持下,曾父杀了家里的最后一头猪,以此教育孩子要坚守诚信。

● **勉　励**

"天生我材必有用","我辈岂是蓬蒿人"。——李白

一个好父母,不仅仅是子女的监督人,更不仅仅是一个好保姆,还应当是子女人生道路上的良师益友。父母在与子女的交往中,无论是疼爱还是规范都要注意始终维护和尊重孩子的自信心及人格尊严,尤其是要学会欣赏和赞美自己的孩子,在勉励声中正确引导自己的孩子,发现孩子身上的优点,激发其潜能。

在中国文学史上,有散文创作的"唐宋八大家"之说,宋朝的苏氏父子独占三席:父亲苏洵,儿子苏轼、苏辙。从古至今这都是十分罕见的文坛奇观。这父子三人中,名气最大的是苏轼,而对苏

家成名贡献最大的应该是苏洵。

苏轼、苏辙小时候都非常调皮,并不喜欢学习读书。苏洵用了许多办法来管教他们,但都不见效。后来,他终于想出了一条妙计。当他两个儿子在家里玩耍时,他既不外出,也不做其他事情,而是躲在一个角落里看书,而且摇头晃脑,十分开心的样子。两个儿子很好奇,跑过去问他们的爸爸在干什么。一看到两兄弟过来,苏洵就故意慌慌张张地把书藏起来,然后走开。于是,两兄弟更加好奇。等父亲离开后,就想方设法偷爸爸读过的书看。经常偷看爸爸的书,又加上二人本身天智聪慧,因此,书上的内容很快就记住了。这时候,苏洵就在他们面前背书,背了前几句,就假装想不起后面的句子,于是拍着自己的脑袋反复念着上几句,卡在那里接不下去,脸上还装出很懊恼的神情。苏轼、苏辙见了,两个人一个抢着一个地背后面的句子,苏洵拉住两个儿子问:"哎,你们怎么知道的啊?"两个孩子就说:"爸爸,你看的书我们早就记住了。"苏洵这才表扬自己的两个儿子真是聪明好学,将来一定会成为文坛名人。

经过苏洵正确地引导和勉励,苏轼、苏辙两兄弟终于成为勤奋好学的青年才俊,二人后来都是宋代著名的诗人和文学家。

孩子的美好言行往往是大人不断"夸"出来的。即使你的孩子一段时间学习成绩不理想,你也绝不能放弃对他的希望和欣赏,一个优秀的父母总能从自己孩子身上发现别人看不到的优点或潜能,并把它充分地激发出来。

20世纪世界最重要的科学家之一、现代物理学之父爱因斯坦,小时候曾经被他的老师判断为笨孩子,甚至于是一个弱智。可是爱因斯坦母亲对他说:"孩子,是你的老师错了,你在妈妈看来一点儿也不笨。你是一个有潜质的孩子，你没有任何毛病，许多时候，你不是在发呆，你是在沉思，你将来一定会成为了不起的大学教授。你永远都是妈妈的骄傲，可惜他们都没有看出来。"爱因斯坦母亲掌握了一门最重要的"育子神功"，这就是找到孩子独特之处，欣赏并赞美它，相信孩子"天生我材必有用"。事实证明，爱因斯坦的母亲是对的。

父母对子女的勉励要从孩子的天性出发，孩子的天性往往都是好奇和喜欢模仿大人；因此，做父母的首先要为孩子的健康成长提供良好的环境和氛围。

孟子小时候非常调皮。起初，他和母亲搬家住在墓地旁边，孟子就和邻居的小孩一起学着大人跪拜、哭嚎的样子，玩起办理丧事的游戏。孟子妈妈于是又带着孟子搬家到了市场旁边，孟子又和邻居的小孩子一起学起大人做生意的样子，一会儿鞠躬欢迎客人，一会儿和客人讨价还价。孟子妈妈于是第三次搬家到了学校附近，孟子慢慢地变得好学起来。"孟母三迁"、"苏父藏书"都是针对孩子的天性，因势利导进行勉励的成功典范。

勉励子女就要相信子女、尊重子女，十分仔细地保护好年幼子女的自信心和上进心。因此，绝不能单纯地从家长的角度去以上压下，以大欺小，更不能急功近利，拔苗助长，动辄训斥孩子：你笨死了，你真没出息等；否则，这会造成孩子的逆反心理，或者破罐子破摔的想法，孩子一旦形成习惯性滞后或拖塌，则悔之晚矣，改之难矣。

勉励子女还应该从子女的实际状况和实际需要出发。做父母的应该懂得，当今社会，孩子成长、成才的道路早已不是独木桥和"华山一条道"。孩子适应什么样的发展，适合在哪一条道路往前走，应当由孩子的自身条件来决定。做父母的不能把自己的意愿强加给孩子，更不能不顾孩子自身条件和接受能力，一味地想让孩子成为自己的替代品，从孩子身上去实现自己没有实现的儿时梦想。

曾经有一位父亲是一位机械工程师，生有三个儿子，大儿子从小到大喜欢运动,二儿子从小学时就想做航天员,三儿子特别迷恋音乐,唱歌跳舞很有天赋。这位父亲内心很赞成二儿子的理想和追求,但他对大儿子、小儿子的特长和爱好同样给以肯定和鼓励,他反复告诫三个儿子的只有一句话:不管你现在喜欢什么,将来准备干什么,你都要从小学好文化,不断增长知识。平时,这位父亲还耐心地与三个儿子谈心,了解他们各自特长、爱好的发展情况,与他们分享各自成长和成功的喜悦。在父亲的正确引导和积极支持下,三个儿子都在各自喜欢和擅长的领域充分发挥,最终,大儿子成为大学体育教师,二儿子成为航天工程师,三儿子成为知名的音乐人。

这就启示天下的父母:孩子成长、成才的过程,应该同时是孩子个性和爱好发展的过程,在这方面应该因势利导,让孩子根据自己的特长走自己的路。勉励本身就是一种正确的引导,但绝不能勉强。勉强孩子学自己始终不愿学或无兴趣学的东西,只能扼杀孩子的天赋,浪费孩子的生命,最终会导致孩子一事无成。

父母对子女的勉励,不只是停留在他们小时候,即使在子女长大成人,投身社会以后,父母仍然有教育、勉励子女的责任和必要。

抗日战争时期的著名爱国将领吉鸿昌,早年投身军旅,因军功提拔当了营长,回家探亲。那时,吉鸿昌的父亲已重病缠身,仍然和自己的儿子倾心交谈。他对吉鸿昌说:"吾儿正直勇敢,为父放心。不过,我有一句话要向你说明,当官要清正廉洁,多为百姓着想,做官即不许发财。你只要做到这一点,为父日后死而瞑目;你若做不到,我在九泉之下也难安眠啊!"吉鸿昌连忙回答:"孩儿一定牢牢记住,请父亲放心!"

回到部队以后,吉鸿昌把"做官即不许发财"七个字写在细瓷茶杯上,交给陶瓷厂烧制,茶杯烧好后,用卡车拉到部队。吉鸿昌集合全体官兵,举行了严肃的发放仪式,他说:"弟兄们,我吉鸿昌虽为长官,但我绝不欺压民众,掠取民财。我要牢记家父的教诲:做官即不许发财,要为天下百姓办事。请诸位兄弟监督。"接着,他亲手把茶杯发给全体官兵。从此,吉鸿昌把特制的茶杯一直带在身边。后来吉鸿昌官至二十二路军总指挥,始终恪守着父亲的遗嘱:当官清正廉洁,多为百姓着想,做官即不许发财!

2012 年 10 月,中国作家莫言获得诺贝尔文学奖,一位喜欢高调做慈善事业的中国企业家得知莫言在北京的住房窄小,在网络上公布,自己在北京有两套市场价均为 5 000 多万元的别墅,愿意赠送给莫言一套。莫言 90 岁的老父亲平时没什么特别爱好,最喜欢的就是看书,尤其喜欢看家乡志和《易经》,每周六还要和儿子莫言通电话。当有人打电话到他家告知此事,老人家连连摆手说:"不要! 不要! 什么送别墅哦。我家儿子莫言是庄稼人出身,不是自己劳动得来的东西,俺儿子不要!"

"不是自己劳动得来的东西,俺儿子不要!"这就是一位好父亲对自己儿子的忠告,哪怕这个儿子事干得再好、官做得再大、名播得再响,也要对他提出殷切的希望和勉励。

## ● 放 手 ●

"自古雄才多磨难,从来纨绔少伟男。"——古语

对一个尽心尽责的父母而言,教育、帮助、规范、勉励子女并不难,甚至是一种快乐;但是在必要的时候,放开手让子女按自己的想法去做事,尤其是在子女小的时候,父母要放手锻炼子女,就比较难了。然而,子女终究是要长大的,迟早要独立面对社会和人生;所以,父母的放手又是必然的选择,与其不得已而为之,倒不如早作安排,积极应对。

有一个民间笑话,说一个小孩从小习惯衣来伸手、饭来张口,长大了还依赖爸爸妈妈。有一天父母要外出远行,临行前,在儿子颈圈上挂了个大烧饼,叮嘱他:吃完了前面的,记住把后面的饼转到前面来吃。半个月后,父母回来发现孩子饿死了。原来,他饿了只盯住前面烧饼咬,根本就没把后面的烧饼转到前面来吃。

以后20年
可怎么活……

还有一个传说,讲的是一家有父子二人,有一天,算命先生给50多岁的父亲算命,说他能活到80多岁,父亲很高兴,就让算命先生再给他30岁的儿子算算。算命先生算过后说他儿子也能活过80岁,父亲这一下更满意了。谁也没能料到,他儿子竟然号啕大哭起来。父亲连忙问儿子:"你也能活过80岁呢,你怎么还嫌少吗?"儿子回答说:"不嫌少。"然后可怜巴巴地望着父亲,说:"您老人家活到80岁,还有20多年。我20多年后才50多岁。您老人家80多岁后走了,我以后20多年可怎么活啊?"

现实生活中,许多父母都不放心让自己的孩子从小独立面对生活中的问题,哪怕是洗件衣服、扫扫地。其实,许多事情是孩子完全能做的,也应该学会去做的。只要父母有这种意识,并能在日常生活中加以指导和培养,孩子完全能够从小养成独立自主的个性和能力,这对于孩子的成长和成才有着特别重要的意义。

古人说:"一屋不扫,何以扫天下?"一屋不扫的孩子,即使是神童,最终也是一事无成。20世纪90年代,曾有一个孩子两岁时就能认识2 000多个汉字,13岁读大学,17岁考入中科院硕、博连读研究生。可惜的是,他20岁从中科院辍学回家;从此,神童再也不神了。原因是他的生活自理能力、人际交往能力太差,除了读书考试之外,其他一概不会、不懂,一遇到实际问题就束手无策,张皇失措,无法在中科院里待下去。他的母亲很后悔,说:"都怪我从来没有让他做过一件与读书学习无关的事,从小到大,他的头发都是我给洗的。"

这让我们想到郑板桥临终前对儿子的遗言。病床上的郑板桥让儿子亲自下厨做几个馒头给他吃。当儿子小宝把做好的馒头端到床前时,他放心地点了点头,然后拿出自己早就写好的一幅字递给儿子小宝,随即合上了眼睛,与世长辞了。小宝十分悲痛,打开父亲遗书,上面写着:流自己的汗,吃自己的饭,自己的事自己干;靠天、靠人、靠祖宗,不算是好汉。

郑板桥的临终之举及遗言,是要让儿子懂得,每一个人都不能完全依靠父母、他人去生活。这是对子女的希望和嘱咐,也是对我们后人的警示和启迪。

做一个放手的父母,就要有意识地创造一定的条件,甚至创造一些艰难,让孩子自己去处理问题,解决问题,从而培养他们独立的个性,磨砺他们坚强的意志。

在英国,有许多富家子弟小时候就被送到贵族学校(公学)里去读书。令一些中国人费解的是,贵族学校虽然学费昂贵,各种教育活动很有特色;但是,校方故意把学生的伙食弄得比较差,无论是教室,还是宿舍都没有取暖设备。校方还训练每一个学生在恶劣天气里穿短裤出现在操场、课堂上,夏天过后也要坚持冷水浴,不准盖过暖的被子。有的贵族学校设在半山腰上,学生要自己下山挑水。这样的贵族学校锻炼的是学生的意志,培养的是绅士与骑士的风度和能力。

做一个会"放手"的好父母,不仅仅是在"做事"上要让孩子学会独立地去面对,而且在"思维"上也应该让孩子学会独立地去开展。这当然离不开父母最初的启蒙和指导,但是父母绝不能每次只给一个答案,处处只有一个标准,而是要懂得和自己的孩子平等对话和交流,甚至是相互争辩。

三国时期的曹操就深明此理,他在处理军国大事之余,经常把自己年幼的儿子带在身边,让他们参加大人们的"辩论会"。有一天,吴国送来一只大象,曹操对众人说:"谁有办法能知道这只大象有多重?"在场的人七嘴八舌地议论着,有人说要造一杆顶大顶大的秤，有人说要把大象宰了切成块儿称。就在大家思来想去、说来道去之时，曹操的小儿子曹冲急中生智想出了一个办法：把大象牵到船上，等船身稳定了，在船舷齐水面的地方，刻一条线；再叫人把大象牵到岸上，把大大小小的石头，一块一块地往船上装，船身就一点一点往下沉；等船身沉到开始刻的那条线和水面一样齐了，停止装石块，再把船上所有的石块搬到岸上分别过秤；石块重量加起来，就等于大象的重量了。

这个流传甚广的历史故事，不仅仅告诉人们曹冲是个神童，仔细分析，曹冲之所以能够想出这样一个聪明的办法，是与他经常与大人们在一起交流、探讨分不开的；因此，它还启迪人们：两代人之间的对话，甚至是争辩，往往是下一代人走向成熟，赶上或超过上一代人的开始。在独立地思考和解决问题的过程之中，下一代人会更加清晰地感知到什么是对，什么是错，什么该做，什么不该做。

"放手"不是不管不问，父母亲对子女"放手"的同时，还应当在需要的时候，默默无闻、恰到好处地去当好子女的助手，尤其是在子女年少的时候。但是，任何一个父母，最终都是要对子女彻底放手的。因此，当孩子长大了，有了自己的爱情和事业，做父母的更要懂得放手，绝不能随随便便地乱插手、常插手。

唐朝的郭子仪是唐肃宗、唐代宗两代皇帝都十分倚重的大将军，肃宗称赞其"中兴唐室，皆卿之功"，代宗赐其"铁券"（免罪、免死牌），还将女儿升平公主嫁给郭子仪的小儿子郭暧为妻。升平公主风华绝代，然而过分娇宠。有一天丈夫郭暧让她和自己一道去给父亲郭子仪祝寿（七十大寿），升平公主却推说受风头痛，不愿起来。郭暧这下子"火山"爆发，把平日的怨气连同这一次的怒气一股脑地发泄出来，夫妻二人吵得不可开交。郭暧对着升平公主大声吼道："你不就是仗着你父亲是皇帝吗？要不是我父亲，你父亲能做皇帝吗？我父亲还不愿意做皇帝呢。"升平公主气得面色发白，声色俱厉地指着郭暧反击道："你欺君罔上，罪当诛杀九族！"郭暧正在气头上，听了公主话也不相让，教训升平公主，说："你是郭家媳妇，不遵孝道，我今天不但要骂你，还要打你。"升平公主见他果真扑上前来猛推自己,不禁高声叫道:"看我不杀了你们郭家!"郭暧闻言更加气愤,不由得猛劲甩手打了公主几巴掌,直打得公主鼻青脸肿。

升平公主哭哭啼啼乘车回到皇宫,向父皇告状,并坚决要求父皇出面惩办郭家。唐代宗虽然心疼不已,但不想扩大事态,先对女儿好言安慰一番,然后劝解她,说:"做皇帝的也不能为所欲为,无论什么事情都有个规矩、礼义,你是郭暧的妻子,你们小夫妻十分般配,你就应该谨守妇道,夫义妇顺,夫妻和睦过日子才是啊。"升平公主见自己父亲不肯出手相助,只好悻悻地离开皇宫,返回驸马府。

郭暧在升平公主去皇宫时,一个人回家给父亲祝寿。郭子仪见他心中不安的样子,一再追问,方知原由。郭子仪惊惧不已,立刻命人将郭暧绑了亲自押解上殿,到唐代宗面前请罪。郭子仪和郭暧跪在殿下,叩头称罪,惊恐不已。座上唐代宗却哈哈大笑,命人扶起郭子仪,并为郭暧松绑。唐代宗若无其事地对郭子仪说:"俗话说,不痴不聋,不作家翁。儿女闺房之事,何足计较。"然后,又对郭暧说:"公主有错,理当相教,诉之以礼即可,何须动手。"

经过这一次"打金枝"事件,升平公主变了一个人,贤惠明理;郭暧更加爱惜自己的妻子,仁慈宽厚。夫妻二人共同努力,形成了良好的"家风"流传后代。细想起来,正是唐代宗这样"不痴不聋,不作家翁"的父亲,不乱插手,不火上浇油;因而才有了小夫妻各自反省,终于觉悟和好,恩恩爱爱。

对于老年父母而言,孩子长大成人组成小家庭后,就应该放手让他们独立地去面对问题、处理问题、解决问题。非特殊的情况下,只在适当的时候,帮帮手,援援手,促成小夫妻友好相处,共同进步。更多的时候应该对子女放放手,而给自己和配偶加加手,过好自己和配偶晚年的幸福生活,不给子女增添负担和烦恼,这才是老年父母的人生最佳选择。

# 第 **5** 讲
## 做 个 好 子 女

**懂事 · 上进 · 正道 · 健康**

　　一个家庭是不是幸福,在很大程度上取决于父母和子女是否能和谐相处。做父母的要像做父母的样子,做子女的也要像做子女的样子。那么,如何才能做个好子女呢?

## 懂 事

"孝者,善事父母也。"——古语

俗话讲,做子女的要晓得好歹。这句话就是说做子女的要明白事理,了解并体谅自己的父母。

相传在明朝,有一对夫妻得子较晚,儿子30多岁的时候,母亲去世了,父亲又得了一场重病,不到两年的时间,家财基本耗尽。后来父亲虽然病好了些,但是经常会头脑发呆,说话口齿不清,生活也基本不能自理。

有一天傍晚,30多岁的儿子精神失常般地在屋里走来走去,他自己的孩子已经10岁,正在灶前点火烧水。突然,他跑到室外,拿了一只大箩筐和一根扁担,然后喊自己的孩子同他一道来到老人床前,要把自己的父亲搬到箩筐里去。10岁的孩子吃惊地问:"爸爸,你这是干什么?"这个人回答说:"你爷爷70多岁了,他的病已经没法治,不能再让他拖累我们全家。"不容自己的孩子再说什么,这个30多岁的儿子已经将自己的老父亲搬到了箩筐里,然后用扁担从箩筐绳套中穿过去,叫自己的孩子和他一道抬起箩筐出门了。

一路上,孙子不时地回头看箩筐里的爷爷,老人家垂着头,眼角挂着泪花,脸上露出十分痛苦的神色。

来到山里的一处茅屋,30多岁的儿子停住脚步,把箩筐放在地上,抱起箩筐中的父亲放到了茅屋的一张小床上,然后喊自己的孩子和他一道离开。父子两个出门不久,孩子又连忙返回茅屋。这个人心想,大概是孙子舍不得爷爷,回去再看看爷爷吧。不一会儿工夫,孩子手里拿着箩筐出来了。这个人奇怪地问:"你拿箩筐回来干什么?"孩子看着自己的爸爸好一会儿,这才说:"等你老了,我也用它来抬你到山里。"这个人一听,愣愣地望着自己的孩子发呆,他的孩子这才说:"爸爸,我们把爷爷抬回去吧。"这个人赶紧拉着自己的孩子向茅屋里走去。

这个故事里的30多岁的人是一个糊涂不懂事理、不知好歹的子女。好在他的孩子是一个极其懂事的少年。这位少年一方面明白自己的父亲做出抛弃老人的事,是极其错误的丧尽天良的行为;另一方面他能采取正确的方式,而不是用大吵大闹制造新矛盾的做法,去妥善地帮助自己的父亲,使其在换位思考中受到心灵的震撼,积极地去改正错误。

宋朝的大文学家、政治家范仲淹有四个儿子,大儿子叫范纯佑,从小到大都是个十分懂事的孩子。父亲在外做官时,长兄如父,他帮助母亲哺育三个弟弟,教他们读书成人。三个弟弟先后参加科举,出去做官了,而他却一直在家里照料家务和母亲。父亲老了辞官回家,他更是精心照顾父母,不离开半步。

范仲淹的其他三个儿子也是十分懂事的孩子。二儿子范纯仁还很年轻的时候,范仲淹为了锻炼他,让他去苏州收一船小麦回来。船到丹阳靠岸休息时,范纯仁正巧碰见了自己父亲的至交好友石曼卿。范纯仁上前问好,发现石曼卿满脸忧愁。原来,石曼卿的老伴去世,本打算送到河南老家安葬,但盘缠用尽了,只好滞留在丹阳。

范纯仁知道原委后,当即决定将一船小麦送给正在落难之中的父亲的至交好友石曼卿,并留下一个同伴帮忙料理丧事,自己只身一人回家了。回到家见到父亲,其他什么话也未说,范纯仁便告诉范仲淹自己在丹阳遇到石曼卿,石曼卿老伴去世,盘缠用尽,滞留在那里。范仲淹连忙问:"那你怎么帮助你石伯伯的?"范纯仁又将前后经过讲了一遍,范仲淹点头说:"好呀,你做得对,这正是父亲我希望的。"

做一个懂事的子女,就应该理解父母。遇事能够站在父母的立场去考虑问题,处理问题,用正确的方式与人交往,使别人在同自己的交往中得到宽慰和舒心。不懂事的孩子只顾自己的情绪和欲望,不顾父母及他人的心情和感受。这样的孩子,常常会让父母发出无奈的感叹:真受不了这孩子。这样的孩子,父母都受不了,在社会、学校和单位也必然是不受人们欢迎的,甚至是令人讨厌的人。

做一个懂事的子女,就应该孝敬父母。《弟子规》中说:"圣人训,首孝弟。"

如何做到孝呢?孔子的学生子游曾经问孔子这个问题,孔子回答说:"今之孝者,是谓能养,至于犬马,皆能有养,不敬,何以别乎?"意思是说:只知道奉养父母,而不知道敬爱父母,这样的行为与犬马有什么不同呢?孔子在这里告诉我们:孝道所要求的根本,在于子女对父母的敬爱。

对缺乏生活来源的老人来讲,儿女的奉养是必须的,但是,仅仅给父母买好吃好喝的,还不能说完全尽了孝道。孝道是发自内心地对父母的深情,是儿女表现于自己言语行为之中的对父母的和气与恭敬。《弟子规》中说:"父母呼,应勿缓;父母命,行勿懒;父母教,须敬听;父母责,须顺承。"

对于长大成人后已经在外安家立业的子女而言,孝道还是对父母的牵挂和关怀,父母年纪大了,做子女的应该"常回家看看"。即使不能经常回家,也应该时常抽出时间打个电话问候父母;在父母特别需要的时候,更要及时出现在父母的身边。

《孔子家语》记载,孔子到齐国去,听到路上有人哭得十分悲伤。孔子对为他驾车的弟子说:"这哭声虽然很哀痛,但绝不是因为遭遇丧事而哭。"他们驾车前往,没走多远,就看到一个很特别的人,手里拿着镰刀,身上穿粗布衣服,哭得很伤心,但是不哀伤。

孔子下车,追上此人问道:"您是谁啊?"此人回答:"我是丘吾子。"孔子说:"您现在不是在举办丧事的地方,为什么哭得如此悲伤呢?"丘吾子说:"我有三个过失,晚年的时候才发现,但是后悔已经来不及了。"孔子说:"能说一下是哪三个过失吗?希望您毫无保留地告诉我。"丘吾子说:"我少年的时候,只顾着求学,周游诸侯国,后来回家了,父母都已经去世了,这是我的第一个过失;长大了侍奉齐国君主,君主骄横奢侈,失去人心,我不能保全节操,这是我的第二个过失;我生平喜好交朋友,但是现在都断绝了往来,这是我的第三个过失。树想静止不动,风却不停息地吹;子女想要赡养孝敬父母,父母却不在人世了(原文:树欲静而风不止,子欲养而亲不待也)。逝去就不再回来的是岁月;(离世后)不能再见到的是亲人。我要从此辞去人世了。"接着,丘吾子投河而死。

孔子说:"你们要记住了,这是足以警惕的。"从此以后,回去奉养父母的孔门弟子有十三个人。

"子欲养而亲不待也",这是做人十分痛心遗憾的事啊! 现实生活中,每一个好子女都不愿、也不会让这样的事情发生。

做一个懂事的子女,就应该使父母荣光。《弟子规》中说:"身有伤,贻亲忧,德有伤,贻亲羞。"为了不让父母蒙羞,做子女的就要注重自己的品德修养,检点自己的言行,不去做不道德、下流的事,更不能违法乱纪干坏事。否则,子女年纪小的时候,别人就会说,这孩子缺乏家教,有人养,没人教。年纪大了的时候,别人就会说,这孩子如此恶劣,是他父母该遭的报应。

懂事的子女友爱亲朋他人,孝敬父母长辈,从小到大讨人喜欢,受人欢迎;自然会令自己的父母如意顺心,倍加感受人生的美好和幸福。

## 上 进

"志当存高远,敢为天下先。"——古语

上进是一种渴望和追求,也是一种品性和风范,它无关乎人的境况。贫而上进者,人生充满希望,富而上进者,人生更加辉煌;贫而不进者,自甘沉沦,富而不进者,自毁前程。无论贫富,子女的上进,对于父母都是莫大的欢心和宽慰。

写出"先天下之忧而忧,后天下之乐而乐"千古传颂之名句的范仲淹从小家境十分贫寒,他两岁的时候父亲去世,为了生活,母亲改嫁,带他到了朱家,改其名叫朱说。朱家也很穷,没有钱供范仲淹读书。范母看自己儿子渐渐长大,一想到亡夫临死前要她好好养育范仲淹的嘱托,便经常抱着儿子偷偷地流泪。

少年范仲淹知道了自己的身世,理解自己母亲的难处和对自己的希望,于是和母亲商量他要离开朱家,去寺院做杂工,一边干活,一边苦读。进了寺院,范仲淹白天做事,到了晚上,经常读书一直到深夜,有点儿困了,就用冷水洗脸。母亲为他准备了粮食和咸菜,他体谅母亲的难处,每天傍晚煮好一大碗半稀半干的粥,经过一夜的冷凝,早晨将其分成四块,早晚各取两块,就着咸菜下肚。

范仲淹刻苦上进的精神感动了寺院长老,长老推荐他到南都学舍进一步深造。范仲淹在那里读书,几乎到了废寝忘食的地步,生活上仍然是十分简朴,经常是就着咸菜吃两个粥块充饥。

有一位同学是官宦子弟,家中比较富有,看见范仲淹生活如此困难,学习却那么用功,心里很是感动,回家告诉自己父亲。他的父亲叫厨房师傅做了几样丰盛的菜肴,让儿子带到学院送给范仲淹。

过了几天,那位同学看范仲淹仍然是每天吃粥块就咸菜,送给他的食物一点没动,都放坏了。于是就责怪范仲淹说:"人们常说,君子不吃小人的食物。你不吃这些食物是瞧不起我吗?"范仲淹连忙表示歉意,并解释说:"不是我瞧不起你,我很感谢你这样关心我。只是我现在吃粥已经习惯了,我怕吃了你的饭菜,以后吃不下这些粥啊!"

那位同学回家后,把范仲淹说的话又告诉自己的父亲,他的父亲十分感慨地说道:"范仲淹如此刻苦上进,日后必成大器,你要好好向他学习啊!"

少年范仲淹就是如此"人穷志不短",刻苦上进,终于在 25 岁时登进士第,恢复范姓,被朝廷任命为广德军的司理参军,掌管一军(相当于一个县级市)的监狱。范仲淹从朱家迎回母亲,在身边赡养。此后,范仲淹在北宋政坛上立下赫赫功勋,在文学上更是独树一帜,彪炳史册。

亚洲首富李嘉诚的两个儿子李泽钜、李泽楷,在父亲的正确引导下,从小就克勤克俭,不求奢华,十分上进。两兄弟在香港圣保罗男女小学读书,每天挤电车上下学,他们记住父亲的话:在电车上、巴士上能见到不同职业不同阶层的人,能够看到最平凡而普通的人和事,那才是真实的生活、真实的社会;而坐在私家车里却什么也看不到,也就什么也不会懂得。两兄弟一边用功读书,一边做杂工、侍应生,勤工俭学,自己挣零花钱用。

李泽楷还每个周日都到高尔夫球场做球童,背着大大的皮袋跑来跑去,满头大汗,虽然弄伤了肩胛骨,他也忍住疼痛不放弃,他还把挣来的钱拿去资助有困难的孩子。父亲知道了,笑逐颜开地对自己的妻子说:"月明(李泽楷的母亲),好啊,孩子像这样发展下去,将来准有出息。"

李泽钜、李泽楷两兄弟还经常参加父亲召开的董事会,坐在父亲为他们专门设置的小椅子上,当大人们为一件事争论不休时,两兄弟往往会站在椅子上发表自己的见解。父亲李嘉诚不但不会阻止,反而会对他们的见解进行分析,帮助他们自己选择正确的答案。

李泽钜 15 岁,李泽楷 13 岁时,两兄弟出国求学,他们跟着电视上一个专门教厨艺的节目学习烧饭、做菜。平常,除刻苦学习之外,还利用业余时间积极寻找打工机会,每天外出的交通工具就是一人一辆单车。有些熟悉他们的人不免感到诧异地问:"你们的父亲是亚洲的大富豪,你们为什么还要这么辛苦呢?"两兄弟相视而笑,耸耸肩回答:"那又怎样?"

如今,从小自立自强、奋发上进的李泽钜、李泽楷早已成为举足轻重的商界大腕。李泽钜与父亲合力打造李家更辉煌的未来。而李泽楷成为"小超人",从斯坦福大学计算机系毕业回国后,于

1991年创办卫星电视。此后,提出"数码港"计划,取得"香港硅谷"项目的发展权,从此在商界奇迹般地崛起,几年以后,成为仅次于父亲李嘉诚的香港第二大富豪。

上进的孩子,目标明确。人生有追求,手中有力量,胸中有抱负,眼前有方向。他们爱自己的父母,懂自己的父母,但不依赖自己的父母,他们的理想是"我的人生我做主"。

上进的孩子,刻苦锻炼。不做温室里的花朵,学做山顶上的青松,困难吓不倒,风雨阻不住。他们总是以孟子的一段话为座右铭:"天将降大任于斯人也,必先苦其心志,劳其筋骨,饿其体肤,空乏其身,行拂乱其所为,所以动心忍性,增益其所不能。"这段话的意思是,老天将要托付重大责任在这样的人身上,一定要先使他内心痛苦,使他的筋骨劳累,使他经受饥饿以致肌肤消瘦,使他受贫困之苦,使他做的事颠倒错乱,总不如意。通过这些经历使他的内心警觉、性格坚定,增加他不具备的才能。

上进的孩子,不懈追求。在他们的人生方向盘上,永远只有起点,没有终点;在他们的奋斗成绩表里永远只有更好,没有最好。他们的人生口号是:朝着下一个目标,前进!

上进的孩子,是父母的骄傲,也是学校、单位和社会的荣光。

## 正　道

"正道的光,照在了大地上,把每个黑暗的地方全部都照亮。"——《民兵葛二蛋》片尾曲歌词

做一个好子女不仅要上进,还要走正道。人生的道路万千条,归纳起来,不外乎正道和邪路这两种。走邪路的人,得逞一时,贻害一生,即使面上风光,心灵难免扭曲,最终害人害己,一旦被押上法律和道德的审判台,悔之晚矣。

严嵩是明朝嘉靖年间的一位内阁首辅,也是中国历史上著名

的奸臣之一。他的父亲是个穷秀才,久试科举不第,把一切希望都放在儿子身上,对他悉心栽培、教导。后来,严嵩终于完成父亲的心愿,在他25岁时中了进士,步入仕途。严嵩在朝中为官,靠着逢迎拍马、媚上压下步步高升,深得明世宗的宠信,权倾朝野。严嵩尽管显赫风光了大半辈子,但是,最终落得十分悲惨的下场,这既有他本人贪腐的原因,也和他儿子严世藩的穷凶极恶有很大关系。

严世藩不是经过科举走上仕途的,而是借他父亲的光,先入国子监读书,后做官,步步升迁到尚宝寺少卿和工部左侍郎(相当于部长级干部)。严嵩60多岁再任内阁首辅时,逐渐有些年迈体衰,还要日夜随侍在皇帝左右,已经没有时间和精力处理政务,如果遇到事情需要裁决,大多依靠严世藩,甚至私下让严世藩直接代替他办公,批签奏章,交由皇帝审定。严世藩的"批答"送到皇帝那里,多能迎合世宗的心意,还得到过世宗的嘉奖。严嵩干脆将政务都交给了严世藩。

严世藩权力膨胀了,干的恶事、坏事令人发指。他父亲的义子赵文华从江南回京,送给严世藩的见面礼是一顶价值连城的金丝帐,还给严世藩的27个姬妾每人一个珠宝髻。如此昂贵的礼物,严世藩还嫌太少,对赵义华非常不满,当面羞辱赵义华。由此可见严世藩的贪婪到了何种程度。明世宗的第三个儿子裕王朱载垕,时为太子,但世宗对他不是很亲近,因此,严世藩对他也很冷淡,就连照例每年应该给裕王府的年俸,严世藩一连三年不给批准。太子朱载垕这位未来的皇帝,凑了一千五百两银子送给严世藩,严世藩欣然接受,才命令补发了太子的年俸。严世藩还每每向人夸耀"天子的儿子尚且要给我送银子,谁还敢不给我送银子"。

严世藩十分喜好淫欲,"肉唾壶"的典故就出自他的荒淫。严世藩每天清晨醒来,数十位姬妾赤裸伏在床前,仰起颈项,张着樱桃小口,当严世藩的痰盂。严家查抄后,发现严世藩床下堆弃新白绫汗巾无数,知道详情的人说:"这是污秽的汗巾,严世藩每每与妇人交合,辄弃其一,到了年底一条条拿出来数。"

严世藩的胡作非为、"剽悍阴贼"比之他的父亲严嵩,有过之而无不及,最终激起满朝文武以及天下士人的共愤。嘉靖四十一年,严嵩、严世藩再次遭到御史及其他大臣的弹劾,此时,明世宗已不再宠信严氏父子,于是下令夺去他们的官职,勒令严嵩回乡,严世藩谪戌(发配充军)到雷州卫。严世藩在谪戌雷州途中跑回江西老家,勾结一个叫汪直的人与日本人交往,肆意淫乐,诽谤朝政,蛊惑人心,又一次遭到大臣的弹劾。朝廷将他捉拿后,下了大狱。第二年,严世藩被押往菜市口问斩,行刑当天,人心大快,满街的士人百姓纷纷相约持酒,到杀头处观看严世藩最后的下场。

严世藩死后,家产尽抄,他的父亲严嵩只得在祖坟旁搭一茅屋,寄食其中,晚景异常凄凉。两年后,严嵩在孤独和贫病交加中去世。他死时穷得买不起棺木,也没有吊唁者。严家在严嵩、严世藩父子两代极短的时间里走了个贫富轮回。

这不能不让人联想到孔子的一句名言:"不义而富且贵,于我如浮云。"因此,希望自己的子女走正道,应该是天下绝大多数父母的共同心愿;唯有如此,才能保得家人世代平安。

战国时代,齐国有个丞相叫田稷子,办事很认真负责,深得当时的国君齐宣王的信任。有一次,田稷子接受了属下送来的百镒(一镒约20两)黄金,带回家拿给自己的母亲。田母大吃一惊,问道:"儿啊,你做丞相已经三年了,总共加起来也没有这么多俸禄,这黄金是哪里来的?"田稷子如实告诉母亲说:"是一个部下送的。"

田母一听又是紧张又是气愤地说:"儿啊,你虽然已经是丞相了,但是怎么还一时糊涂到这种地步。你受了部下的贿赂,必然要帮人家做事,定然会徇私枉法,干些不正当的勾当,你这样做岂不

是对上不忠于国君,对下辜负了百姓,身为丞相而以身试法,我看我们家的灾难就要降临了。"

田稷子说:"我这样做,全是为了孝敬母亲呀!"田母更生气了,伤心地说:"做丞相不忠,就是做儿子不孝。不忠的官员,民众怨恨;不孝的儿子,为母也不能要,你走吧。"

田稷子十分惭愧地从家里出来,先找到部下把黄金退给了他,然后又到齐宣王那里主动认罪,把此事报告给君王,说自己一时糊涂收下贿赂,有愧父母,有愧君王,有愧国家百姓,应当严惩,以正国法。齐宣王了解事情原委后,非常赞叹田母的德行,不但赦免了田稷子的罪,还继续让他担任丞相职位。

走正道,就是不做违法乱纪、伤天害理的事。法网恢恢,疏而不漏,恶人自有恶报,终将受到法律和道德的审判和严惩。

走正道,就是不做专占他人便宜为害他人、于人不利的事。常言说得好:害人之人最终必然害己。贪图不义的人最终必然要吃大亏。

清代的大商人胡雪岩曾经把"经商之正道"总结成如下几条原则,坚守不违背。

第一,可以为了钱"去刀头上舔血"干冒险的事,但决不在朝廷律令明文规定不能走的道上赚黑心钱。

第二,可以捡便宜赚钱,但决不去贪图对别人不利的便宜,决不为了自己赚钱而去敲碎别人的饭碗。

第三,可以借助朋友的力量赚钱,但决不为了赚钱去做对不起朋友的事。

第四,可以寻机取巧,但决不背信弃义、坑蒙拐骗赚昧心钱。

第五,可以将如何赚钱放在日常所有事务之首,但应该施财行善、掷金买乐时,也决不吝啬,决不做守财奴。

不走正道的人,官再大,钱再多,名再响,也都分文不值。古人云,人在做,天在看。善有善报,恶有恶报,不是不报,时候未到,时候一到,必然有报!

## 健　康

> "勤俭持家，健康是福。"——老舍

一个人，无论什么样的人，他的人生之根本，在于健康的身体，俗话说："身体是人最大的本钱。"没有这个本钱，任何人再也不能做任何事，无论这事情是多么伟大或者多么平凡。所以，对于父母而言，子女的健康活泼，是他们舒心生活的分子，这个分子越大，他们担忧越小；这个分子越小，他们的担忧越大。

孔子的学生当中有一对父子，与孔子母亲同姓，父亲叫颜路，儿子叫颜回。颜路少年时就和孔子有交往。那时，孔子在叔孙氏家里放牛，讲定条件，叔孙氏家中藏书任他借阅。

有一天，孔子放牛时在一棵大柳树下看书，突然听到几声惊呼："救人啦！救人啦！"孔子抬头望去，只见一只黑色的小公牛撅着尾巴，腾起四蹄，在追赶自己熟悉的一个十五六岁的牧童。身材比较矮小的牧童跑了一程跌坐在地，公牛向他俯冲过来。

孔子见状，一个箭步斜窜过去，紧紧地拽住黑公牛的尾巴，猛地一拉，疼得公牛原地转了两三个圈。黑公牛转身对付孔子，身材高大（孔子成人后身高约 1.9 米）、身体强壮的孔子奋力抓住公牛角，人和牛你退我进、你进我退僵持着。过了片刻，孔子主动后退，接着顺势抬脚用力猛踹公牛前腿。"扑通"一声，公牛前腿跪倒，伏卧在地。孔子一飞身骑上牛背，公牛不再挣扎。

孔子救下来的这个牧童就是颜路，也就是颜回的父亲。孔子办私学，颜路是最初的入门弟子之一。颜路虽然入门较早，但是，身体单薄，思维反应较慢，进步不大，所以在孔子弟子中没有什么地位。

颜路成家后，生下儿子颜回。待颜回长到 7 岁时，颜路赶紧带他到孔门拜师，希望自己的儿子早早跟着孔子学习"六艺"（礼、乐、射、御、书、数），让他成为文武双全有本领有出息的人。

颜回小的时候就已经聪慧过人，是一块可以雕琢的宝玉。拜师那天,一位富商子弟端木赐(字子贡)与他年龄相仿,穿着华丽的服饰,带着仆人,手捧十只又肥又大的贽雉(作为见面礼的野鸡),擦过颜回的肩臂跑到了颜回的前边。子贡不但"挤队",还瞥了一眼颜回手里捧的一只干巴巴的贽雉,撇撇嘴说:"难道这样小的玩意儿也拿得出手吗?"

颜回神态自若地说:"老师只规定了拜师要有贽礼,并没有规定贽礼的数量,大概就是为了让你我这样的人都能拜师求学吧。难道你连老师的这点要求都弄不明白吗?"

子贡无言以对。子贡也是个机敏的人,很小就以辩才出名。他不甘心,挑剔地打量着颜回,又问:"看你面黄肌瘦,怕是身患疾病吧。"

颜回微微一笑说:"我听人说无财产的人是贫,无学识的人才是病,我是贫,不是病。不知道你是贫还是病?"

子贡闹了个大红脸,所有的人也都愣怔怔地望着这个 7 岁孩童。颜回毫不在意地跪倒在地,向孔子磕头拜师。

孔子很感慨,心想:"这孩子难道就是我一直等待的第一弟子吗?"

若干年后,颜回果然成为孔门第　弟了、首席大徒弟。此时的颜路心花怒放,儿子为他挣足了面子。然而,最终颜回并没有成为孔子之后的主要传道者,这个任务反而落到了孔子另一个早期弟子曾点的儿子曾参身上,孔子的孙子子思便是曾参一手教导成长起来的,子思门人又传孟子。这是什么原因造成的呢?

原来,颜回投入孔门之后,在孔门"六艺"中专攻"文科",对御、射等"武科"毫无兴趣。尤其可惜的是,他不但不愿在不合乎自己理想的政府机关工作,而且也不去设法改变自己及家庭的贫困生活,每天"一箪食,一瓢饮,在陋巷,人不堪其忧,回也不改其乐"。就是说,每天住在破巷子里的茅屋中,屋里只有一只竹筐里放着冻裂的干粮,饿了就啃口干粮,渴了就捧起瓢水喝下去,其余时间专心致志地读《诗》《礼》等,或者操琴唱歌,别人对这样的长期艰苦生活都忍受不了,而颜回始终自得其乐,不加改变。父亲颜路尽管十分揪心,但是一向老实巴交的他无法使自己的儿子改变不良的生活习惯。如此不注意饮食和锻炼,导致颜回年轻时就身体虚弱,29岁时发尽白,40岁的时候终于撒手人寰。

老年颜路失去了唯一的儿子,老年孔子失去了最钟爱的弟子。孔子的独生子孔鲤死时,孔子只是默默地流过泪。颜回死时,孔子扑倒在颜回身上,痛哭着说:"围于匡时,你曾对我言道,'夫子健在,回何敢去死?'如今为师尚在,你为何自食其言,离师而去呢?"至于颜回的父亲,心中的悲痛更是难以言表。

颜回的早逝,给每一个立志成材的青少年敲响了生命的警钟:强身健体,事莫重焉。事业上的强势,终究要由身体上的强健作依托。

现代著名的文学家老舍先生,对子女的要求很简单,他说:"只要健康,将来学一门手艺足以谋生则可。"老舍先生的儿子舒乙回忆说:"我父亲对我的婚事,同样采取了超然的态度,表示完全尊重孩子的选择。婚礼的当天,他请了两桌客,招待亲家和老友。他送我们一幅亲笔写下的大条幅,红纸上八个大字——勤俭持家,健康是福,下署老舍。我一直挂在床头。红卫兵抄家时将它撕成两半,我从地上捡起,保存至今,虽然残破不堪,却是我最珍贵的宝贝。"

"健康是福。"多么朴实的一句话,人们往往会在失去健康的时候,才会觉得这句话又是多么千真万确。既然健康对于一个人而言是最为珍贵的,那么如何才能拥有健康的身体呢?

首先,要遵循身体发育的规律,用科学的态度对待自己的身体。在学习和工作的同时,对休息和锻炼进行合理安排;劳逸结合,收弛有度。常言说得好:磨刀不误砍柴工。人的身体在奔波辛苦之后,理应保养、维护,还应该定期检查,防患于未然,处置于开端。

其次,要注意日常饮食卫生,合理增加营养。既不能挑食偏食,也不能暴饮暴食,尤其要防范病从口入。

再就是,要学会减轻学习、生活和工作上的压力,保持心情的开朗和愉悦。任何人都会有压力,但是如果压力长时间地沉淀在人的思想情绪之中,必然会损害自己的身体,甚至会带来严重的后果。因此,应当学会用自己喜欢的方式释放压力,排遣郁闷,并且要适当采取医疗保健措施来有效维护自己的身体健康。

当然,人的健康并非仅仅身体强壮,还须有美好而善良的心灵,具备仁、义、礼、智、信这样良好的品德,这才是身心健康之人。

# 第 **6** 讲
# 做 个 好 下 级

**敬重 · 服从 · 补台 · 效力**

古今中外任何一个人,在家庭、单位、社会之中与其他人打交道,都做过或者一辈子都在做别人的下级。因此,为人处世之道最重要的一个方面就是同自己的"上级"处好关系。

## ● 敬 重 ●

"爱人者,人恒爱之;敬人者,人恒敬之。"——孟子

孔子说过"修己以敬",他认为一个人只有修养好自己而又能敬重他人,才是"君子"。孔子评价春秋时期杰出的政治家子产,说他有符合君子之道的四种美德:"其行己也恭(自己做人很谦恭),其事上也敬,其养民也惠(用恩惠养民),其使民也义(使用民众能得其宜)。""事上也敬",就是对上级很敬重,包括对上级交代的任务谨慎行事、认真负责。

孔子自己就是这样做的。孔子给自己的儿子起了一个鱼的名字——鲤。为什么呢? 孔子20岁娶宋国姑娘亓官为妻,完婚以后,夫妻恩爱,相敬如宾。白天,孔子外出工作,管理公家的仓库和牛羊,妻子纺纱织布,料理家务。到了晚上,孔子秉烛读书,妻子做针线活相伴。不到一年,孔子事业、爱情双丰收,工作出色得到了鲁国国君鲁昭公的赞赏,妻子分娩为他生下了儿子。

【"孔鲤"由来】

孔子下班后赶回家,万分喜悦地站在床前看着妻子,从自己嫂子手中接过儿子仔细端详。正在这时,国王宫中的一位官员来到孔子家门外,跟从他的人手中拎着活蹦乱跳的大鲤鱼。

孔子急忙到门口迎接,上前施礼。来人还礼说:"鲁国国君听说你喜得贵子,特派本官送来鲤鱼,以示祝贺。"来人招呼从人把鲤鱼献上。

孔子接过鲤鱼,先放入木桶之中,然后恭恭敬敬地摆放在桌上,又施礼拜谢:"臣民孔丘受国君如此大恩,永世不忘! 日后丘定严教孺子,不负君恩。"

宫中来人见状,十分高兴,彼此又说了会话,来人方回。

孔子哥哥孟皮待宫中来人走后,便让妻子熬制鱼汤给孔子夫人补养身体。孔子连忙制止,说:"国君派人送来礼物,乃是我家先祖列宗的余德所至。这鱼现在不可食用,我要以此鱼作为我儿子的名字,我儿今后就叫孔鲤,字伯鱼。我们全家都要牢记国君的隆恩,志此不忘。至于补养身体,再想别的法子。"

孟皮夫妇和孔子夫人听孔子如此一说,都很赞同,于是将鲤鱼养在了水中。

国君送来的礼物,不但不忙着食用,而且还以这个礼物的名字"鲤",作为儿子的名字。孔子就是如此敬重自己的最高上级——国君。

孔子最敬佩的古人是周公旦,他是周文王的儿子、周武王的弟弟。武王死后,成王继位。当时成王年幼(12 岁)还不懂得如何治国,再加上天下刚刚平定,百废待兴,周公怕武王死后有人欺负成王不能独自治理政事,会背叛周朝,于是就代替成王行使国家权力,主持朝廷政事。

周公摄政后,管叔、蔡叔造谣说:"周公欺负年幼的成王,想篡夺王位。"不久,这两个人又与商纣王的儿子武庚相互勾结,闹起了叛乱。

谣言弄得周朝都城镐京沸沸扬扬,连召公奭听了也将信将疑,周成王也搞不清是真是假。周公心里很难过,他首先向召公奭披肝沥胆地谈了一番话,表示自己摄政完全是为了辅佐成王,稳定周朝的大业,绝不会不忠于成王。召公奭被他这番诚心感动,支持周公主政。

周公向成王报告武庚、管叔、蔡叔叛乱,并表达自己忠心不二的决心,于是成王命令周公率军东征,讨伐叛军。经过三年苦战,终于取得胜利。天上降下福瑞,晋国国君得到两苗共生的一穗禾谷,就把它献给成王,成王命人把它送到东部周公军队的驻地,赠给周公。周公很感谢,特意写下《归禾》《嘉禾》二文,颂扬成王的圣命。

周成王起初对周公的忠心并非完全信任,曾经批准周公离开朝廷,到自己的封地鲁国去。有一天,突然天气变化,雷电交加,风狂雨骤,田里的庄稼全部被吹倒,连大树都连根拔起。已经是少年的成王看到天气异常变化,认为是天在发怒,于是就打开收藏中央文书的金柜,希望找到平息天怒的方法。

在中央文书中,成王意外地发现《金滕》一文,仔细一查,原来是武王生病垂危时,周公向天神祈祷,请求天神能赐福武王转危为安,并愿意代替武王的疾病,甚至不惜付出自己生命的祈祷文书。成王这才知道周公对王室、对自己的忠诚是不容怀疑的,老天爷动怒是对自己疑心周公的示警。从此,周成王坚信周公,周公回朝后更加尽心尽力地治理国家。

成王长大后,能够独立处理国事了,周公就把政权转给成王。周成王临朝听政,让周公坐在自己边上,周公再三推辞,坚持面向北站在臣子的位置上,而且自始至终谨慎恭敬,如履薄冰。

武王在世时,曾决定在东部的伊水、洛水一带建个新都。成王即位后,便派召公再去洛邑测量,营建新都,完成武王遗愿。周公主动关心参与这件朝廷大事,重新进行占卜,还反复察看地形。洛邑营建成功后作为周朝在东方的都城,成王决定把象征国家政权的九鼎安放在那里。周公说:"这才是天下的正中央,无论从哪里向朝廷进贡,路程都是相同的。"

周公是周成王的叔叔,而且对周王朝的巩固和发展作出过巨大贡献,但他在自己的"上级"面前,敬重之情总是溢于言表,从不居功自傲。

敬重自己的上级,不仅是中国人的习惯和传统,外国人也同样如此。

美国曾经有一个副总统叫"老布什"(后来做了总统,他的儿子小布什也做过总统),当他的上级总统里根遇刺时,他接到消息:总统遇刺,生死不明,请他立即去白宫处理事务。老布什和他的手下乘坐军用专机赶紧返程,时间紧迫,有人建议直接将专机飞停到白宫。老布什想了想,摇摇头说:"按照习惯和传统,只有总统的专机才能停在白宫的草坪上,我是副总统,不能这样做。"

傍晚六点三十分,副总统老布什的专机抵达华盛顿近郊德鲁斯空军基地,七点左右,老布什乘坐直升机赶到白宫,依法暂时接管国家最高权力。

第二天,召开内阁全体会议,特邀参众两院领袖列席会议,共商国是。老布什依然坐在副总统的位置上,特意留出总统宝座。

在总统遇刺、全国混乱、世界不安的重大时刻,老布什既不让自己的专机停在只有总统专机才能停落的白宫草坪上,而且开会时还特意为总统留下座位。美国的副总统就是这样敬重自己"上级"的。

敬重上级是古今中外下级必备的个人修养,是下级最重要的素质之一。因为没有下级对上级的敬重,无论是一个单位、一个地方,还是一个国家,岂不是人人都能犯上作乱吗?

敬重上级不仅应该是一种意识、一种想法,更应该是一种态度、一种行为。

当今社会,下级在平常时刻敬重自己的上级,并不需要太多的形式,也不需要刻意地去做作。然而,有一些基本的礼节还是应该坚持做到的,比如,遇到上级要主动问候,上级来了要起身相迎,上级走时要以礼相送;陪同上级要举止恭敬,上级讲话不要随意打断,上级视察不要前后干扰;面对上级要神态庄重,上级指示要认真聆听,上级问话要及时应答。这些礼节只是对上级表示敬重的一些基本要求,如果一个下级平常能养成习惯,形成常规,也就接近更高的要求了。

当然,敬重上级也是有原则的,那就是,要出于内心替上级着想,既维护上级的尊严,又成就上级的事功;绝不能搞别有用心的假意恭维和奉承,更不能阳奉阴违、两面三刀,"当面说好话,背后下毒手"。

## ● 服　从 ●

> "军人以服从为天职。"——军队语

上级是作决策、作部署的人,上级的指令能否得到认真贯彻执行,直接影响到工作的好坏、事业的成败。

孔子 52 岁时在鲁国做过大司寇,并曾代理过相国的职务。孔子执政仅仅 7 天,就诛杀了经常为一己之欲,扰乱朝政的大夫少正卯。少正卯是当时鲁国的知名人士,能言善辩、知识广博,他和孔子一样开办私学,聚徒讲学,曾使"孔子之门三盈三虚",多次把孔子门下弟子吸引过去听课,只有颜回没去,但他最终还是以失败而告终。少正卯为人阴险,善搞阴谋,鲁昭公二十五年(孔子 35 岁),鲁国发生了"斗鸡之变(因贵族之间斗鸡引起的权力之争)",鲁昭公原想借机改变"世卿专横,政在季氏"的局面,结果因为少正卯等人游说孟、叔二氏,支持季氏,昭公失败被逐出都城。鲁定公八年(孔子 50 岁),少正卯等又暗中支持、策划了"阳虎叛乱",后因孔子、子路等孔门师生的努力平叛,阳虎和少正卯等人的阴谋才未能得逞。少正卯此人可谓"脑有反骨"的典型代表,但他平常总是伪装成一副"正人君子"的模样,许多人不能识破他的嘴脸。

少正卯被处决了,弟子们都不明白孔子为什么刚上任就做这么一件可能引起人们非议的事情,子贡还忍不住去质问老师:"少正卯是鲁国的名人,先生刚开始当政,就把他杀了,会不会引起一些人的不满?是不是弄错了啊?"

孔子并没有因为子贡兴师问罪而生气,而是耐心地说:"你先坐下来,我说给你听。人有五种最大的恶行,做盗贼这一类的行为还不在其中。一是世事洞达,特别聪明,而用心险恶;二是行为邪僻,尽做怪事,而顽固不化;三是花言巧语,能言善辩,而虚伪矫饰;四是见识广博,大肆宣扬,而专记丑事;五是顺从错误,与好人作对,而理直气壮。如果有人犯了这五种恶行的一项,就免不了要被'君子'处死。少正卯是'五恶俱备',他身处高位,结党营私;祖护邪恶,迷惑众人;颠倒是非,反对正道。他是小人中的奸雄,不可不杀啊！昔年商汤诛尹谐、周文王诛潘止、周公诛管叔、姜太公诛华仕、管仲诛付里乙、子产诛邓析和史付，这七个人虽然身处不同的年代，却有同样的邪恶心肠，不能不杀，少正卯也是如此。"

接着，孔子引用诗经："忧心悄悄，愠于群小（忧愁之心多凄楚，被众小人所怨怒）。"接着说道："如果小人成群结党，那就很麻烦，很值得忧虑了。"

按照现代法治的理念，孔子杀少正卯缺少搜证、审判等一套程序，有不够妥善之处，这是"圣人"也免不了的历史局限性；但是孔子给少正卯定下的五条罪名是成立的，而实质上内容主要是一条：这个家伙拒不服从，既不服从正义，也不服从真理，更不服从上级。上级最不能容忍、不能迁就的就是下级总是不服从自己，因为在这"不服从"过程中，上、下级的关系实际上已经不存在了。

无论是在哪个国家军队里流传最广的一句话，就是：军人以服从为天职。在美国，培养过众多政商界领袖的西点军校认为服从是一种美德，一个优秀的人必须具备服从意识，不养成服从观念，就不能在团队中立足，就不能在人生道路上顺利前进。

中国共产党的政治纪律中就有"四个服从"：个人服从组织，少数服从多数，下级服从上级，全党服从中央。只要上级的决策与党的组织及党中央的指示、意见不相冲突和背离，下级必须无条件地予以服从，坚决加以执行。

作为上级不但负有作决策和下命令的权力，而且也要对作决策和下命令的后果承担责任。因此在正常情况下，上级在作出决策、采取措施，尤其是重大决策和措施之前，都是会郑重而谨慎的。作为下级有事前建议、提醒，甚至反对的责任和义务；但是，一旦上级和下级的意见不一致，而且下级无法说服上级，上级的理由并非明显错误，此时上级下达命令，下级就应该立即考虑如何去贯彻和执行。

为什么上级会坚持力排众议地去做一件事呢？英国首相丘吉尔有一次就某个重大事项的处理征求议员们的意见，反对丘吉尔处理办法的人为数不少，但是丘吉尔还是坚持自己的处理办法，大家问他为什么？丘吉尔说："先生们，因为你们没有我知道得多，所以你们反对我这样做；如果你们知道的和我一样多，那么，我相信你们会比我还积极地按我的办法去处理。"

丘吉尔这番话告诉我们：有许多时候，下级之所以对上级的指示、意见存在疑义，并非是下级比上级聪明，而是因为下级比上级知道的情况少；而上级又不可能在一段时间内把自己所知道的都向下级说明白、讲清楚，这在实际生活和工作中也无法做到。知识是需要慢慢积累的，情况也是需要慢慢熟悉的，更何况还有许多不可言说、不能言说的特殊情况；因此，上级所能做到的只能是尽量去帮助下级理解和领会自己的决策，而下级则应该学会服从和执行。只要上级在自己的职权范围内以命令的形式下达指示，下级就必须坚决加以执行；因为，此时还不能找出比上级的命令更好的办法。

下级对上级的指令要服从，对上级正确的批评和责备也要服从。

墨子是墨家学派的创始人，墨家学派在先秦时代，与儒家学派同为"显学"。墨子有许多门徒，其中一个得意门生叫耕柱子。虽然耕柱子"成绩"很好，但是经常挨墨子的责骂，耕柱子不免感到很委屈。有一天，耕柱子愤愤不平地问墨子："老师，难道在您这么多学生中，我就如此差劲，乃至于时常遭到您老人家的责骂吗？"

墨子听了，平静地说："我手中有根驱车的鞭子，假如我要去太行山，我是选择良马来拉车鞭策它呢，还是选择老牛来拉车鞭策它呢？"耕柱子说："再笨的人也知道选择良马来拉车鞭策它。"

墨子又问："那么，为什么不选择老牛呢？"耕柱子回答说："理由很简单，因为良马足以担负奔跑的重任，值得驱遣。"

墨子说："你回答得一点也不错。我之所以经常训斥你，也是因为你能够担负重任，值得我一再地教导与匡正你。"

正所谓：希望越多，要求越多，要求越多，批评的也就越多。所以，有人常说：被上级批评不是坏事，被上级冷落就大事不好了。

当然，无论是上级还是下级，都不应该对自己的批评不当回事。一批则忘，石沉大海，批评的效果就会大大减少。批评不是目的,目的是批评之后能有所领悟,加以改进。因此,上级和下级之间发生批评与被批评之后,都应当予以反思。上级应反思自己的批评是否恰当,是否可以让下级更乐于接受,是否能引起下级的重视和改进,等等。而下级则更应该反思自己被上级批评的真正原因在什么地方,事前有没有做得更好以避免批评的可能,今后应该如何加以纠正和改进,等等。

还应该注意的是,在上级批评下级之后,双方都能找恰当的机会进行真诚的沟通,交换意见,交流情况,从而加深相互间的理解和支持。

那种对批评持无所谓的态度,或者批评多了,相互之间形成对立,甚至产生极端反感的情绪,是十分有害于团结、有害于工作的。这种情况特别要注意避免和防止。

## ● 补 台 ●

"二人同心,其利断金。"——《易经》

古人云:人非圣贤,孰能无过。再聪明的上级也难免有明显不妥或者错误的时候。遇到这种情况,下级应该怎么办呢?此时,下级应该妥善地指正、巧妙地弥补。

春秋战国时期,齐国国君齐景公特别喜欢玩鸟,四处搜集漂亮的小鸟,有时,还因为玩鸟耽误了国事。有一天,有一位地方长官献来一只名贵的鸟,齐景公一见就喜不自胜,爱不释手,整个人都被吸引住了。为了使这只鸟得到很好的照顾,齐景公特地派了一个叫烛邹的人专门饲养这只鸟。也许是由于太过小心谨慎反而出了问题,几天以后,那只鸟莫名其妙地消失了。齐景公气得七窍冒烟,六神无主,非要杀死烛邹不可。这时候,跟随齐景公的人明知为一只鸟杀人是不对的,但又都不敢说话。

太宰(相国)晏子(晏婴)在旁边对齐景公说:"大王,烛邹有三条罪状,让我宣布出来,让他死个明白。"齐景公说:"好。"

晏子板着脸十分严肃地对烛邹说:"烛邹!你知罪吗?你为国王管鸟却让它逃走了,使大王丢失了消除疲劳的宠物,这是你的第一条罪状。"停了一会儿,晏子又接着说:"你使大王为一只鸟而杀人,让外人知道了笑话大王,这是你的第二条罪状。你使天下人认为大王只重视玩鸟而轻视世人的生命,败坏我们国王的名誉,这是第三条罪状。你说,你是不是罪该万死。"

晏子说完,转身对着齐景公请求下令斩杀烛邹。齐景公听了晏子一番话,知道晏子变相地在说自己不该为一只鸟杀人,于是笑了笑说:"算了,把他放了吧。"过后,齐景公对晏子说:"多亏你一番劝谏的话,不然可真要铸成大错呀!"

对于一个尽心尽责的下级来说,最头疼的事情就是如何把上级不完善、不适合,甚至不正确的指示处理好。因为,一个好的下级,绝不会因为上级的失误而袖手旁观;更不会幸灾乐祸,利用上级的失误另有所图。因此,一个好的下级往往会在上级"出错"时,从良好的愿望出发,用正确的方式帮助上级改正错误,弥补过失;而他采取的方式一般都会照顾到上级的"面子"。

三国时期的蜀国有一个人叫简雍,从小和先主刘备的关系很好,一直跟随在刘备左右,后被任命为昭德将军。

有一年,蜀国大旱,收成不好。刘备命令禁止喝酒和酿酒,酿造酒的人要被判刑。有人违反禁令造酒,被查出来抓了起来;有人家里有酿酒的器具,虽然没有造酒,但是也被查出来抓起来了。审理案子的官员要把家里有酿酒器具的人同造酒的人一同治罪处罚。这个案子报到了刘备那里,刘备打算批准。

一天,简雍和刘备一同去道观游玩,看到一个男子在街上走。简雍指着那名男子对先主说:"他是强奸犯,为什么不把他抓起来?"刘备好奇地问:"你怎么知道他是强奸犯的?"

简雍回答说:"他有强奸的器具,这与家里有酿酒器具的人,有什么不同?"刘备大笑不止,于是下令免除了家里有酿酒器具的人的罪刑。

简雍和晏子一样并没有直接指责上级的错误,而是巧妙地用心理暗示和换位思考的办法,让他们的上级自己去说服自己放弃不正确的念头。

面对上级的过失和错误,下级就应该像这样妥善地去补台,绝不能听之任之;否则便是"君不君,臣不臣",导致十分恶劣、甚至可怕的后果。

子思在卫国听说卫侯提出一项不正确的计划,而大臣们明知不妥却全都附和赞同,没有一个人设法纠正,子思说:"我看卫国,真是君不像君,臣不像臣了呀!"公丘懿子问道:"为什么竟会这样呢?"子思说:"君主自以为是,大家都盲目附和,不设法提出自己的正确意见。这样做,即使事情处理对了,也是没有听取众议,也就是排斥了众人的意见,更何况现在众人都附和错误见解而助长邪恶之风呢?不考察事情的是非而乐于让别人赞扬,是无比的昏暗;不判断事情是否有道理而一味阿谀奉承,是无比的愚昧。君主昏暗而大臣愚昧,这样的人如此居于百姓之上,老百姓是不会同意的。长期这样,国家就不像国家了。"

由此可见,纠正上级的错误、失误,为上级"补台",是下级必须承担的责任和义务!不过,由于上下级之间特殊的关系,同时也为了更好地开展今后的工作,下级为上级纠错、"补台",还是应该注意方式、方法的。

首先,应权衡轻重,不会立即酿成大错,或者事后可以补救的,应当采取背后分别交流的办法。在交流之中,还应当注意语言的委婉和恰当,推心置腹,换位思考,使上级容易接受。

其次,需要立即纠正的,既要善意地提醒,又要顾及上级的面子。实在情况紧急,可以用耳语示意,或者主动争取由下级代上级出面处理,以减少因上级失误而造成的损失。

如果一个下级能够如此去帮助上级"补台",长此以往,这样的下级必然会成为上级所倚重的人。

下级为上级"补台",其目的还是为了上级和集体的利益。因此,下级"补台"以后不要津津乐道,喋喋不休,尤其不要对他人言说,借此吹嘘自己,贬低上级能力,消弱上级的威信。否则,就是别有用心,令人反感,好事反而变成坏事。为上级补台,是下级的职责,不能仅仅当成下级的功劳。

## ● 效 力 ●

"若蒙将军不弃,愿效犬马之劳。"——古语

上级不仅会"犯错",会"失误";有时还会"发呆",会"犯怵",会感到力不从心,陷入困境。作为下级遇到这种情况,就应该努力去为上级分忧解愁,分担重任,化解风险,哪怕是难为之举,也应当奋勇上前。

著名史学家钱穆先生在《中国史学发微》中记载过清朝时期一位名叫丁龙的华侨与一位美国将军深交的故事。

丁龙乃山东旅美华侨,居住在纽约。当时,一位美国将军退役后一人独居。丁龙和当地的几个美国居民成为将军的随从和仆人。不久,将军又让丁龙做自己的管家。将军脾气很坏,经常饮酒过量后发酒疯。有一次,将军不仅打跑了其他仆人和随从,还对丁龙大发雷霆,并且当场解雇了丁龙。

数日之后,将军家里遭受火灾,大难不死的将军病倒在屋里,孤身一人,狼狈不堪。丁龙闻讯,立即回到将军身边,照料其生活起居,为他请医问药。将军不解地对丁龙说:"我已将你解雇,你怎么还回来照顾我呢?"

丁龙对将军说:"我的家乡有古圣人孔子,曾教人'忠恕'之道,孔子说过,'居处恭,执事敬,与人忠'。还说过,'己所不欲,勿施于人'。而今,将军家遭火灾,孤身一人,又添疾病,我是将军的下人,闻听此讯,心中不忍,所以来到将军身边,愿请复职,继续为将军效力。"

将军闻言,大为欣慰,于是感叹道:"想不到丁先生还是个读书人,能读古圣人书。"丁龙说:"我不识字,不是读书人。"将军又道:"想必丁先生父亲是个读书人吧。"丁龙又说:"家父也不识多少字,并非读书之人。我的祖父、曾祖父也都是不识几个字的农夫。孔子所言乃上代家训,世世相传。"将军听了丁龙这番话,大加赞赏,感动不已。从此,将军与丁龙同居相处,亲如兄弟。

过了若干年,丁龙染疾病重,临终之前,他对将军说:"我在将军家,食住无虑,您发给我的工资全都积攒起来。我在美国没有亲人,在家乡也无妻子儿女,我愿把这些钱全都奉还给将军,以报答您多年以来待我如家人、挚友之恩。"

丁龙去世后,这位美国将军在丁龙积蓄中又增加了几倍钱的数额,成为一笔巨款,将它捐赠给纽约哥伦比亚大学,用来创立专门研究中国文化的"丁龙汉学讲座"研究基金。

"忠恕"之道乃孔子儒学之精髓,而孔子本人不仅以其言教人,更以其行示人,为后人树立了尽心尽责为上级效力的榜样。

孔子50岁时,由于为相国和国君出谋划策平定"阳虎叛乱"有功,经季桓子(相国)举荐,鲁定公决定委托他为中都宰(中都县令)。仅仅一年时间,中都大治,面貌焕然一新,鲁定公又升孔子为大司寇,主管全国的公安司法工作。

不久,鲁国邻近的齐国国君提出要与鲁国国君在夹谷会盟。当时,齐国的老相国晏婴已经去世,黎锄继任,齐强鲁弱。此次会盟乃是黎锄眼见鲁国呈现蒸蒸日上的势头,撺掇齐国国王齐景公以会盟为名,要挟鲁国作为齐国附庸。

鲁定公一听说齐国主动要求会盟,不禁兴奋得忘乎所以,一时冲动就答应了齐国使者。当鲁定公把此事告知季桓子等贵族近臣,众人都觉得这次会盟难免刀光剑影,恐怕要受齐国胁迫。鲁定公这才后悔自己贸然应允,可如果再作推辞,齐国则有理由兴师问罪,看来纵然是刀山火海,也得硬着头皮去闯一闯了。

两国会盟,按古礼是由两国相国充当相礼一职。这相礼礼官不仅要熟知礼仪,权谋善辩,根据这次会盟的特点,更需要临危不惧,"该出手时就出手",方能既不失礼于对方,又不失威于盟坛,关键时刻化险为夷,转危为安。季桓子料想自己难以胜任,并且对这份差事十分害怕不安,于是向鲁定公推荐孔子担任此次会盟的相礼之官。季桓子的推荐与鲁定公的想法不谋而合。但鲁定公故意为难地说:"历来两君相会,由冢宰(相国)相礼,此乃古礼,怎么好推给孔大司寇充任呢?"季桓子说:"大王您宣布让孔子代行相事,再命他担任相礼之职,事可成矣。"

于是,鲁定公宣孔子上朝,先把齐鲁会盟的事儿一谈,然后又依季桓子所言要委托孔子代行相事。孔子听后,很觉意外,不禁发愣。季桓子见了,以为孔子不愿代劳,连忙说道:"孔大夫代行相事乃我久已想定,一直没有机会提出。齐鲁夹谷会盟之后,我将不再担任冢宰。孔大夫应为国尽力,不负国君之重托。"

孔子听后微微一笑,轻轻摇了摇头,然后又正色说道:"丘受相礼之托,不敢推诿!冢宰之职,丘不敢接受。丘想的是会盟虽是文事,亦当早作武备。昔日楚国约宋襄公会盟于孟,亦言'乘车之会'乃修友好,然而楚国伏兵于孟,宋国却毫无戒备,被杀得一败涂地。前车之覆,后车之鉴也。望君王命左右司马选精兵五百乘,届时护驾前往,伏兵于夹谷隐蔽之处,以备不测。"鲁定公连忙准奏,高兴地说:"有孔大夫相礼,朕放心矣。"

会盟之时,齐鲁两国先相互赠送礼品,相互祝贺,然后是"歃血为盟"。鲁定公很高兴,对齐景公表示鲁国要与齐国共建繁荣。齐景公更是热情地说:"齐国、鲁国虽然是异姓诸侯,但情同一国。"孔子一听这"情同一国"实在是不合礼,刚想反诘,黎锄说道:"两国国君相会乃两国之幸事,不可无乐。"向下一挥手,一群面目狰狞的怪物鼓噪而至,手持刀枪剑戟,狂欢乱舞,妄图于混乱之中劫持鲁君,一边跳着,一边向鲁定公围了过来,手中的刀枪斧钺在鲁定公面前摇来晃去,吓得鲁定公面如土色,浑身颤抖,不觉依偎在孔子身上。

孔子没料到齐国竟能表演如此歌舞,不由得怒火中烧,心血上涌,须发倒竖,二目圆睁,刷的一声拔出宝剑,高大的身躯耸然立起,向乐工呵斥道:"尔等休得无礼!"孔子一边护住鲁定公,一边转向齐景公问道:"齐鲁两君友好盟会,不用宫廷雅乐,却用蛮夷之舞是何道理? 小人炫惑诸侯,依礼、依法俱当斩首,请齐国主事者依礼、依法行事!"齐国的主事官看看黎钼,黎钼将头转向一边,置之不理,孔子见状说道:"齐鲁既修兄弟之好,齐事即鲁事,鲁国岂能见齐国乐工失礼枉法而不顾! 鲁司马何在?"

孔子话音未落,只听山摇地动一声怒吼:"下官在此。"鲁国的两位武将已蹿上坛台,孔子命令其说:"请代齐行事,斩带头乐工以正礼法。""末将遵命。"鲁国司马话音未落,寒光一闪,两个带头乐工的头颅已滚落在地,其余乐工四处逃散。

当晚,齐景公大发雷霆,在军事上齐国常胜于鲁国,今天在外交上却一败涂地。他训斥黎钼说:"孔子导其君行仁义,循古礼,你却导朕行夷狄陋俗,害朕于不义,失礼于诸侯,(传到国际上去)岂不为天下人耻笑?"黎钼知道齐景公虽然冲着自己发火,心里恨的却是孔子,念念不忘的是从鲁定公那里弄点好处。于是,黎钼一边施礼,一边说道:"大王息怒,臣请大王明日设宴,招待鲁国君臣,一来为鲁定公压惊,二来借机与鲁国签订盟约。"齐景公双眉紧锁,望着黎钼说道:"这次一定要办好。"

就在齐景公大发雷霆之时,鲁定公回到驻地惊魂未定,刚想着要孔子去告辞齐国君臣,自己准备离开这是非之地,齐国又派人送来请柬,请他君臣明日赴宴,鲁定公为难地看着孔子。孔子说道:"君王休要担忧,有孔丘在此,齐国小人奈何不了君王。我们匆匆离去,反遭人耻笑。若黎钮竟敢不轨,景公近在咫尺,他的性命操在臣手。还有左右司马侍立坛下,五百乘兵车陈于夹谷山林,何患之有?届时君王尽管开怀畅饮,丘为君王舍命做伴,定然无事。"

第二天,齐景公亲自来请鲁定公赴宴,宴会仍设在昨日的那个祭坛上。黎钮心怀鬼胎,殷勤劝酒,一樽接一樽,一碗接一碗。趁两位国君已有醉意,黎钮起身说道:"臣疏忽大意,昨日多有得罪之处。今有宫廷女乐一队,善习齐风,令献技于两君席前,一则赎昨日之罪,二则助今日之兴。"

黎钮话音刚落,音乐响起,四名女乐工伴着一位太后服饰的女乐工上场边歌边舞。太后服饰的女乐工做出各种媚态和淫荡的动作,不时以目光挑逗鲁定公,她在四名女乐工的簇拥下款步轻迈,婀娜多姿地走向鲁定公,将手中的鲜花献上。鲁定公已喝得有些醉意,摇摇晃晃起身正欲去接,只听"哐当"一声响,众人大惊,孔子将面前案几掀翻,奔到鲁定公面前,按住鲁定公说道:"主公且慢!此歌舞乃侮辱鲁君先祖之淫辞,此女扮作文姜献花,乃戏弄主公。"

鲁定公大吃一惊,望着孔子。只见孔子怒不可遏,浑身颤抖,大声斥责女乐工以淫辞艳舞侮辱齐、鲁两国的先祖,请求齐景公速诛女乐工。

齐景公急问何故?孔子指着黎钮不语,黎钮吓得跪在地上,请求齐景公宽恕。齐景公又催孔子快讲,说:"孔大夫请讲无妨,朕免你侮君之罪。"

于是,孔子简要地说了一段历史。原来,这五个女乐工表演的是齐诗《载驱》,唱的是二百年前齐襄公诸儿与鲁桓公妻子文姜乃同父异母的兄妹,二人乱伦,杀死鲁桓公之事。齐景公闻言,气得脸发红、唇发紫,急忙命令将这五个女乐工全部斩首。

两次宴会之后,两国签订盟约,最后一款是齐国出征时,鲁国需出三百乘兵相从。此款明显有齐国摆大示强之意。孔子考虑两国当时强弱悬殊的客观形势,这一条款对鲁国而言虽然面子上差点,但并无实际上的利益损害,倒不如乘机提出有利于鲁国的条件。于是,孔子便问齐景公这一条款是什么意思呢? 齐景公说:"齐鲁既结为兄弟国家,理应相助。"孔子连忙接口说道:"大王所言极是。然而既然成为兄弟,那么齐国以往所占鲁国的汶阳、龟阴等地是不是应该归还鲁国,否则,岂不让世人耻笑。"

齐景公听了孔子所言,想到前两次聚会齐国失礼于鲁国,确有必要表示修好之诚意,这样才不失大国风范,于是决定将以往齐国所侵占鲁国的土地全部归还。齐鲁重修旧好,结为兄弟之盟。

孔子就是这样临危受命为上级效力,大义凛然,随机应变,鞠躬尽瘁,达成最佳效益的。

为上级效力是一种能力的表现。一般而言,上级的能力是比较强的,如果遇到上级棘手的事情,一个下级能够妥善地为上级分忧解难,精心而恰当地帮助上级将事情处理好,那么这个下级的能力就会得到上级的充分肯定。这是每一个下级都十分希望的。

为上级效力是一种品德的展示。有些上级习惯于在下级面前颐指气使,甚至有些言行伤害过下级,但下级始终如故,忠实履职,这是一种难得而宝贵的人品。人在难处思好友,君在难处想忠臣。平常时刻,下级对上级的真实态度往往容易被表象所掩盖,究竟是好坏亲疏难以追考;关键时刻,一个下级能为上级挺身而出,甚至不计前嫌,就绝不是别有用心、阿谀奉承者所能做到的。这样的下级是真正值得上级信赖、亲近和依靠之人。

为上级效力是一种全局的打算。上级往往代表组织,代表集体,代表一定范围内的全局利益;只有上下一致、上下同心,才能团结起来共谋大业。

# 第 **7** 讲
## 做 个 好 上 级

### 礼待·善用·宽容·激发

　　对于任何一级组织而言,其内部往往都是由极少数的上级和他们的下级所组成的。这极少数的上级,恰恰是这个组织的灵魂和核心;他们的言行和思想往往决定着这个组织的发展走向乃至生存状况。那么,如何才能做好一个上级呢?

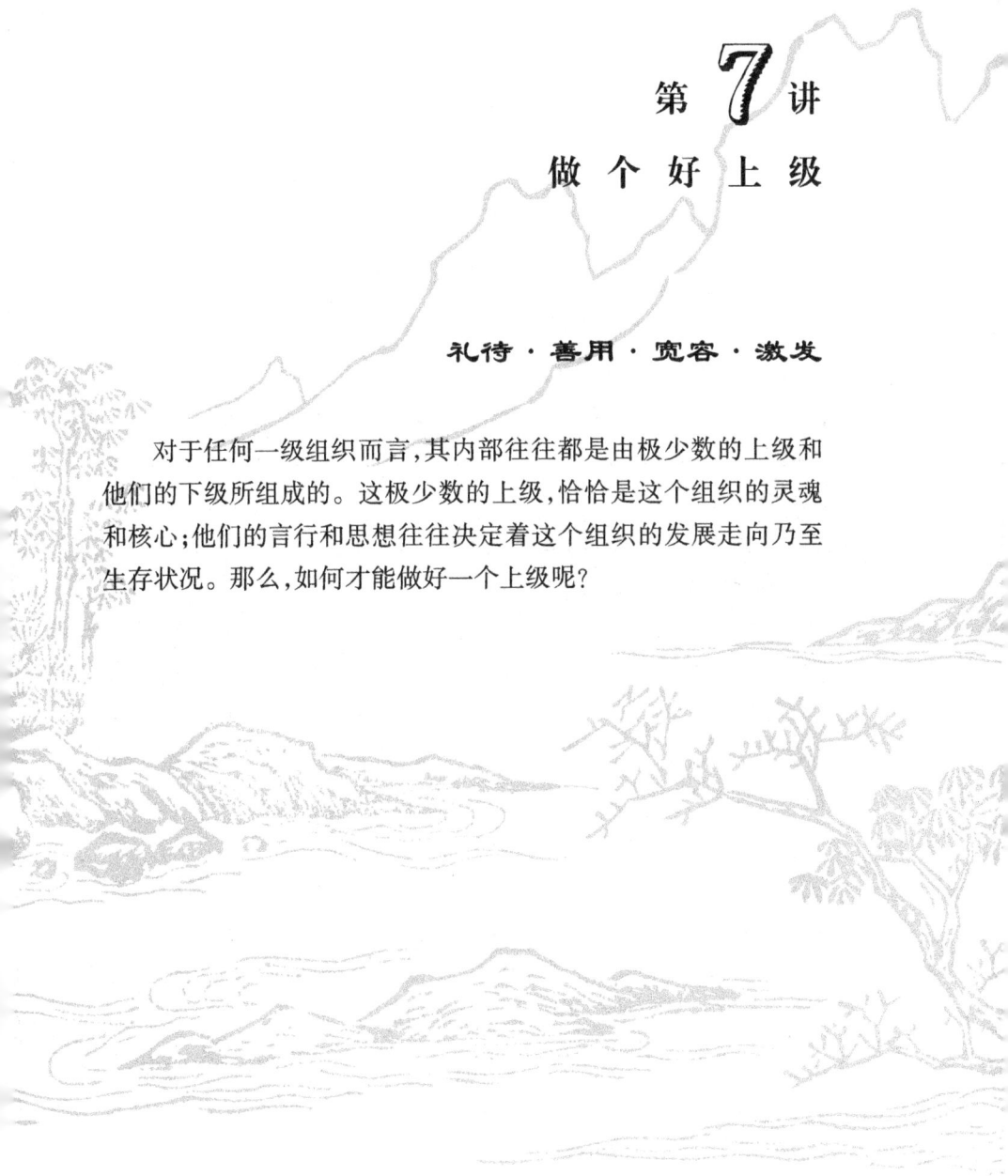

## 礼　待

"君使臣以礼,臣事君以忠。"——孔子

　　孔子有一句名言:"君君臣臣,父父子子。"这句话到底是什么意思呢? 我们从以下故事中会有接近孔子本意的启发性的认识。

　　鲁定公有一次问孔子:"君使臣,臣事君,如何?"意思是:君主使用臣下,臣下侍奉君主,应该怎么做才好呢? 孔子回答说:"君使臣以礼,臣事君以忠。"意思是说:君王要按照礼来使用臣下,臣下要忠诚地侍奉君王。言下之意,君不以礼待臣,臣则不必以忠事君。那么,"君君"就是君要像个君,待臣以礼;"臣臣"就是臣要像个臣,事君以忠。如果做君不像个君,做臣也就不像个臣了。

　　孟子在齐国期间,经常和齐宣王"座谈",有一次,两个人谈论起"君臣之道",孟子对齐宣王说:"君之视臣如手足,则臣视君如腹心;君之视臣如犬马,则臣视君如国人;君之视臣如土芥,则臣视君如寇仇。"孟子的这番话可以说是对"君君臣臣"最好的解释,它告诫君王:君王待臣属如手如足,那么,臣属待君王则如五腑如心脏,内外相依,上下相随,联系紧密,浑然一体;反之,君王待臣属如犬如马,那么,臣属待君王如同路人,陌路相逢,各怀心思,君臣难免背道而行;更有甚者,君王待臣属如泥土如草芥,任意践踏,随意抛弃,那么,臣属待君王如强盗如仇敌,怒目相对,拔刀相向,君臣对抗,永无宁日。可见"君使臣以礼"的"礼"字是多么关键、多么重要,绝不可轻视和小瞧,绝不可麻痹和大意。

　　那么,"君使臣以礼"的"礼"指的是什么呢? 概括起来说,就是礼制、礼教。孔子说过:"道之以政,齐之以刑,民免而无耻;道之以德,齐之以礼,有耻且格。"意思是说:用政令治理百姓,用刑罚来制约百姓,百姓可暂时免于罪过,但不会有廉耻之心;如果用道德来治理百姓,用礼教来约束百姓,百姓不但有廉耻之心,而且会主动纠正自己的错误。如果将"礼"细加解释,应该有下面三层意思。一是规矩和准则。孔子说过:"非礼勿视,非礼勿听,非礼勿言,非礼勿动。"一个人要懂得克制自己,不该做的不做,不该说的不说。二是礼节和礼仪。孔子说:"能以礼让为国乎,何有?不能以礼让为国,如礼何?"意思是说:能用礼让的原则治理国家吗,难道这有什么困难吗?如果不能用礼让的原则来治理国家,又怎么能实现礼制呢?也就是告诫人们要用礼节和谦让来治理国家。孔子还说过:"与人恭而有礼。""恭"是对人敬重,那"恭"是如何体现出来的?体现在"有礼",这里所说的"礼",是人与人互相尊重的明确表现形式,是人际关系之中的礼节和礼仪。三是章法和制度。孔子说:"礼之所兴,众之所治也;礼之所废,众之所乱也。"还说过:"天下有道,则礼乐征伐自天子出,天下无道则礼乐征伐自诸侯出。"这里所说的"礼"主要是指各种章法和制度。

综上所述,"君使臣以礼",就是说君王使用臣子(上级对待下级)要依照规矩、礼节和章法等这一套合理、合情的做法才行,并非可以随随便便地颐指气使,为所欲为,想怎样摆弄就怎样摆弄的。

孔子在鲁国从政时,起初,国王鲁定公、国相季桓子作为孔子的上级尚能做到"使臣以礼",但是,后来,鲁定公和季桓子(宰相)不能礼待下级,不按礼仪相处,不遵规矩制度,随心所欲想怎样就怎样,经常数日不上朝听政,迷恋女乐;郊祭天神漫不经心,郊祭过后又不按礼节、章法将祭礼的烤肉亲自在朝廷之上分给亲信大臣。这时候,孔子感觉到君王臣属之间、上级下级之间的良性互动关系被破坏了,于是辞去职务,并且对季桓子派来挽留他的人说道:"人云谏有五,一曰正谏,二曰降谏,三曰忠谏,四曰戆(刚直)谏,五曰讽(含蓄劝告或讽刺)谏。国君不识正邪忠戆,我从讽谏矣。"说完又吟歌一首:"彼妇之口(说坏话),可以出走,彼女之谒(被宠幸),可以死败。盖优哉游哉,聊以卒岁。"意思是说:有人用美人计迷惑国君,把我赶走;美人的歌舞迷人,政事可就没得救了。只能优哉游哉,到处行走,姑且度过我的余生。

此后,孔子离开鲁国,开始周游列国的旅程,宣传自己的政治理想,寻求实现自己仁政的希望。

孔子自己虽然没有遇到自始至终"使臣以礼"的君王,但是他

的思想却对后世的人们有着很大的影响。刘备及其臣下就是实践"君使臣以礼,臣事君以忠"的典范。刘备对诸葛亮"三顾茅庐",恭而敬之;诸葛亮则对刘备"鞠躬尽瘁,死而后已",这是人人皆知的历史佳话。

唐代大诗人杜甫在其诗作《蜀相》中赞曰:"三顾频频天下济,两朝开济老臣心。"前一句说的是刘备为了见到诸葛亮,曾经连续三次去他住的地方(隆中草庐)拜访,前两次都无功而返,最后一次恭敬地在门外等了很久,终于相见。从此,刘备屡屡跟诸葛亮商讨统一天下的策略,而且十分乐意听取诸葛亮的意见,几乎到了言听计从的地步。下一句说的是,诸葛亮忠心辅佐刘备、刘禅两朝皇帝创基业、济危难。刘备临死前对诸葛亮还十分敬重礼待,对他说:"吾儿可以辅佐,先生您就辅助他;如他不才,先生您可自己取而代之。"诸葛亮哭着说:"我定会效忠贞之节,直到我离开人间。"刘禅刚刚登基,诸葛亮上表给后主刘禅说:"臣死之日,不使内有余帛(多余的丝织品),外有赢财(多余的财宝),以负陛下。"等到诸葛亮死后,果然如他所说的那样,家中内外没有一点儿积蓄。可见诸葛亮忠心为刘备父子的朝廷效力,不去谋取个人私利,这就是"老臣心"。

刘备不仅对诸葛亮如此,对赵云、黄忠等手下同样是"以礼相待"。开口招呼称"将军",有事吩咐说"拜托"。这就难怪刘备在世时,蜀国文武大臣一事当前个个争先。

孔子所追求的"礼",因为历史时代的缘故比较繁冗,人的一举一动、一颦一笑都有若干礼的规定。当今社会,也许不需要这许许多多的"礼";但是"待人以礼"的基本原则是任何时代、任何社会中,人与人之间相处都离不开的起码要求,过去是这样,现在和未来也必然是这样。

作为一个好的上级"礼待"自己的下级,是正确处理上下级之间关系,形成相互之间良性互动的基础条件;否则,就会造成相互反感、烦厌,甚至仇视的心态,长此以往,既不利于工作和事业,也不利于身体健康与生活质量。

其实,在当今社会,上级礼待自己的下级并不需要什么特别的讲究,能够与下级换位思考,加以体贴、关怀则可。比如说上级希望下级对自己敬重,那么就应该同时对自己的下级讲"客气",不要"牛气";上级希望下级对自己热情,那么就应该同时对自己的下级讲"和气",不要"霸气";上级希望下级对自己体贴,那么就应该同时对自己的下级讲"大气",不要"小气"。

老子在其《道德经》第六十六章中讲:"江海之所以能为百谷王者,以其善下之,故能为百谷王。是以圣人欲上民,必以言下之;欲先民,必以身后之。是以圣人处上而民不重,处前而民不害,是以天下乐推而不厌。以其不争,故天下莫能与之争。"意思是说,江海之所以能为百川河流汇注而成水中之王,就是因为它善于处下,所以能成为百川之王。因此,圣人要得到人民的推崇,必先在言行上对人民表示谦下;要引导人民,必先把自己的利益放在人民的后面。因此,他虽然地位属于人民之上,但人民却并不感到负担沉重;虽然走在人民的前面,但人民却并不感到他构成妨碍。因此,他得到了天下人民永不厌弃的拥戴。因为他不与人相争,所以天下没有人能和他相争。

老子的这番话,告诉人们:越是贤明的上级,越是不自贵不自傲,下级反而愈加"贵之""傲之",舍不得这样的上级离开自己。做一个好的上级,就应该常常想到、做到礼待自己的下级。

当然,中国还有一句古语:"家不拘常礼。"大家经常在一起,相处得十分融洽,感情比较牢固,过分讲"礼"反而显得生疏。"礼"应该是真情实义、恰如其分地表达,孔子说过:"人而不仁,如礼何?"意思是说:一个人没有真正爱人的情感,就是搞了这些"礼",又有什么用呢?

## 善 用

"三者(张良、萧何、韩信)皆人杰,吾能用之,此吾所以取天下者也。"——刘邦

上级对下级主要的责任是指导帮助其完成任务。荀子是先秦儒家的最后一位大师。他曾说过:"人主者,以官人为能者也;匹夫者,以自能为能者也。"意思是说:做主官的,以善于用人为才能,普通人以自己能干为才能。

汉高祖刘邦有一次同韩信聊天。刘邦问:"像我这样的(能力)能率领多少兵呢?"韩信回答说:"陛下能率领10万兵。"刘邦又问:"那你能率领多少兵呢?"韩信回答说:"我多多益善。"刘邦又笑着问:"既然你那么会用兵,为何还被我管住呢?"韩信又回答说:"陛下不能率兵,然而善于驾驭将领,这是韩信我被陛下管住的原因;况且陛下权力是天授予的,不是人力可达到的。"

所以,古语曰:"知人者,王道也;知事者,臣道也。"刘邦自己说过:"运筹于帷幄之中,决胜于千里之外,我不如张良;镇定国家、安抚百姓,供应粮饷,我不如萧何;统率百万大军,战无不胜,攻无不克,我不如韩信。此三人,皆人杰也,我能用他们,所以我能统一天下。"

诸葛亮在刘备在世时,始终是最称职的辅臣,是刘备最好的下级;然而,一旦自己成为主官,就暴露出"不通王道"的缺点和弊病。首先是事必躬亲,大小事都是自己亲力亲为,不能很好地培养和使用人才,任免一个小官诸葛亮也要亲自处理,军中"二十罚以上皆自省览",限制了手下人才的发展。诸葛亮几次北伐都是用刘备时代的原有人才,诸葛亮死后,蜀国人才青黄不接,造成"蜀中无大将,廖化作先锋"的局面。

其次是不能知人善任,用人所长。诸葛亮十分喜爱熟读兵书的马谡,如果让他做个参议、顾问什么的,应当很适合;但是在战争的关键时刻,诸葛亮用擅长纸上谈兵却根本没有什么实战能力的

马谡守街亭。结果,马谡失了街亭,丢了脑袋,破坏了整个作战计划。其实,刘备在世时,早就提醒过诸葛亮"马谡言过其实,不可大用,你可要仔细地观察观察呀"。

空城计国呀

马谡

善于用人,是一位好主官最重要的本领。毛泽东也曾说过:"主要领导的工作任务,一是出主意,二是用干部。"

墨子曾经派弟子公尚过到越国做官。公尚过向越王介绍墨子,越王很高兴,对公尚过说:"先生如能请墨子到越国教导我,我愿意分出过去吴国的地方五百里封给墨子。"公尚过答应越王去请墨子,于是越王命人给公尚过准备了 50 辆车,到鲁国迎接墨子。

公尚过见到墨子,说明越王的意图。墨子问:"你看越王能听我的话吗?"公尚过说:"恐怕不一定。"墨子说:"如果越王能听我的话,按我的意见去治理国家,处理政事,只要有饭吃,有衣穿,跟其他大臣一样待遇就行,何必要分封五百里土地的特殊待遇呢?越王要是不听我的话,不用我的建议和意见,而只要我接受分封土地,这不是让我出卖自己的'义'吗?同样出卖'义',在中原国家好了,何必跑到越国?"于是,墨子又一次拒绝了越国的分封。

墨子此前也曾拒绝过一次分封,那是在楚国。墨子止楚攻宋取得成功的第二年,楚惠王当政五十年,墨子为宣传自己的"义",专程到楚国献上自己的著作。楚惠王阅后,对墨子说:"您的大作很好,请您留在楚国做我的顾问,每年俸禄一百钟,委屈您这位贤人了。"

墨子看出楚惠王不准备接受自己的主张,不打算实行自己的学说。经过几天的思考,决意辞行回家。临行之前,墨子想再见一次楚惠王,楚惠王说自己老了,派大臣穆贺为墨子送行。墨子利用这个机会,又向穆贺陈述自己的学说,希望穆贺转告楚惠王让他在楚国施展自己的才干,实行自己的主张,但是没有成功。

楚国大臣鲁阳文君听说墨子要离开楚国,觉得可惜,于是,跑到楚惠王那里对他说:"墨子是有名的北方贤圣之人,您留不住他,会让天下士人对楚国寒心的。"楚惠王觉得鲁阳文君说得有理,许诺再以方圆五百里的土地封给墨子。

鲁阳文君又连忙跑去告诉墨子,墨子对鲁阳文君说:"我所希望得到的不是什么特殊的待遇,而是能用我的学说干一番事业。我听说贤人进谏,君王不听,不接受赏赐;仁义学说不被采用,不滞留于朝廷。现在我的观点和主张不被接受,楚王不能用我,所以我决定回鲁国去了,请您代我向楚惠王转达谢意。"

从墨子两次拒封的故事中,我们可以受到一些启发:善于用人的关键是个"用"字,也就是说,要充分发挥人才的作用。只有这样,才能使人才实现自己的价值,并且以自己价值的实现感到自信和宽慰,从而更加积极主动地创造新业绩和新成就。相反,如果仅仅珍惜人才而不去很好地使用人才,那就难免会出现人才的流失。

孔子曾经对颜渊(即颜回,字子渊)说过:"用之则行,舍之则藏,惟我与尔是夫!"意思是说:用我,我就去干,不用我,我隐藏起来。能做到这样的,只有我和你!

真正优秀的人才不可能甘心当个花瓶摆设,长年累月碌碌无为,饱食终日无所事事,正所谓无功不受禄。

善于用人,就应当用人之所长、用人之所能。严格意义上讲,世界上没有"完人",也没有"通才",善于用人,就不能对人才过于苛求,而要"知人善任",能干什么就让他去干什么,物尽其用,人尽其才。

清代诗人顾嗣协有一首《杂兴》诗,很有意趣,富有哲理,诗曰:

> 骏马能历险,力田不如牛。
> 坚车能载重,渡河不如舟。
> 舍长以就短,智者难为谋。
> 生才贵适用,慎勿多苛求。

善于用人，还应该做到"用人不疑，疑人不用"。而从事理逻辑上讲，应该是先做到"疑人不用"，也就是说，要先"知人"，对所用之人进行比较深入的了解；同时，在实际活动中对其能力、品性进行适当的考核和验证。如果不能信任，对其持否定和怀疑的看法和态度，除非迫不得已不要加以使用，尤其是不能重用，即使用了，也要有一定的管控和限制。接下来才是"用人不疑"，"知人"以后，对所用之人充分信任，在大是大非问题上有绝对把握，那么，就应该放心又放手、彻底而坚决地支持其独立处理问题、解决问题。只要"用人不疑"，就会有意想不到的效果和收获。

善于用人者，就是要做到：正确了解所使用之人，放手使用所了解之人。同时，还要能不断利用时机去"助人"和"育人"，即：一方面，及时帮助所用之人，为其不断创造或改善工作的条件和环境；另一方面，适时教育所用之人，促其不断提高或升华自己的认识和境界。

总之，一个好的上级必然是"用人"高手，而"知人"、"助人"和"育人"原本是"用人"之中的应有之义，是不可分割、不可缺少的组成部分。

## 宽 容

"必有忍，其乃有济；有容，德乃大。"——《尚书》

人性之中必有"欲"，孔子在《礼记》里讲："饮食男女，人之大欲存焉。"人有欲，则易错，"欲望"表达得不是时候，不是地方，就会产生错误的后果。

春秋时代楚庄王是个很有抱负的国君，他即位后，国内有斗越椒专权，后来斗氏发动叛乱，楚庄王平叛，斗越椒被射杀。庄王大宴群臣庆功，宴会上，庄王和文臣武将都有了醉意，庄王命令他的爱妃许姬给群臣斟酒。其中有一个大臣，见走到自己身边的许姬貌美如花，趁着一阵风吹来，蜡烛熄灭时，暗中拉了许姬一把，许姬顺手将他的冠缨（帽子上线绳做的装饰品）摘下。许姬密告庄王，请他查究无冠缨之人调戏自己。

庄王听许姬一说，却对群臣讲道："今天宴会，大家都喝得尽兴，一起把冠缨摘掉吧。不摘冠缨的人就是不快乐。"待大家都摘去冠缨，楚庄王这才命人把蜡烛重新全部点燃。

过了一段时间，楚国与晋国交战，楚庄王被晋国大将先蔑追杀。幸亏，楚国一员副将名叫唐狡拼死冲杀，这才救了庄王。

战后，楚庄王要奖赏唐狡，唐狡谢恩不受奖赏，道出了自己曾在宴会上暗中拉过许姬的事情，并且说："当年'绝缨会'是我酒后失德，拉了大王爱姬一把。蒙大王活命之恩，况且还保全了我的面子，所以微臣怎能不以死相报。"楚庄王感叹："那天，我只是觉得大家都尽兴喝醉了，偶尔有失态的事情并不奇怪，这才命令所有人都摘掉冠缨。不想昔日种因，今日得报，一念之仁，反救了自己的性命。"

孔子的学生子贡有一次问自己的老师："老师，有没有一个字，可以作为终身奉行的原则呢？"孔子说："那大概就是'恕'吧。""恕"是什么意思呢？用现在的话讲，就是"宽容"。那么，宽容别人的依据是什么呢？孔子又说："己所不欲，勿施于人。"就是说：你从自身考虑，自己会有什么想法和要求去推及他人，你不想的，就不要去加于他人。

上级对下级的宽容，有的是因为下级办事出现一些失误；更多的是因为下级，而且往往是能干的下级身上所持有的某些缺点和毛病。正所谓人无完人，金无足赤，面对这种情况，上级更要有"用人之所长，容人之所短"的宽容气度。

孔子的孙子子思曾经向卫国国君推荐将才苟变。子思说："苟变的才能足以统帅五百辆战车的军队。"卫侯说："我也知道苟变是个将才，然而他做官吏时，有次征税吃了老百姓两个鸡蛋，所以我不用他。"子思说："明智的君主选官用人，好比木匠使用木材，取其所长，弃其所短。一根合抱的巨木，只有几尺朽烂之处，高明的木匠是不会扔掉它的。现在您正处于战国的时代,最需要选拔统兵作战的将才,因为两个鸡蛋而舍弃守城的将军,这种事可不能让邻国知道(否则,他们会乘机来侵略的)。"卫侯顿时省悟,一再感谢子思的开导。

美国第16任总统林肯就是一个善于宽容下级,知人善任,取得巨大成功的典范。在美国南北战争期间,起初,北方政府连续起用了三位日常生活上没有重大缺点的将军领兵作战,结果是节节败退,南方维护奴隶制的叛军快要打到首都华盛顿了。这时,有人向总统林肯举荐很有军事才能的格兰特将军,但是整个国会都持反对意见,指责格兰特嗜酒如命,脾气暴躁,根本不适合领导军队。林肯力排众议说:"世界上没有十全十美的人,我们应当看到一个人的长处,而不应该只盯着他的短处。格兰特将军英勇善战,足智多谋,这正是我们当前所需要的。"

在林肯的坚持下,格兰特将军临危受命,指挥政府军迎战南方叛军,果然以出众的军事才能,很快扭转了战争局面,将南方军队打得一败涂地,从而取得了南北战争的胜利。实践证明,格兰特将军没有让林肯失望,他在扭转战局的同时,也扭转了美国的历史。在此期间,他也没有一次因酗酒或脾气暴躁而误事。格兰特将军后来还因为在南北战争中的崇高威望,当选为美国总统。

宽容是一种情怀,是一种爱心,也是一种力量;它从善良的动机出发,驱使着被宽容者向往同样善良的愿景。因此,宽容也是有原则的:

其一,从人性出发,原谅别人的一时冲动,且不造成恶劣的后果。如唐狡酒后失态,在黑暗中拉许姬一把。这种事情,对有血有肉的人来讲,都有可能在自己的身上发生。

其二,从良心出发,相信当事人能够自我反省、自我觉悟,后悔之后有所进步。人非圣贤,孰能无过;过而能改,善莫大焉。认识到自己的错误,并且勇于承担责任、将功补过的人,是应该宽恕和包容的。

其三,从大局出发,容忍别人的个人嗜好或者缺点。一位哲人说过,当有人伸出两只手去指责别人时,余下的三只手恰好是对着自己。林肯最明白这个道理，所以他最能宽容，不但成就了格兰特，也成就了自己，成就了美国历史。

哲学大师斯宾诺沙说过："人心不是靠武力征服，而是靠爱和宽容大度去征服。"因此，宽容也是一种教育人、引导人的方法。陶行知先生是中国现代伟大的教育家，在他做小学校长时，有一次在校园内看到有一个男同学用泥块砸自己班上的男生，陶行知立即制止后，叫他放学到校长室去等自己。

放学后，陶行知来到校长室，那位男同学已等在那里准备挨批。可是陶行知走到他面前笑着掏出一块糖果递给他说："这是奖给你的，因为你按时来到这里，而我却迟到了。"男生惊疑地接过糖果。随后，陶行知又高兴地掏出第二块糖果放到他的手里，说："这也是奖励你的，因为我让你不再砸人时，你立即就住手了，这说明你是尊重我的。我很需要你们的尊重，所以谢谢你。"男生手里捧着两块糖果，脸上露出更加惊疑的神情。

陶行知又从口袋里掏出一块糖果，笑着说："我调查过了，你用泥块砸那些男同学是因为他们不遵守游戏规则，欺负女同学。你砸他们，说明你正直善良勇敢，将来一定有跟敌人作斗争的勇气，应该再奖励你。"男生十分感动，流下眼泪，说："陶校长，你打我两下吧，我错了，我砸的不是敌人，而是自己的同学。今后我再也不会这样了。"陶行知满意地笑了，他又掏出第四块糖果，说："为你正确地认识错误，并且下决心改正错误，我再奖给你一块糖果。我们的谈话可以结束了，好吧？"

宽容也是种力量，正确使用它，这种力量更具有打动人心的穿透力和持久性。当然，宽容是有原则的，因此，绝不是纵容，不是放任，也不是消极地无所作为，而是积极地正确引导。

如果一个上级以自己能宽容为借口，对有害集体、有损他人的言行不闻不问，对故意使坏、屡教不改的人和事不予追究和责罚；那么，这种上级就成了"老好人"，最终，必然会"得罪"大多数人，不但做不了好上级，连好人也做不成。

● 激　发 ●

"赏罚爵禄之所加者宜，则亲疏远近贤不肖，皆尽其力而以为用矣。"——《吕氏春秋》

作为一个好的上级，不仅要用"对"人，还要用"好"人，换句话说，就是要能够不断地调动起下级工作的积极性、主动性和创造性。

唐朝安史之乱时，郭子仪、李光弼两员大将为匡扶唐室江山、平息叛乱立下了汗马功劳，对唐朝可以说有再造之功。叛军土崩瓦解的消息传到皇帝那里，高兴之余，唐肃宗竟然还有点发愁。近臣李泌见了就问皇帝："陛下您这是怎么了？"唐肃宗说："郭子仪、李光弼为我大唐鞠躬尽瘁，出生入死，现在终于可以攻克两京，平定四海，朕打心眼里既高兴又感动。只是他们立下这天大的功劳，而两个人现在又都是宰相了，我再也没有官职奖赏给他们，朕心不安啊，这叫朕怎么办呢？"

李泌回答说："古人的做法是，官以任能，爵以酬官。既然他们二人官已做到顶了，不如封赏他们爵位及其优厚的待遇。这样做还能避免用官职奖励功臣的弊端。官职是用来处理政事的，如果都用官职来奖赏有功之人，难免会出现官而无能、政事荒废。"唐肃宗连忙说："好啊，就按你的意思办，这样朕就心安了。"

这段故事不长，但很令人寻味。唐肃宗这个唐朝的最高长官、最大的上级，在自己的臣子（下级）忠心耿耿为自己效力之时，念念不忘的是应该如何保护和调动他们的积极性，一旦想不出办法，就感到十分苦恼。可见,保护和激发部下的积极性、主动性是何等重要！李泌的回答又启发我们:激发人的方法是多种多样的,从实际需要出发,采取不同的手段和措施,都可以达到一定的效果。

孔子周游列国时,也曾遇到如何保护和激发他的下级(门徒和学生)追随自己的积极性的问题,那是一次重大的考验。

楚昭王请孔子去他的国家,孔子和他的一帮追随者出发了。因为害怕孔子到了楚国辅佐楚昭王,会使楚国更加强大,不利于陈国;于是,陈国的大夫在一起商量要阻止孔子入楚,派军官带领一大队士兵,在陈国进入楚国必须经过的一处幽谷拦截住孔子一行,把他们围住。孔子和他的追随者一连七天和外界失去了联系,干粮不够食用,便采野菜、野果充饥。

孔子见大家士气低落,于是自己振作起来,不断地弹琴唱歌,慷慨演讲,与此同时,又分别找几个得力助手谈心。

孔子先找子路过来,问他有什么想法,子路说:"您老人家积累仁义道德,推行王道主张很长时间了,为什么还是不能使世人相信,反而落得如此下场呢?"孔子于是开导子路说:"兰草生在深山老林中,不会因为没有人赞赏就没有香气;君子修身养性树立道德,不会因为穷困而改变气节,志向远大的人不会贪图安逸,而贪图安逸的人最终不会有什么成就。"

孔子接着又叫来子贡,问他有什么想法。子贡说:"您的学问博大精深,所以世人都不敢接受,您为什么不稍微降低自己的主张呢?"孔子对子贡说:"子贡啊,优秀的农民知道怎么种植庄稼,但不一定知道如何更好地保存加工;优秀的工匠,知道如何做出精巧的器具,但不一定知道如何更好地维护修理。君子能够修养道德行为,坚持自己的正确主张,但并不一定会被别人接受。但是,如果君子不坚定自己的意志,反而一心想着如何减低自己的修养道德让别人接受,这样做,你的志向还算是远大吗？你的思虑还算是长远吗?"

子贡出去后,颜回进来,孔子问他有什么想法。颜回说:"您的王道主张博大精深,目前天下没有人能够接受。尽管是这种情况,您仍然坚持推行,这是多么难能可贵。各国不采纳我们的主张,这是各国国君的耻辱,您有什么过错呢? 我看正因为您不被他们接受,才更表明您是个君子。"

孔子听了以后很高兴,感慨地说:"你这个姓颜的孩子说得很正确啊。如果以后你发财成为富翁,我会为你做管家。"颜回听了孔子的话,忍不住笑了。

颜回走后,孔子将大家召集起来,一边以颜回为榜样劝导众弟子,一边安排人设法去搞些食物充饥。

在孔子一行被困期间,陈国有两个囚徒被打昏抛进了山谷,孔子派子贡带了些药物、食品前往搭救。两个囚徒醒来以后,逃到了楚国,报告了孔子师徒被困山谷的情况。在楚国将士的接应下,孔子及其追随者终于离开了陈国,来到了楚国。

经过这次考验以后,孔子的弟子们追随自己老师的意志更加坚定不移。几年以后,孔子回忆这段经历,十分感慨地说:"岁寒,然后知松柏之后凋也。"意思是说,天气最寒冷的时候,才知道独有松柏仍旧青翠不凋落。这句话比喻修道的人只要有坚忍的力量,就可以耐得困苦,受得折磨,而不至于改变初心。

一个好的上级应当如何去激发下级呢?

第一,要从带头示范上去激发。俗话说,榜样的力量是无穷的。作为一个上级要以身作则,率先垂范,用自己的言行及情感去影响和带动自己的下级,大家同心同德,同舟共济,朝着同一个理想的目标迈进。

第二,要从公正赏罚上去激发。《吕氏春秋》里有一句话:"赏罚爵禄之所加者宜,则亲疏远近贤不肖,皆尽其力而以为用矣。"意思是说:奖赏、惩罚、封爵、加禄(涨工资福利)等事项实施得合理公正,那么同你亲近与疏远的人、有才与无才的人都会受到激发,尽他自己的力量为你效劳。要想下级经常保持良好的状态,上级就不要忘记经常为他们加油和加压,让下级时常感受到上级对他的期待和希望。古人还说过:"赏不劝,谓之止善;罚不惩,谓之纵恶。"意思是说:善行得不到奖赏,这就叫做制止人们为善;恶行得不到惩处,这就叫做放纵邪恶。

第三,要从根本利益上去激发。韩非子是战国末期集法家学说之大成的一位哲学家、思想家,他的思想曾经促成一个崭新时代的加速到来。秦王嬴政(后登基称帝,为秦始皇)读过他的著作后说:"嗟乎,寡人得见此人与之游,死不恨矣。"韩非子认为,人的自然属性决定了每个人都有"趋利避害"的本性,在环境条件的作用下,每个人的行为都会最大可能地趋向利益而避免祸害。韩非子说:"夫安利者就就,危害者去去,此人之情也。"意思是说:要安全有利就靠近它,危险有害就离开它,这是人之常情。任何人只要感觉有利可图,必然会更加主动、积极地去勤奋工作,以争取更大的利益;相反,感觉无利可图,便会逐渐低沉、消极,最后导致离去。

对于获取个人的正当利益,儒家的代表人物孟子也是充分肯定的。有一次梁惠王对孟子发牢骚说:"我(已经行王道了)治理自己的国家够认真的了,对百姓够尽心的了。当河内发生灾荒时,我就移民到河东,将粮食送到河内去赈济灾民;当河东发生灾难时,我也是这么办的。但是邻国的人口并没有减少,而我们魏国的人口并没有增多(那时以人口、土地多为大国),这是什么缘故呢?"

孟子先打了个比喻说:"大王您和那些没有行王道的人没有多少区别,犹如一个战士在战场上逃跑了一百步,笑话另外一个逃跑了五十步的人。"孟子接着说:"行王道的君主要让老百姓粮食吃不完,鱼鳖吃不完,木材用不完,使百姓生养死丧没有什么遗憾。这就是王道的开始。"

　　因此,古人说:"富能富人者,欲贫不可得;贵能贵人者,欲贱不可得;达能达人者,欲穷不可得。"自己富贵显达,还能积极主动地去关心、帮助别人改善处境,获得应有的利益,这便是能够长期保持自家显赫昌盛的最好办法。

　　做一个好的上级,既要学会用情、用权,同时还要学会用利去激发下级,只有将情、权、利三者有机结合起来加以运用,才能最大限度、最持久地去调动和激发下级的积极性、主动性和创造性,以此达到最佳效果。

# 第 **8** 讲
## 做 个 好 员 工

**乐业 · 恪守 · 用心 · 维护**

讲上下级关系,主要谈的还是个人与个人之间的联系。一个人在集体之中,不管他职位高低,都是集体的一名员工。那么,作为一名员工,又该如何正确处理好自己与集体的关系呢?

## ● 乐 业 ●

> "我自乐此,不为疲也。"——刘秀

有句话说得很有意味:"今天工作不努力,明天努力找工作。"这句话说出了努力工作的重要性,然而却缺乏一种热爱工作的员工应有的思想境界。敬业乐业是做好一个员工必备的基本素质,它既是一种职业态度,更应该是一种职业精神。

东汉的光武帝刘秀应当是东汉朝廷这个"集体"当中,最大的一名"员工"了。这名"资深员工"每天天不亮就上朝处理政事,中午太阳偏西了,才能休息吃饭。刘秀还经常将公卿、郎、将召集起来开会,讲论经典,往往一谈就到了深更半夜。皇太子见父亲每天勤勤恳恳工作,一点不注意休息,于是就想找机会劝劝父亲。

有一天,在光武帝终于闲下来的时候,皇太子劝说光武帝:"陛下您有大禹、商汤的才智,但是失去了黄帝、老子修身养性的福气。儿臣请求您爱惜自己的身体,不要太劳累了。"光武帝回答说:"你这一片孝心,朕心领了。但是,你不知道我每天这样忙着做事,并不感到劳累啊。我自乐此,不为疲也。"

"我自乐此,不为疲也",热爱自己工作的人大都是这样。美国石油大王洛克菲勒经常给自己儿子写信,在其中一封信中,他对儿子讲:"孩子,工作是一种态度,它决定我们快乐与否。"然后,洛克菲勒给儿子讲了一个故事,在一个很大的雕石场里有三名工人,分别在不同的地方雕琢一块大石头,把它做成人像。有人走到其中一个工人身边,问:"先生,你在干什么呢?"这个工人愁眉苦脸地回答说："难道你没有看见吗？我在凿这个倒霉的石头。"这种人把工作当作是对自己的惩罚，感到很痛苦。

问话的人又走到另一个工人身边问他："先生，你在干什么呢？"这个工人表情淡然地说："我在做一尊雕像。你看这工作多苦多脏，但是我需要这份工作，我家里有太太和四个小孩，我不想失去这份工作。"第二种人把工作当成是对自己的回报，感到很需要。

问话的人又走到第三个工人身边问他："先生，你在干什么呢？"这个工人惊喜地抬起头来，然后，退几步望着还在处理之中的雕像，骄傲地说："先生，您难道没有感觉到吗？一件非常出色的石雕艺术品就要在我的手中诞生了。"第三种人把工作当成是对自己的奖赏，感到很骄傲。

洛克菲勒最后对儿子说："孩子，天堂和地狱都是自己制造的，你如果懂得工作的意义，无论工作大小，你都会感到快乐。当你叫喊着这个工作很累很苦的时候，即使不卖什么力气，你也会感到精疲力竭。"

在现实生活中，最普遍的情况是：对大多数人来讲，是你需要工作，而不是工作需要你；要想工作对你有好的回报，你必须尽心尽力地干好自己的本职工作。

还有一种情况是，一个人不同的工作心态和工作表现，造成了"上天入地"的一道分水岭。任劳任怨、积极负责、一丝不苟地做好自己的本职工作，长此以往形成自觉的意识和良好的习惯，就好比自己给自己的生活寻找"天堂"，假设还能在自己的工作与人生的意义之中找到一个理想的结合点，那么，用不着天使的指引，"天堂之门"就快要降临在他的面前了。可如果一个人不但不热爱自己的工作，不去积极负责地干好自己的本职工作；而且，痛恨自己的工作，身心疲惫地每天都在受着煎熬，那么，用不着魔鬼的引诱，"地狱之路"就已经铺开在他的脚下了。

一个好的员工，往往会在自己的工作之中得到愉快的享受；工作对于他而言，不仅是一种需要和回报，而且是一种奖赏和骄傲。这样的员工把所在的集体当作是自己的家，集体也把他看成是单位的宝。

## 恪 守

"禁必欲止,令必欲行。"——管子

　　一个好员工会经常告诫自己,甚至在不知不觉之中就做到了:严格遵守职业纪律、职业道德、职业规范。

　　西汉文帝时期,匈奴正准备大举入侵边关,汉文帝命三位将军各领人马分别驻守在灞上、棘门和细柳警备,以阻挡匈奴入侵。

　　文帝为了鼓舞士气,决定亲自去三个兵营慰问,事先并不派人通知。文帝到了灞上和棘门,守门的将士都让文帝的人马直接驱车而入,两地的主将慌慌张张地把文帝及其随从迎进送出。

　　文帝到了周亚夫的营寨,和先去的两处截然不同。营中将士个个披坚执锐,持战备状态,在前边开道的文帝的人马被拦在营寨之外,在得知是文帝来慰问后,军门的守卫都尉却说:"将军有令,军中只听将军命令。"等文帝到了,派使者拿自己的符节进去通报,周亚夫这才命令打开寨门迎接。守营的士兵还严肃地告诉文帝的随从:"将军有令,军营之中不许车马急驰。"文帝的车夫只好控制着缰绳,不让马走得太快。

　　到了军中大帐前,周亚夫一身戎装,出来迎接,手持兵器向文帝行拱手礼说:"甲胄之士不跪拜,请陛下允许臣下以军中之礼拜见。"文帝听了,非常感动,欠身扶着车前的横木向将士们行军礼。

　　劳军完毕,出了营门,文帝感慨地对惊讶不已的随行的大臣们说："这才是真将军啊！那些灞上和棘门的军队，就像小孩子做游戏，那里的将军遭袭击就可能成为俘虏，至于周亚夫，敌人能有机会冒犯他吗？"

文帝对周亚夫赞美了很久。一个多月以后，三支部队撤兵，文帝便任命周亚夫做中尉，负责京城的治安。文帝临死时还嘱咐太子刘启（景帝）说："国家若有急难，周亚夫是真正可以担当带兵重任的。"刘启做了皇帝三年后，发生了吴楚七国叛乱，景帝（刘启）想到父皇的告诫，便命令周亚夫代行太尉的职务，领兵向东进击吴楚叛军。三个月后，平叛顺利结束，周亚夫被正式任命为太尉（中央政府掌管武事的最高官员），五年之后升任丞相，深得汉景帝的器重。

任何一个部门、任何一项职业都有自己的职业纪律和职业操守。这些纪律和操守的各项要求绝不能只写在纸上、放在嘴上，而是要扎扎实实地体现在点点滴滴的行动之中。

著名小品演员赵本山刚刚红遍大江南北的时候，在北京还没有自己的专车及司机，经常在北京机场搭乘出租车去中央电视台参加排练和演出。那时，他想为自己在北京物色一个专职司机。

有一个出租车司机叫王海荣，有一天，他刚把一个客人送到机场，准备回去时，碰到一个人向自己招手。王海荣抬头一看是赵本山。王海荣一愣神，赵本山已经坐进了他的车里，王海荣只说了声"您好"。赵本山笑了笑，然后说："中央电视台。"由于机场离中央电视台有比较远的距离，再加上路上堵车，王海荣花了整整一个小时才把赵本山送到中央电视台。在一个小时里，王海荣一句话也没有说，只是专心开车，赵本山则一直在看剧本。

到了中央电视台门口，赵本山却不急着下车，而是主动和王海荣攀谈起来，问王海荣认识不认识自己，一个月赚多少钱。王海荣一一做了回答，最后，赵本山突然问："小伙子，你愿不愿意做我的专职司机呀？"王海荣高兴得说不出话来，赵本山递给王海荣一张名片，说："小伙子，别想了，我给你的收入翻一番，你就当来帮帮我的忙吧。"

赵本山为什么要用王海荣呢？原来，赵本山一直想从驾车技术比较好的出租车司机中找专职司机，可是，以往赵本山遇到的出租车司机大多是一看到赵本山先是吃惊,然后要么就是要赵本山签名,要么就是和赵本山不停地说这问那,有好几次,因为司机和赵本山只顾说话,险些发生意外。这一次不同以往,王海荣只是在开车前和赵本山打了声招呼,在开车途中,无论是遇红灯停下来的时候,还是正常行驶,王海荣没有和赵本山说过一句话。赵本山决定,请王海荣做自己的专职司机。

做一个好的员工,必须懂得恪守自己的职业规范和职业纪律。有些规范和纪律虽然比较简单明白,但是往往又很容易被忽视,或者情急之下被舍弃和遗忘,这就需要员工自觉做到:自己经常告诫自己,自己经常约束自己,自己经常考验自己。在开车途中不随便说话,专心驾驶,这是一名称职的司机最基本也是最简单的职业操守和规范,但是往往许多人难以做到,王海荣做到了,所以王海荣受到了赵本山的赏识。

当然,也有许多岗位还有诸多特殊的规则要求,这就需要从业人员更加用心地仔细了解、熟知和掌握,并且在工作实践中坚持做到,从而养成良好的职业操守之习惯。

## ● 用 心 ●

"天下事有难易乎?为之,则难者亦易矣;不为,则易者亦难矣。"——彭端淑

一个好的员工不仅勤于动手跑腿,还能善于动脑用心;不但工作上得心应手,应付自如,而且事业上进步很快,稍加锻炼便能独当一面,自然深受领导的赏识和器重。

清朝著名的红顶商人胡雪岩从小失去父亲,家中十分贫寒,却因为拾金不昧,被失主感激和赏识,于是随失主去杂粮店学徒。又因为热心照顾一位生病的金华火腿行的掌柜,得到了去金华学徒的机会,之后又到了杭州学徒。

在杭州钱庄学徒时,胡雪岩每天勤学苦练,开店营业之后,有客户来办业务,他总是站立在一旁见机行事,从不需要别人吩咐,他已经一件事又一件事接连不断地处理好了。

钱庄的于老板对他十分赏识,提前一年让他满师,升他为"跑街",外出送送账单文书。由于胡雪岩在还没有担任跑街之前,已经把跑街的各种任务和相关技巧掌握得差不多了,所以一旦出任,他很快就进入状态,表现得非常出色,只做了半年,胡雪岩升为正式的"出店",也就是现在的业务主管。担任出店后,胡雪岩对收死账比谁都有办法。

有一天,胡雪岩忙了一上午,路过一家餐馆进去吃午饭,无意中看见一熟人,而这个人欠下钱庄 500 两银子,却依仗自己的亲戚在朝廷做官,死活不肯还账,是一个"老赖"商人。胡雪岩见他正同两位说上海话的客商在交谈,便悄悄地坐在他们身后不远的地方,不一会儿听出个大概,原来这位"老赖"要和这两位上海人做一笔大买卖,正在谈合作事宜。又过了片刻,胡雪岩翻翻自己身上的包袱,然后主动走到"老赖"面前打招呼,没等"老赖"反应过来,胡雪岩便开口说道:"让您久等了,不好意思。您让我们老板今天早上找您拿钱,可我们老板忘了,刚刚才想起派我过来问问您,那一笔 500 两的银子是不是今天就结账啊。我们老板说了,您要是有需要用大钱的时候,尽管去我们钱庄借钱,我们可是老朋友、老伙伴了呀。"

"老赖"完全没有想到会在这里碰上这么一桩事情,又不好在合作伙伴面前暴露自己不守信用的嘴脸,于是问胡雪岩:"小胡,你票据带来了吗?"胡雪岩连忙打开包袱,拿出自己一直随身带着的票据,"老赖"见状,只得装着很爽快的样子,立即差人把 500 两银子还给钱庄。

还有一则故事,很能说明是否用心,是衡量一个员工是否优秀的重要标准。

有两个同龄的年轻人,一个叫阿德,一个叫阿诺,同时受雇于一家大店铺。刚开始,两个人拿同样的薪水,担任同样的职务。可是过了没几年,阿德青云直上,职务不断提升,薪水不断加多,而阿诺总是落在他的后面,两个人的差距越拉越大。阿诺很不满意老板的"不公正"待遇,终于有一天他到老板那儿发牢骚。老板一面耐心听着他的抱怨,一边在心里盘算着该怎样向他解释清楚他和阿德之间的差别。

"阿诺先生",老板终于开口说话了:"集市快要开张了,请你先到集市上去一下,看看今天早上有什么卖的。等会儿再谈你讲的问题,好吗?""好吧。"阿诺说完就走了。过了一会儿,他从集市上回来向老板汇报说:"今天集市上只有一个农民拉了一车子的土豆在卖。""有多少?"老板问他。阿诺赶快又跑回集市,回来后告诉老板一共40口袋土豆。"价钱是多少?"老板又问,阿诺答不出只得又跑回集市,回来后才告诉老板土豆的价钱。

"好吧。现在请你坐在这把椅子上,一句话也不要说,看阿德是怎么做的。"老板让人把阿德叫来,对阿德说:"请你到集市上去一下,看看今天早上有什么卖的。"阿德从集市上回来对老板汇报说:到目前为止,集市上只有一个农民在卖土豆,一共有40口袋,价钱适中,土豆质量很不错,他带回来一个让老板看看。这位农民接着还弄来几箱西红柿,价格不贵。昨天店铺的西红柿卖得最快,库存已经不多了。他想这么便宜的西红柿,质量也很好,老板肯定会进一些货,所以他不仅带回了一个西红柿做样品,而且把那个农民也带来了,正在门外等回话呢。

这时,老板转身对阿诺说:"现在,你肯定知道为什么阿德职务和薪水比你高了吧?"

阿诺跑了三趟,才在老板的不断提示下,了解了集市上的部分情况;而阿德仅跑了一趟,就掌握了老板需要和可能需要的许多信息。

一个用心的员工,是一个细心观察、处处留意的人,他们往往能够搜集许多看似零散、其实相通的有价值的信息,主动为单位领导提供参考意见。

一个用心的员工,还是一个善于思考研究、善于分析比较的人,他们往往能在简单的现象中敏锐地发现重要的线索,又能在复杂的问题中准确地找到关键的环节。

要做一个"用心"的员工,既要肯"用心",有"用心"的自觉愿望,还要会"用心",有"用心"的水平和能力。那么,如何才能做一个会"用心"的员工呢?这就要善于不断学习,在学习中积累,在学习中提高;而在学习这个问题上是要下定决心,排除各种困难和干扰的。

战国时期,晋国有一个国王叫晋平公,他70多岁的时候,有一次听音乐家师旷演奏,忽然叹气说:"我现在有很多东西不知道,想学习又怕时间来不及了。"师旷笑着答道:"那就赶紧点蜡烛啊!"

晋平公不高兴了,心想你这话文不对题啊,于是就说:"你这是戏弄我吧。"师旷赶紧解释:"我哪敢戏弄君王。我听说,人在年少的时候爱学习,就像走在朝阳下(蓬勃向上);人在壮年时爱学习,就像走在正午的阳光下(光明安全);人在老年时爱学习,就像是在太阳下山之后点起了明亮的蜡烛,总比摸黑走路要顺当得多呀。"晋平公听了师旷这番话,连连点头说:"讲得好啊!"

当今社会是知识爆炸的时代,科技更新的速度极其迅速,一个人从小到大用十多年时间学习的知识,很快就会更新、变化。一个不善于学习的员工,就跟不上时代发展的要求,成为时代的落伍者,自然也就谈不上"用心"工作了,时间长了,反而会成为单位(团队)的"烦心者""闹心者"。如果一个单位(团队)这样的人越来越多,不仅员工个人会面临困境,单位(团队)也会危机四伏。所以,不断学习既是员工个人的重要任务,也是单位(团队)的重要工作;员工要做学习型员工,单位要建学习型单位。

## ● 维 护 ●

> "非以其无私邪？故能成其私。"——老子

作为一个好的员工，企业惜之如珍宝，他视企业为己家，个人与集体荣辱与共。当今世界，无论是西方欧美，还是东方日韩等现代社会发展较快的国家，有越来越多的公司越来越重视、越来越强调企业的"家文化"建设，把员工的成长与发展同企业的生存与壮大紧紧地绑在一起。

孟子曾说过子思（孟子的老师受业于子思，子思是孔子的孙子）的一件事：有一次，子思住在卫国，齐国的军队来进犯，许多人纷纷撤离了卫国，而子思却和他的从人、学生们留在住地不动身。有一个老乡跑来对子思说："敌兵就要到了，你怎么还不离开这里呢？"子思回答说："我们到卫国来做事，遇到敌兵来袭就都走了，卫君跟谁一道守城呢？以后我们还能到哪里做事呢？"

孟子对子思的做法大加赞赏，认为一个人无论在哪里供职，无论职位大小，当这个地方遇到患难时，都应该与它共赴之。

每一个员工都应该懂得：古今中外，背信弃义、恩将仇报的人和事都是遭人唾弃、受人指责的；触犯法律的，还必将受到法律的严惩。

湖北省有一家公司的董事长姓赵，出差途中巧遇自己的一个小老乡，看见小伙子蛮勤快的，于是就和他攀谈起来。赵董事长得知小伙子姓吴，在外打工不顺心，于是就邀请他到自己的公司来做事，姓吴的小伙子十分高兴。

到了公司以后，姓吴的小伙子对公司业务知识一点都不懂，但

他勤学好问,慢慢地熟悉起了业务,公司又派他外出学习了半年。回来后,他因为工作积极,很快成为公司的技术骨干,以后又升任公司的部门经理。

这家公司历时三年,耗资 1 200 万元研制出沥青烟治理的先进技术。该项技术可以降低治理成本,减少污染,且在国内属于首创,因此获得了国家专利。

此时,吴经理已升任副总经理,在公司先进技术研制成功之时,他不是为公司今后可以有更快、更好的发展而高兴,反而财迷心窍,打起了小算盘。他将公司的技术资料复制到自己的电脑硬盘里,做好跳槽的准备,然后不顾赵董事长及同事们的再三挽留,执意辞职,到处去找人合资推广这项技术。

就在"吴副总经理"与人谈妥合作事宜,合同还未最后签订之时,公安干警就找到他询问,把他作为犯罪嫌疑人抓了起来。法院根据确凿的证据,依法判决吴某人因侵犯商业秘密罪,判处其有期徒刑 1 年 6 个月,罚金 10 万元,赔偿原所在公司经济损失 80 万元。

吴某害人害己害公司,自然令朋友、同事所不齿,而他必然要遭受法律的严惩,因而葬送自己的前程,最后落得可悲的下场。

维护集体,既是集体对员工的要求,也是员工对集体的责任。作为一个好的员工首先应该做到想为集体所想,急为集体所急,确立与集体同舟共济的荣辱观。当集体遇到重大事件或者危难时,一个好的员工应该挺身而出,坚决地维护集体,捍卫集体。在平常时刻,一个好的员工应该严格要求自己,不做违法乱纪之事,不给自己和集体脸上抹黑,坚决做到保守集体秘密,爱惜集体形象,维护集体利益。

当然,个人要维护集体,集体则要维护国家,没有集体利益,便没有个人利益;没有国家利益,则没有集体利益。个人在对集体的维护之中,必须做到与国家利益、国家法规协调一致;否则,个人所维护的集体就变成了"恶体",最终是要灭亡的。

提倡维护集体,反对损害集体,并非反对员工有追求和选择更好地实现个人价值的权利。当个人的发展与企业的发展、企业的文化不相融合,或者说个人的正当利益在这个企业集体之中难以实现的时候,员工在不损害集体利益的前提下,正常"跳槽"不但是可以理解的,甚至是应该肯定的。唯有如此,企业才会有激励自身成长进步的强大动力,社会才会有良性竞争促进发展的充分活力。

但是,如果是企业给了员工成长的平台和机会,企业成就了员工;在企业后来发展遭遇艰难时,作为一个受过企业恩惠的员工,理应以"共度时艰"的道义和责任来回报企业。可以把成就员工的企业比喻成一个员工的良师益友,在自己的良师益友遇到危难时,自己不但不作出一些努力去帮助他,反而朝他摆摆手说:"对不起,我走了,你好自为之吧。"这样的人以后还会有谁愿意与他交往,又有谁还敢与他交往呢? 所以,维护集体利益,应当是一个好员工自觉、主动的行为和愿望。

# 第 **9** 讲
## 做个好同事(伙伴)

相和 · 暖人 · 坦荡 · 能耐

　　一个人除了做别人的上级或者下级外,还有许多场合和更多的时候,要与自己的同事或伙伴相处。大家在一起共事,如何才能合作愉快、增进友谊呢?

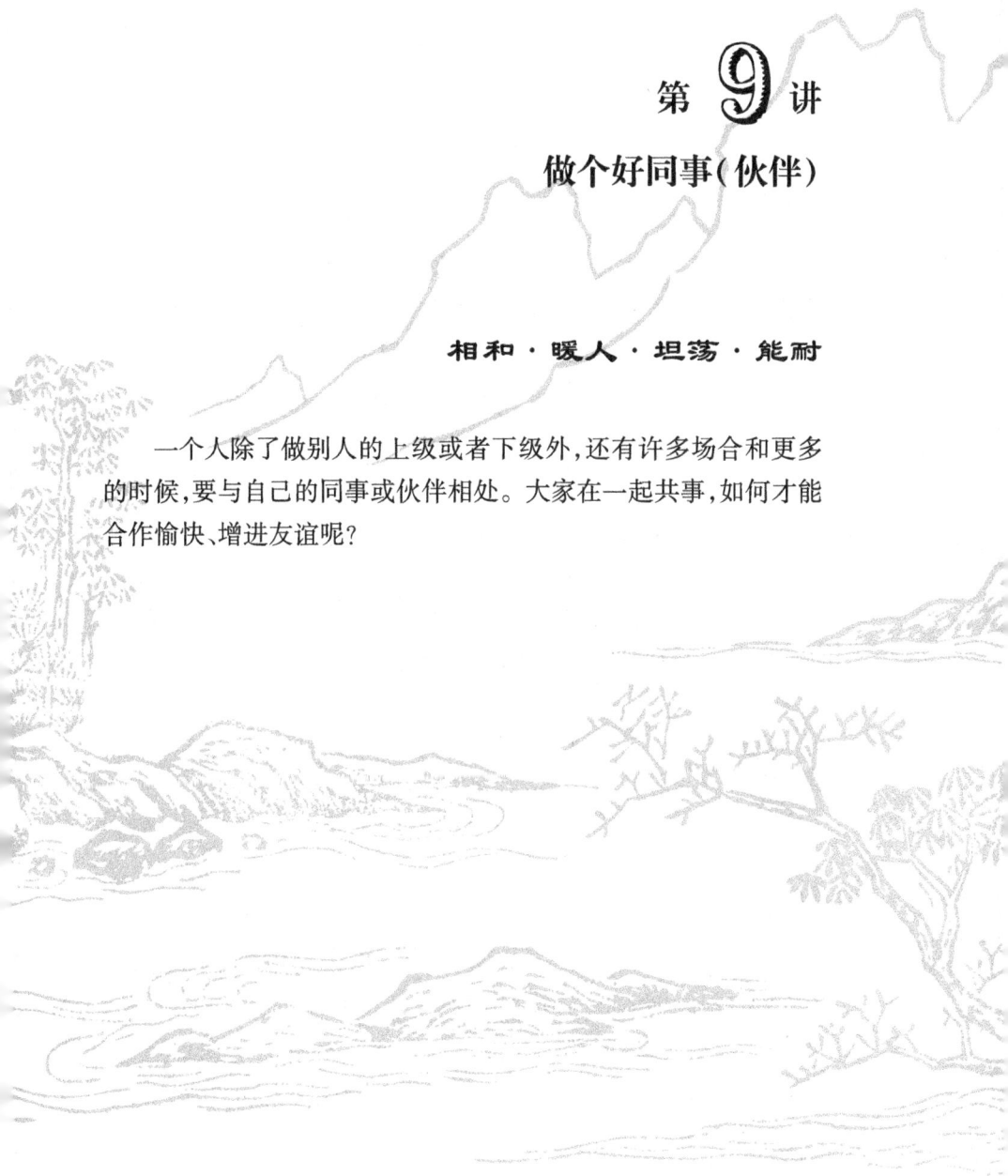

## 相 和

"中也者,天下之大本也。和也者,天下之达道也。"

——《中庸》

大家在一起共处就应当相和为安,相安无事。每一个人都应当在守纪守法的同时,遵守一定的游戏规则,否则就会打破系统内部本该有的平衡和协调,带来不必要的麻烦。

孔子的学生子路曾经在浦邑为官。有一天,孔子听说:子路在浦邑组织农夫挖沟开渠,以备防御洪水,进行排涝;子路每天从自己的工资中拿出钱来为民工增加伙食供应,每人每日赐一箪(盛饭的器具)食、一壶浆(菜汤之类的液汁)。孔子立即指派子贡去把子路召回来。

子贡很为难,怕自己去了召不回子路。颜回悄悄地对他说:"你去把子路盛汤的饭缶砸碎,他便不召而回了。"

子贡去了好长一段时间,子路一手执鞭,一手拉着子贡怒气冲冲地来到孔子面前。孔子见了哈哈笑着说:"你们都坐下来,听我晓以利害。"

子路这才放了子贡。

孔子仍然笑微微地说:"子路见暴雨将至,低洼之处恐受水灾,所以使民修沟渠以备泄水,而且身先士卒,昼夜不息,我听说之后,内心感到无限欣慰!做官的,如果都能像子路这样,那么老百姓还会有什么不满意的呢。"

子路听了孔子的一席话,一股暖流流遍全身,脸露骄傲之情望望子贡。孔子见了,先端起水杯喝了口茶,接着面对子路说:"不过,你拿自己的工资为民工购买食物,这就不妥了。"子路连忙申辩说:"我见民工吃不饱,于心不忍,从自己的工资中为每人增加些吃的喝的,有何不可? 您总是教导我们'泛爱众而亲仁',难道我这样做不对吗?"听了子路的话,另外有弟子也附和着点点头。

孔子这才板着脸孔严肃地说:"你们只知其一,不知其二。当下公室(国君所处之室,借指国君权力)衰微,权臣执政,居官行政,格外需要瞻前顾后,审时度势。若只管凭良心办事,不注意其他人的感受,随时都有可能遭遇不测之灾。到那时候,你不只做不了官,恐怕性命都难保全,你还行什么仁政呢?"

子路说:"如此说来,我等现在在鲁国做官,倒应该与贪赃枉法的权臣同流合污?"孔子更加严肃地说:"绝非如此! 廉洁自律乃为官之本,万万不可有贪腐行为。不过,你既然怜恤民工挨饿,为什么不禀报国君、宰相,请他们发公家仓廪之中的粮米赈济呢?并不是特别危急的时刻,你却不按官场规则办事,拿自己的工资购粮赐食,自以为行了德政,其实扰乱了朝纲,你用自己的工资行恩惠于百姓,那么与你同朝为官的人怎么办呢? 别人如果不像你一样做,就落了个不行仁政的坏名声,若人家都像你一样做,就会致使国君、宰相失责,岂不是又陷国君、宰相于不仁不义吗? 再说,为官的怎么可能都像你这样,不拿自己的工资去养家置业,而是全用在民工身上呢?"

孔子说完,停顿了一会,又呷了一口茶,这才脸色和缓地说:"子路啊,如果有小人到国君、宰相那里挑拨,说你私行恩惠于民,唆使民众对国君、宰相不满,意在反君乱国,你岂不是有口难辩!所以我才让子贡刻不容缓地召你回来。子贡砸了你的饭碗,却保住了你的头颅,你应该感谢他才对。"

众弟子听后,这才恍然大悟,子路也连忙离开座位站起来先对子贡说:"谢谢子贡兄。"然后又给孔子作揖说:"老师,您爱我胜于父母。今后,我知道该怎么做了。"

这则故事,大抵可以反映出孔子的中庸之道。所谓中庸,即做任何事不走极端,应持调和折中的态度。这并非是和稀泥,更不是不讲原则,而是为了更持久、更全面地施行仁德。

作为一个好同事,就应该懂得中庸之道,学会与大家和谐相处。和谐的条件是大家都遵守共同的游戏规则。这个规则无论是制度、章程，还是约定俗成，只要不是贪赃枉法、祸害他人，每一个同事都应该自觉遵守，不能坏了规矩。谁若是逞一时之气，图一时之快，自己出风头，把别人丢在一边，经常如此，就难免使同事产生"这家伙是踩着别人肩膀往上爬"的想法和非议。即使是做好事，一不要抬高自己、贬低别人，二不要只顾自己、不顾他人，在可能的情况下，应该想方设法与大家一起做，有利益、有功劳更应该和大家一起分享。

有一个传说，一个很坏的老妇人死了，她生前没做过什么善事，鬼把她抓去，扔进了地狱的火海中。守护她的天使站在那儿想，我得找出她生前做过的一件好事啊，这样才好到上帝那里为她求情。天使想了好半天，终于想到坏妇人生前曾在菜园子里拔过一根葱，施舍给一位老乞丐。于是，天使跑去对上帝说了。

上帝随手拿起了一根葱，对天使说："那你就拿这根葱去拉她吧。如果能从火海中拉出来，她就上天堂。"于是，天使拿着这根葱跑到火海边拉老妇人，差一点儿就拉上来了。可是，老妇人回头看到其他的罪人也想拉着葱上来，就用脚踢他们，还说："人家拉我，又不是拉你们。那是我的葱，不是你们的。"她的话刚说完，葱就断了，老妇人又跌到了火海里。

天使来到上帝面前，上帝摇摇头说："很遗憾，这根葱本来可以拉起很多罪人的。"一个人如果不能与他人和谐相处，不愿意关心他人，帮助他人，就连上帝也救不了他。

讲和谐，就是讲团结，就是让个人融入大家之中，同甘共苦，互帮互助，共同面对工作和生活之中的问题和挑战。所以有一首歌叫《团结就是力量》：这力量是铁，这力量是钢，比铁还硬，比钢还强。

当然，讲和谐并非是和稀泥。孔子说过："和为贵。"但孔子还说过："君子和而不同，小人同而不和。"君子的"和而不同"指的是：在人际关系交往中与大家保持和谐友善的关系，对别人的意见不分彼此的予以正视和尊重；但是在大是大非问题上，君子始终保持自己清醒的头脑和独立的人格，绝不会拉帮结派，排斥异己，以牺牲道义和公正为代价去达到相互勾结谋利之目的。小人的"同而不和"指的是,在人际关系交往中划圈子、成派系,凡是"我的人",错了我也捍卫;不是"我的人",对了我也反对。在大是大非问题上,搞人云亦云或者见风使舵,拉帮结派,排斥异己,以牺牲道义和公正为代价去达到相互勾结谋利之目的。

所以,孔子说:"君子和而不同,小人同而不和。"君子的价值取向是整体和谐,团结一切可以团结的人;小人的价值取向是一团"和气",勾结少数不和大家团结的人。

### ● 暖　人 ●

"善气迎人,亲如兄弟;恶气迎人,害于戈兵。"——管子

人与人相处应该像春天般温暖,生活才会丰富美好,工作才会蒸蒸日上。地球的温暖,靠的是太阳的照耀,而人间的温暖,靠的是相互的关怀。要感受别人的温暖,首先要懂得为别人送去温暖。

清朝乾隆年间,扬州城里有一个盐务总商叫鲍志道,从小家境贫寒,小小年纪就到江西鄱阳商铺里做学徒。他虽然年龄不大,但嘴甜心热会暖人,经常在掌柜和柜台伙计们需要的时候,递上一条毛巾,送上一杯热茶。因此,大家都很喜欢他。刚开始学徒时,他只是个打杂伙计,上不了柜台,但他凭着自己会暖人的特点,经常私自跑到柜台上"偷学"。掌柜和柜台伙计不仅不撵他离开,还热心教他识货算账。他自己也勤奋刻苦,反复练习,一把算盘不到半年就被他打烂了。

有一年春节前几天,商铺里的柜台伙计都被东家派出去要账了,掌柜一个人在商铺里忙得不可开交,恰好看到鲍志道又过来为他倒水递毛巾,于是开玩笑地说:"店里除了我,就剩你这个什么也不会的小鬼头了。"鲍志道回答说:"我不是什么都不会呀,你让我上柜台试试。"掌柜很喜欢他,说:"好吧,就让你试试。"这一试,鲍

志道就从打杂伙计变成了柜台伙计,每月有了一两银子的工钱。

后来,鲍志道从柜台伙计做到掌柜。积累了一定的资本以后,他来到扬州做盐的生意。那时盐商的交通工具主要是船,遇到大江大河风浪滔滔时,常有盐船沉没,不少商人因此破产。鲍志道提倡"一舟溺,众舟助",并且带头为沉船的同行老板捐钱送物,给予经济上的资助,使其免予破产之灾。鲍志道的倡议立即得到大家的响应。

正因为鲍志道能如此热心地关怀、温暖每一位同行老板,所以在朝廷要求选出一位盐商充当总商时,大家一致推举了他。鲍志道在这个十分显要的位置上,一干就是20年,不但深受众商的拥戴,也得到了朝廷的信任。

明朝时期,在江苏淮安古镇河下,曾经出过一位大名鼎鼎的学子,名叫沈坤,嘉靖二十年中进士一甲第一名状元。状元沈坤长期任翰林院编修,后改任留都南京国子监祭酒(相当于教育部司局级以上的官员)。嘉靖三十六年,沈坤因母亡回家守孝。

当时,淮安处在黄河之滨,又是漕运的咽喉,常遭到来自海上的倭寇(日本海盗)骚扰。沈坤回家守孝期间,挺身而出打击倭寇,变卖家产招募乡兵千余人,亲自操练,百姓称之为"状元兵"。后来,状元兵与倭寇在淮安姚家荡激战,歼敌800余人,就地掩埋形成一个大土堆,名曰"埋倭墩"。沈坤招募乡兵抗倭,虽然是保家卫国,但是并未与当地官员商议,也没有事前征得朝廷的同意。因此,就在嘉靖帝准备在沈坤守孝后,调他到京都北京任国子监祭酒时,淮安太守范槚和给事中胡应嘉上报朝廷,诬说沈坤私募乡兵,意欲谋反,嘉靖帝听信谗言,下令将沈坤逮捕下狱。沈坤难以申冤,屈死狱中。

在沈坤的家乡淮安,数百年来广大人民群众中不但传颂着他抗击倭寇的英勇事迹,同时还流传一个"越小越大,越大越小"的故事。

沈坤刚刚中了状元后，喜气洋洋回到家乡，一路上都在想着，家乡的父老乡亲会如何热情地接待他这个状元公。可是，到家三天，除了自家人以外，昔日的老同学、小伙伴并没有纷纷上门祝贺，沈坤闷闷不乐。沈母见状，知道自己的儿子虽有才干，智商很高，但是，不懂人情世故，情商不够。沈母心想，我该开导开导他，于是沈母对沈坤说："我这里有一本黄历（年历），你翻翻看就知道其中原因了。"

沈坤接过母亲手中的黄历翻了翻，然后不解地望着母亲。沈母说："你先看这个月是大月还是小月。"沈坤又看了看黄历说："是大月。"沈母再问："那你看下个月呢？"沈坤又翻翻黄历，说："小月。"沈母又问："再看下两个月呢？"沈坤翻过黄历说："一个月大，一个月小。"

沈母这时轻声吟道："月大月小，月小月大，……"沈坤此时恍然大悟，心想：母亲说的是"越大越小，越小越大"，这是在告诉我地位越高，做人越要"小巧"，启发我放下架子，主动去向自己的老同学、小伙伴们表达牵挂的情意啊。

于是，第二天，沈坤来到淮安府学，拜见教过自己的老师，看望自己昔日的同学、伙伴。又过了一天，沈坤家中宾客盈门，至此，状元府第热闹了起来。

沈母教育沈坤"越大越小，越小越大"的故事启发我们：作为同事（同学、同僚），要想得到别人的温暖，自己首先要为别人送去温暖；自命不凡，趾高气扬的人，得到的只有别人的冷淡和疏远。可惜沈母死后，沈坤又忘了母亲的教导，没有及时去"温暖"地方官员（与他同朝为官的同僚），做人做事缺乏周到的思考。他虽然抗倭有功，但触犯了官场的游戏规则，最终授人以柄，遭人诬陷，惨死狱中，令后人叹息。

温暖别人，其实并不需要自己付出太多。常言说得好：良言一句三冬暖，恶语半声酷暑寒。

别人需要帮助，主动援手是送温暖；与人见面，主动问候同样是送温暖。别人痛苦之时，默默地表示同情是送温暖；别人欢乐之时,高兴地表示庆贺同样是送温暖。别人找你时,热情地予以接待是送温暖;别人等你时,诚意地及时探望同样是送温暖。总之,一个人只要做到尊重人、理解人、关心人、帮助人,能够乐人之所乐,忧人之所忧,急人之所急,别人自然会感受到他传送过来的温暖。

当然,送暖不能"过火",只有在别人有所需要的时候,才应该及时、主动、恰到好处地送到别人那里;否则,就会给别人增添不必要的恐慌,甚至造成"火穴"。作为一个好同事,在与其他同事相处的过程中,既不能做"冬天的冰块",冷得让人受不了;也不该做"夏天的火炉",热得让人吃不消,而应该做"空调",把握好适当的温度,送去他人需要的温暖。

## 坦 荡

"君子坦荡荡,小人长戚戚。"——孔子

同事之间在一起工作难免有竞争,在一起探讨难免有分歧。如何才能有竞争而不反目,有分歧而不成仇呢?这就需要人们在和同事相处过程中,具备坦荡君子的胸怀。

孔子说:"君子坦荡荡,小人长戚戚。"就是说:君子胸怀宽广,懂得人生的真趣在于豁达大爱;小人经常忧愁,遇事想不开,总是自寻烦恼。

宋朝仁宗时期,苏轼的父亲苏洵年已48岁,他带着自己和两个儿子三人的文章去拜访益州知州张方平,希望得到这位文坛宿将的举荐。张方平看了苏氏父子三人的文章后,大为赞赏,但是他说:"在写文章方面我的水平和

名望还不够资格推荐你们,这件事只有欧阳修能做到。"于是张方平写了一封推荐信给欧阳修。

张方平、欧阳修虽然同朝为官,但是二人政见不合,经常因为工作谈崩了,在一些重大问题上两个人的分歧也很大。但是,张方平并不因此就隐没欧阳修"文坛泰斗"的声誉。欧阳修接到张方平的推荐信以后,也并不因为与张方平政见不合,而怠慢张方平推荐的人。

欧阳修读了苏洵父子三人的文章后,击节赞叹说:"看来以后再要写出世人叹服的好文章,就靠你们父子了。"欧阳修带着苏洵父子三人的文章在皇帝和士大夫之间极力推誉,苏洵父子从此名动京城。

欧阳修在朝廷担任过枢密副使、参知政事、兵部尚书等重要职务,他先后向皇帝极力推荐过三个同僚做宰相或宰相的接班人,这三个人都和他有过矛盾和分歧。

一是吕公著,此人曾与欧阳修同在颖州为官,乃讲学之友。他主张以儒学治国,称《论语》《尚书》儒家经典"皆圣人之格言,为君之要道"。曾经从《论语》《尚书》《孝经》等儒家经典中,节录百篇文章呈给皇帝,皇帝对他很赏识。吕公著因为反对范仲淹,迁怒于支持范仲淹的欧阳修,攻击欧阳修"在工作作风上和生活作风上不够检点"。

二是王安石——北宋著名的政治家、改革家、文学家。宋神宗任用王安石变法,涉及政治、经济、军事、文化、教育诸多方面,主要的关注点是富国强兵。这虽是一次不成功的改革,但在中国历史上产生了不小的影响。王安石是欧阳修的学生,骄傲不可一世,自比孟子,说老师欧阳修不如他,只能和唐朝的韩愈相比。

三是司马光——北宋著名的政治家、历史学家。他主持编纂了我国历史上第一部编年史巨著《资治通鉴》。司马光反对王安石变法,认为富国的根本在于"节流",他对欧阳修常有非议之词,认为欧阳修在反对变法问题上,旗帜不够鲜明,立场不够坚定。

以上三人,可以说都是宋朝一代,乃至我国历史上少有的杰出人才,他们三人与欧阳修都有矛盾和分歧,曾经看不起又矮又丑、高度近视、唇不包齿的欧阳修。但是,欧阳修胸怀宽广,豁达大度,并不因为他们三人"不合作"的态度及"不友好"的言行,而埋没人才,更没有对他们耿耿于怀,伺机报复,而是以大局为重,推誉并举荐他们担当重任。欧阳修这种"君子坦荡荡"的胸怀和作风,深受当时人们的敬佩。吕公著、王安石、司马光三人从此也对欧阳修有了更加全面的认识,对他十分敬重,尊他为"文坛盟主"。欧阳修65岁生日时,苏轼、苏辙、曾巩、张方平赶来祝贺,王安石、司马光寄来贺礼、贺信。欧阳修去世后,许多人写文章悼念,其中写得最有感情、也写得最好的是王安石的《祭欧阳文忠公文》。

司马光与王安石政见不合,但是私下里一生互为好友。王安石大刀阔斧、义无反顾地推行变法,司马光心中气愤,但宋神宗支持王安石,司马光无可奈何,于是向皇帝辞职。有人乘机到司马光那里挑拨,说王安石是个阴险奸邪之人,司马光立即驳斥说:"你这是胡说,王安石这个人就是不晓事(要闹变法),而且为人执拗罢了。"由此可见,司马光反对的是王安石的变法,并非反对他这个人,并且司马光不否定他的人格,更不容许别人对他进行人身攻击。

后来,神宗死了,太后掌权,任用司马光为宰相,司马光尽废新法。王安石66岁时去世,当时旧党执政,过去一帮围在他周围的人没有谁敢去吊唁,甚至无人敢为他撰写墓志铭。消息传到东京开封府,司马光此时也年老多病,但他抱病为王安石写悼念文章,并建议朝廷优加厚礼于王安石。因而,王安石死后被追赠正一品荣衔——太傅,封为"荆国公",谥号"文"。5个月后,司马光病情加重,临死前说了最后一句话:"吾无过人者,但平生所为,未尝有不可对人言者耳。"说完就咽了气。司马光享年68岁,朝廷追赠其为"太师",封"温国公",谥号"文正"。

与同事坦荡相处,首先是要思想纯正。孔子说:"诗三百,一言以蔽之,曰,思无邪!"坦荡之人,既没有害人之心,也不会"以小人之心,度君子之腹",在他们的脑海内不可能产生邪恶的不良的念头,任何时候"内省不疚""问心无愧",自然心胸宽广、胸怀坦荡。

与同事坦荡相处,就要光明正大。有矛盾、有分歧,彼此不隐瞒,而是选择恰当时机交换意见,不涉及个人隐私的甚至可以公开讨论、争辩。但是,同事之间绝不能搞阴谋诡计,绝不能在暗中算计,应把问题放在桌面上,让大家分析判断,发表意见,最终服从真理性的观点,或者求大同存小异。

与同事坦荡相处,还要客观公正。应该有一说一,有二说二,有好说好,有差说差,实事求是地发表意见,作出判断和评价。工作中的问题,不要带到个人感情上来,更不能进行人格上的侮辱和攻击。常言说得好:对事不对人,对人则要一分为二,以和为贵。

## 能 耐

"路见不平一声吼,该出手时就出手。"——《好汉歌》歌词

人们在一起合作共事,最欢迎、最喜欢的是平常日子与大家和谐相处,给大家带来温暖的"坦荡君子";而最需要、最敬佩的则是关键时刻挺身而出,危难之处大显身手的"能耐先生"。

《西游记》中唐僧西天取经,一共师徒四人,大师兄孙悟空最有能耐,每逢出现妖怪,立即主动追杀,从不倦怠;每当遇到师父受难,即刻进行营救,从不畏缩。因此,尽管孙悟空的降妖伏魔的行为因为"提前量"太大,常常遭到"同事"的误解,但是每到关键时刻,师傅都会情不自禁地念叨:悟空、悟空……;师弟们也会不由自主地高声喊道:大师兄、大师兄……

孙悟空是神话中的人物,而在孔子追随者之中,也有这样一位"路见不平一声吼"的仗义之士,他就是子路。子路在众弟子之中是很有争议话题的人物,但他又是一个很有独特能耐的人。在拜孔子为师之前,子路是头戴雄鸡翎、身佩野猪皮的装扮。有一天,孔子率弟子们来泉林观景,游玩了半天,大家口干舌燥,来到一口井旁,碰到子路正在井台打水。

子路听说孔子师徒要喝水,就大笑一声,对孔子说道:"圣人想

喝水不难,我划一个字,如果你认得它,井里的水随便你喝,而且我还要拜圣人为师。如果你不认得此字,圣人你就拜我为师吧。"孔子说:"好的。"子路又说:"空口无凭,击掌为证。"孔子与子路连击三掌后,只见子路拿起一根扁担放在井口正中,站在井旁问:"什么字?"孔子用手指点点子路说:"就是你的姓啊(子路姓仲,名由,字子路)。"

子路仰天大笑说道:"中间的'中'字你都不认得,你这个圣人徒有其名啊。"孔子这才解释说:"不是中间的'中'字,是你仲由的'仲'字。井口放根扁担是中间的'中'字,可你这个人站在旁边岂不是'中'旁加个人,成'仲'字吗?"子路听了,这才低头认输,遂拜在孔子门下。

孔子收子路为徒,弟子们都埋怨老师收了个狂徒。孔子却说:子路性格刚强,但是内心向善,况且他有许多常人不及的地方,必然是大家的好伙伴。

以后的事实果真像孔子说的那样,尽管子路刚强性格始终不变,时不时地跟孔子顶嘴,甚至敢当面指责自己老师的一些做法迂腐或欠妥;但是,孔子仍然十分喜爱这位有独特个性的学生,众位学兄学弟也是越来越敬佩他的特殊能耐和敢作敢为。大家都觉得越来越离不开子路。

每次游山,烈日当空,同行的人个个汗流浃背,十分疲倦,谁都想坐下休息。这时候,总是子路站起身来,去山涧为大家取水。有一次,一只老虎寻着人味跟过来,子路挥剑与虎搏斗,削掉虎尾,猛虎痛吼,逃之夭夭。

孔子每次外出,子路自告奋勇驾车,一旦遇到恶人拦路、野兽挡道,也总是子路首先挺身而出,勇敢面对。自从子路入了孔门,就再也没有外人敢在孔子师徒面前要横逞强,指手画脚的了。

子路不但有特殊能耐,敢作敢为,而且言出必行,一诺千金。

因此,后人评价子路:"千乘之国不相信他们之间的盟约,但却相信子路一句话的承诺。"子路终于成为孔门弟子中的"十二哲",千百年来,他的塑像一直陪着孔子的塑像立在孔庙大成殿内,接受后人的祭祀和朝拜。

做一个有能耐的好同事,要具备解决重大问题、处理特殊事务的本领和才干,这样的同事,往往是单位和团体中的"镇山之宝"。

不光要有能耐,还应该乐于运用自己的能耐。"顺境逆境看胸襟,大事难事看担当",关键时刻不待同事开口,自己先说一声"让我来",或者"跟我来"。正所谓"路见不平一声吼,该出手时就出手"。

但是,有能耐的人也要注意正确地估计自己的能耐,有多大的能耐做多大的事,可以适当超出自己的能耐去尝试,但绝不能无限夸大自己的能耐去蛮干。

孙悟空降妖,虽有七十二变之能耐,但也有尝试过后败下阵的时候。这时,孙悟空就会知难而退,寻求外援,一个筋斗翻走,到天庭去找援兵,最终依靠有更大能耐的人或集体的力量降住恶魔。

子路不然,往往一味逞强好胜。子路与师弟高柴曾在卫国相府中做事,在卫国内乱的时候,他不听高柴的劝阻,竟然一个人闯进相府,去面对一大批叛乱的兵士。孔子听到卫国内乱的消息,还没等高柴跑回来,就长叹一声,昏厥过去。众弟子吓得魂飞魄散,不知孔子为何如此紧张和悲伤。半个时辰过后,孔子渐渐苏醒过来,老泪横流地说:"柴也归来,由(子路)也死矣。"弟子们莫名其妙,忙问原因,孔子说:"柴知大义,必能自全;由好勇轻生,其必死矣。"傍晚,高柴从卫国逃回,说起子路不听他的劝阻,一个人身入虎穴狼窝,左冲右突,拼死搏杀,终于寡不敌众,就在快要战死之际,挥剑自刎而亡。

一个人纵然有再大的能耐,这能耐也是要由他的生命来承担的,有能耐的人应该追求的是成功地完成任务,不需要作无谓的牺牲。

孔子知道子路好勇轻生的缺点,曾经多次劝谕他遇事不要莽撞。有一次,子路问孔子:"子行三军,则谁与?"意思是问:老师,您如果率领军队的话,要找谁同去啊?(子路心中想的是,当然是找我子路了。)孔子曰:"暴虎冯河,死而无悔者,吾不与也。必也临事而惧,好谋而成者也。"意思是说:空手打虎,徒步过河,这样死了都不后悔的人,我是不与他同去的。要找同去的人,那就找面对任务谨慎认真,诚惶诚恐,因而仔细谋划,以求成功的人。

# 第 **10** 讲
## 做 个 好 朋 友

**投缘 · 知心 · 真诚 · 促进**

孔子说过："有朋自远方来，不亦乐乎！"这句话道出了人生交友的愉快。中国还有句古话："在家靠父母，出门靠朋友。"当今社会，人在家的时间越来越有限，离开家的时候越来越常态。在外闯荡，要想成就事业，许多方面离不开朋友的支持和帮助。所以，古人释友："友，有也，相保有也。"朋友总是相互的，要想在人海中遇到好朋友，自己首先要努力成为别人的好朋友。

## 投 缘

"众里寻他千百度,蓦然回首,那人却在、灯火阑珊处。"

——辛弃疾

常言说得好:"有缘千里来相会,无缘对面不相识。"相互成为朋友的人,往往都是情投意合的。

春秋时期的楚国有两个人,一个叫伯牙,十分擅长弹琴,一个叫钟子期,虽然琴弹得不怎么样,但是十分善于欣赏琴音。伯牙弹琴时,钟子期坐在旁边聆听。一会儿,伯牙的琴声不断发出高亢之音,钟子期就说:"好啊,巍峨壮观啊,好像登上了泰山之巅。"又过了一会儿,伯牙的琴声发出连续滚动之音,钟子期就说:"好啊,潇潇洒洒啊,好比江河之水。"伯牙弹琴时想到的,钟子期听琴时也会想到。

有一次,伯牙在泰山之南遇到暴雨,于是就到一块大岩石的下面躲雨,心里不痛快,拿出琴弹起来。刚弹不久,钟子期循着琴声来了。开始伯牙的琴声发出小雨淅淅沥沥的声音,一会儿又发出狂风暴雨、山崩地裂的声音,每奏一段曲子,钟子期都能心领神会地道出琴音表达的意境。于是伯牙停止弹琴,十分感叹地说:"太妙了,太妙了,您的欣赏水平真高啊! 您听音乐时所讲述的景象正是我心里想到、手中弹的。在您面前我没有可以掩藏的声音啊!"从此,伯牙和钟子期如影随形,终身相伴,成为须臾难以离开的挚友。后来,钟子期死了,伯牙干脆把自己的琴摔断,再也不弹琴了。

唐代大诗人白居易和另一位大诗人元稹是情投意合的好朋友。有一次担任御史大夫的元稹因审理案件的需要去了梓潼。白

居易与京城名流游慈恩寺,大家游玩一阵子累了,便在花下小酌,白居易忽然想念起元稹,于是离开众人到一旁写下一首诗:

　　花时同醉破春愁,醉折花枝作酒筹。

　　忽忆故人天际去,计程今日到梁州。

诗写好后,白居易又派人连夜寄给元稹,元稹收到这首诗时,果然刚到达梁州褒城。看罢白居易的诗,元稹十分感动,于是回赠给白居易一首诗:

　　梦君同绕曲江头,也向慈恩院院游。

　　亭吏唤人排马去,所惊身在古梁州。

白居易与元稹同朝为官,因为志趣相投,结为好友,几天不见,竟然如此想念,可见他们对朋友是多么情深义重。

以上两则故事告诉我们:朋友是一种缘,这份缘来自于双方共同的志趣和爱好,没有这份缘的人,是不容易成为好友的。这份缘往往可遇而不可求,"众里寻他千百度,蓦然回首,那人却在、灯火阑珊处"。

当然,朋友之间是否完全投缘,不仅仅在于双方的志趣和爱好是否相合,还在于双方的人品和操守能否一致。

古代有这样一则有趣的故事,有一个叫刘进的人,有一次,和自己的朋友孔遏一起在河塘中划船游玩,碰到邻船上有一个长相娇好的女子,孔遏双眼直勾勾地盯着那女子看。刘进劝他注意点,孔遏根本听不进去,还变本加厉地隔着船调戏那女子,说:"你长得多么美艳风骚啊,让人不能不动心。"

这时,刘进十分生气地对孔遏说:"你这难道是君子所为吗?你不是我的朋友了。"刘进一边说,一边脱下长袍,把自己和孔遏隔开。下了船,刘进头也不回地走了。以后,孔遏又要找他出去游玩,刘进再也不和他交往了。

也许有人认为,刘进的做法过于刻板;但是,这则故事最起码启示我们两点:

第一,朋友之间相交不深的,相互是否真正投缘,不经过一些考验,是很难判断的。路遥知马力,日久见人心。

第二，交友须慎重。古人曰："君子先择而后交，小人先交而后择，故君子寡尤，小人多怨，良以是夫！"意思是说：君子交朋友是先要选择人的，看出这个人和自己有共同的志趣、爱好及人品操守，才和他交朋友；否则，便不以朋友身份往来，或者断绝相互间的交往。小人则相反，先是随随便便地见到谁就和谁交朋友，然后又觉得这个人不合适、那个人有问题，但是相互之间仍然来往不断、相交频仍。所以，君子交朋友很少相互责怪，而小人交朋友往往相互抱怨。就是这个道理啊！

情投意合有缘者，并能经得起人和事的考验，才能成为真正的好朋友。

## ● 知 心 ●

"人之相识，贵在相知；人之相知，贵在知心。"——孟子

古人说："朋而不心，面朋也；友而不心，面友也。"这话的意思是说：交朋友不交心，只是貌合神离的朋友而已。真正的好朋友，应该是知心朋友，是彼此相互了解而情深意切的人——知己。

春秋时期的管仲是我国古代杰出的政治家、改革家和著名的军事家，齐桓公拜他为相，管仲以其卓越的谋略和才干，辅佐齐桓公成为春秋时的第一霸主。管仲晚年回首往事，曾这样说："生我者父母，知我者鲍子也！……天下人不称赞我管仲的贤能，而称赞鲍叔牙能知人啊！"

管仲所说的鲍子，即他终身的好朋友鲍叔牙。管仲从小家里

很穷,与鲍叔牙相识后,二人志趣相投,无话不谈,结为好友。鲍叔牙对管仲可谓十分了解和理解。管仲为解家中贫困,惜别老母,与鲍叔牙合伙做生意。管仲往往要求鲍叔牙给自己多些利润,别人知道了,认为管仲占了鲍叔牙的便宜,而鲍叔牙却不这样想,反而对别人说:"管仲家里穷困,用钱的地方多,多拿些钱是有急用,并非是他贪心。"

管仲曾经替鲍叔牙出谋划策干事业,但是事业发展得并不顺利,别人又认为管仲并不聪明,出的是"馊主意",而鲍叔牙不这样想,反而又对别人说:"这是因为做事业的外部条件不具备,并不是管仲愚蠢,出的主意不好。"管仲曾经几次做官都不顺利,只好离开政府机关,别人又认为管仲没有才干,鲍叔牙却不是这样想,反而又对别人说:"管仲没有遇到好的君主,才不得已离开官场。"管仲曾经三次在打仗时战败后仓皇逃走,别人认为管仲是个怕死鬼,但鲍叔牙不是这样想,反而又对别人说:"管仲是个孝子,这样做是因为舍不得自己的老母亲。"

后来,管仲做了公子纠的家臣,鲍叔牙则成了公子小白的座上客。公子纠与公子小白争王位,公子纠败了,被杀死;公子小白登上王位,做了齐桓公。与管仲一起做公子纠家臣的召忽,以死效忠公子纠,管仲则忍辱活了下来被囚禁,别人都认为管仲不忠心,寡廉鲜耻,齐桓公也要杀了管仲。鲍叔牙不同意大家的看法,连忙找到齐桓公极力劝阻。鲍叔牙对齐桓公说:"管仲这个人是我多年的好友,我对他十分了解。他之所以不以死殉主,是因为他要用自己的雄才大略,去治国安邦定天下,因而不在意小节呀。"然后,鲍叔牙又苦口婆心地列举了管仲远远超过自己的五大才能,终于说服了齐桓公。

经过鲍叔牙的大力举荐,齐桓公接受建议,拜管仲为相。管仲上任后,果然如鲍叔牙所言,充分展现了自己卓越的才能,在齐国的经济、社会、军事、政治各个方面进行整顿和改革,很快使齐国强盛起来。于是齐桓公"九会诸侯一匡天下",成为春秋时期公认的第一霸主。管仲也被齐桓公尊为"仲父"。

鲍叔牙如此英雄惜英雄地相知管仲,从古至今天下少有。不由得让人想到鲁迅先生说过的一句话："人生得一知己足矣，斯世当以同仁视之。"那么管仲对鲍叔牙又是什么态度呢？

有一次，齐桓公和管仲探讨下任国相的人选。齐桓公问："假如您要是不幸去世了，谁接任你的职位呢？"管仲说出一个人名：隰朋。齐桓公又问第二位，管仲又说出一个人名，一连问了三次，到了第四次，齐桓公忍不住了，说："我真的很奇怪，你做国相之前，我就要让鲍叔牙担任的，可他偏偏说你适合。以前你上过公子纠的贼船，还射过我一箭，差点要了我的命，我本来是要杀了你的。鲍叔牙对你这么好，你为什么不推荐他呢？"管仲回答说："国君您问我，谁最适合做下一任国相，并没有问，谁是我最感激、最要好、最值得生死相托的朋友啊。"

齐桓公身边有一个佞臣叫易牙，知道管仲推荐别人为后任国相，就跑到鲍叔牙那里挑拨离间说："管仲的相位本来是您推荐的，现在他病了，国君前去探望并问他后任人选，他却说您不合适做国相，反而推荐隰朋。我觉得他这样做太对不起您了。"

鲍叔牙听后，笑着回答说："我之所以推荐管仲为相，就是因为他忠于国家，对朋友也没有私心。还是管仲了解我，我这个人对人要求太严，一辈子追求君子风范，容不得一点丑恶。这种过于刚直的个性，做个大司寇（主管政法的最高长官）还行，捉拿坏人，惩治顽劣，我是绰绰有余；而要让我做国相还真不合适，首先我就不会允许你们这些小人在朝中有容身之地。"

其实，管仲不推荐鲍叔牙为相，还真是担心他得罪人太多，最终会害了自己和家人。用现在的话讲："我是真心为你好啊。"当然，这种超越世俗观点，为朋友深处着想、长远考虑的做法，如果双方不是相交甚切的知己，又怎么能够理解呢？鲍叔牙可谓管仲的真"知己"，举荐管仲为相以后，自己甘心情愿担任他的下属，安守本分做好自己的事情，他的子孙世世代代在齐国享受上卿的俸禄，"有封邑（封地）者十馀世，常为名大夫"。

人生难得一知己，朋友相交贵知心。如何才能成为知心朋友呢？

首先，朋友之间要适当地"掏心"。也就是说，朋友间要说心里话,让对方真正了解你的处境和心理,这样才能理解你的行为和观点。

其次,朋友之间要主动地"关心"。多站在对方的立场和角度想问题,及时送去支持和帮助。"关心"在这里还有另外一层意思,把对方掏给自己的心里话"关"在自己心里,不再外传,除非对方明确表示不在乎,或者需要自己代为宣传。

再次,朋友之间要彼此有"信心"。既然双方投缘结为好友,就应该对自己、对朋友都有一定的信心。不要轻易地相信别人的闲言碎语和挑拨离间的一些话,即使有分歧、有想不明白的时候,也不要被表相或旁人的议论迷住心窍,而应该去找自己的朋友开诚布公地进行交流。

最后,朋友之间要彼此能"宽心"。朋友之间最珍贵的不是锦上添花,而是雪中送炭。朋友相交应学会给予对方"宽心":一是宽慰,对方愁苦不顺之时,默默地出现,深情地陪伴;二是宽容,对方无意中犯错,做了不妥当之事,轻松中面对,大度中释然。当你对朋友的偶然失误,一笑了之时,你的朋友可能早就后悔不已,定会设法改正或弥补的,除非他不是你真正的朋友。

## ● 真 诚 ●

"两心不可得一人,一心可得百人。"——《淮南子》

常言说:物以类聚,人以群分。有各种各样的人就有各种各样的朋友关系,比如球友、文友、画友、酒友、旅友、钓友,等等。然而从交友的出发点和目的来分,则有势利之交和道义之交的区别。势利之交是利害关系中形成的暂时的聚合,一旦利害关系不存在了,或者利害关系出现冲突,交情也就结束了。势利之交也有升华为道义之交的可能,只是相互之间,要足够真诚,足够有吸引力,双方才能结成真正的朋友。

有一次,万章问孟子:"敢问友(应该如何交朋友呢)?"孟子回答说:"不挟(依仗)长,不挟贵,不挟兄弟而友。友也者,友其德也,不可以有挟也。"意思是说:人们应该不凭着年龄大,不凭着地位高,不依仗兄弟的富贵去结交朋友。所谓交友,是同他的品德交朋友,是不可以有所倚仗的。这就告诉我们,真正的朋友之交是十分真诚的,不会心里总想着彼此在地位权势上的差别,在一起相处早就应该忘记大小贵贱之分。孟子还举例说:"晋国有一个国君叫晋平公,与一个叫亥唐的人交朋友。亥唐看到晋平公来了,便招呼晋平公叫他进去,晋平公就进去,亥唐叫他坐,他就坐,叫他吃,他就吃,即使粗食饭菜,晋平公也没有不吃饱的,因为不敢不吃饱。"

交朋友就是交的相互之间人格和才华的魅力,换句话说,就是交的这个人,而非这个人身上的财、色、权、利、势。所以古人说:"以财交者,财尽则交绝;以色交者,华落而爱渝(美色衰落了相爱的心也就变了)。""以势交者,势倾则绝;以利交者,利穷则散。"以利用和交换为目的而处朋友,私下里相互算计,是经不起考验的。真诚的朋友之间,友谊牢固的基础是人间的道义,只有这样的朋友才能成为生死之交,足以托付终身。

明朝的剧作家高濂曾讲过这么一则故事。有一个人名叫荀巨伯,有一个远方的好友病重,他赶去看望。当时,正巧胡兵(异族军队)进攻好友所居住的地方,病中的好友见到荀巨伯,连忙对他说:"我已经是快死的人了,你赶快回去吧。"荀巨伯说:"我因为关心你,才特意从那么远的地方来探望你的,如今你身染重病,又有胡兵攻城,遭受如此厄运,我怎么能离你而去呢?不要说做出这样苟且之事,就是头脑里这样想也是不应该的啊!"友人再三劝说荀巨伯离开,都被他拒绝了。

胡兵攻到荀巨伯友人的住地,看到床上躺着一个人,床边站着一个人,十分奇怪地问站着的荀巨伯:"我们的大军到这里来,能走能跑的人都不见了,你好腿好脚的怎么还待在这里不走呢?"

荀巨伯用手指着床上的朋友说:"我是他的朋友,特地从远方来探望他的。他现在重病缠身,我不忍弃他而去。"

胡兵听荀巨伯这么一说，感到很是诧异。又过了一会儿，胡兵首领来了，对自己的手下们说："我辈无义之人，反而侵入了有义之邦。"于是胡兵偃旗息鼓，退出了荀巨伯友人所在的地方。

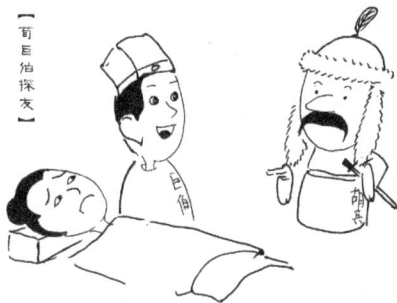

【荀巨伯探友】

常言说得好，人间最重是真情。荀巨伯对好友真挚的情怀，就连侵略者也被感动了。

朋友之间的真诚，有时也会令对方一时难以理解，难以接受；然而，一旦对方明白朋友的好意，反而会使朋友之间的友好情谊更加巩固。

唐朝末年有一个叫王贞白的人，和贯休和尚诗文相投，结为好友。有一次王贞白写了一首讽刺诗《御沟》（皇家下水道），诗曰：

一派御沟水，绿槐相荫青。

此波涵帝泽，无处濯尘缨。

王贞白将写好的诗送给贯休看。贯休看后，指着诗稿说："你这诗虽好，但不够完美，要改一字，诗才更有味。"王贞白原本拿这首诗给贯休看，是想听贯休夸他几句的，未曾想王贞白还没来得及得意一下，贯休就让他改一字。多好的诗啊，还改字？王贞白心里发堵，脑子一热，一甩袖子走了。

贯休和尚并没有叫住他，而是在他走后，在自己的左手心里写下一个字。贯休了解王贞白，他不是一个心胸狭隘之人，只是一时冲动才走人的；况且，王贞白才思敏捷，琢磨过味来还会回来的。

果不其然，不大会功夫，王贞白回来了，一进门就大声喊道："此中涵帝泽。"贯休举开左手掌心说："你看，正是'中'字。"两人开怀大笑起来。因为皇家下水道有皇帝腹中排出的大小便及其他，所以这一"中"字，比"波"字更为贴切，也更有"味"。

真诚的朋友往往都是能够直言规劝朋友的"诤友"，而"诤友"

往往都是最好的朋友,这样的朋友能够帮助我们更好地看清自己,从而不断地提高自己。

真诚的朋友不但能够规劝、帮助对方,还能够体贴、理解对方。古人云:"君之不责人之所不及,不强人之所不能,不苦人之所不好。"意思是说:君子不责怪别人做不到的地方,不强求别人做力所不及的事情,不让别人为他所不喜欢的事物而苦恼。有的时候,一个人需要朋友帮助和支持,朋友虽然愿意相帮和扶助,但是偏偏朋友自己也有实实在在的苦衷和难处,那该怎么办呢?此时,朋友之间就应当相互体谅和理解,与其双方都苦恼作难,不如自己一方多担待。对朋友绝不能人家一面不到,就当成处处不好,如此苛求朋友的人,他的朋友必然会越来越少。

### 促 进

"益者三友,损者三友。友直,友谅,友多闻,益矣;友便辟,友善柔,友便佞,损矣。"——孔子

俗话说:"一个篱笆三个桩,一个好汉三个帮。"任何人要想在社会上成就事业,都离不开友人之间的相互支持、相互帮助、相互勉励、相互促进。孔子说:"益者三友,损者三友。友直,友谅,友多闻,益矣;友便辟,友善柔,友便佞,损矣。"意思说是:与正直的人、讲诚信的人、知识广博的人交朋友,会得益匪浅;与善于摆架子装样子、内心却邪恶不正的人,与善于阿谀奉承、内心却无诚信的人,与善于花言巧语、言不符实的人交朋友,会伤害自己。

做好朋友,当为"益友"。

曾国藩是晚清时期杰出的政治家、军事家、思想家和战略家。毛泽东年轻时说过:"愚于近人,独服曾文正(国藩)。"蒋介石一生推崇、学习、效法曾国藩,认为曾国藩的著作是"任何政治家所必读的"。曾国藩成为中国人实践孟子"内圣外王"思想的典范。就是

这样一个历史上的杰出人物,他的成长、成功与他的"益友"也是密不可分的。

道光二十九年(1849年),曾国藩任礼部右侍郎不久,署兵部右侍郎。道光三十年(1850年),洪秀全发起了太平天国运动。曾国藩上奏折《敬陈圣德三端预防流弊疏》,请求皇帝注意品德修养,努力工作,防止流寇四处发展。刚刚登基的咸丰帝十分生气,将奏折怒掷于地。曾国藩并未就此罢休,第二年他又上奏折《备陈民间疾苦疏》。同年,曾国藩生母去世,他按祖制丁忧回籍,为母守丧。

这时候,太平军已攻入湖南,气势正盛。在家守丧的曾国藩接到咸丰帝的圣旨,要他帮办湖南团练,协助攻打太平军。曾国藩思想上反复斗争,他想为国尽忠,为皇帝分忧,但是又有种种顾虑:他曾经得罪皇上及满蒙亲贵,办团练没有皇帝及其亲信大臣支持不能成大事,成不了大事必被人瞧不起;万一成了大事,满人一向猜忌很深,弄不好非但无功,还有不测之祸;再说湖南吏治腐败,百姓深受其害,太平军非等闲之辈,战斗力很强,夺取天下的势头很猛,自己虽然受皇恩深重,理应匡扶皇室,但大厦将倾,一木难支啊!

思来想去,曾国藩用了三四天时间,反复起草、修改、润色,誊抄了一份《恳请在籍终制折》,意思是恳请皇帝允许自己在家中继续为母守丧,暂不能领圣命办团练。曾国藩正准备派人把奏折送走,有人进来禀报郭翰林来访。

郭翰林即郭嵩焘,他是曾国藩少数几个最好的知心朋友之一,此时到来,就是想促成曾国藩移孝尽忠办团练的。曾国藩与郭嵩焘在岳阳书院相识相知,从此结为无话不谈的好朋友。

曾国藩刚到京城时,也是一个愤怒青年,口无遮拦,脾气火暴,曾经与人在饭桌上争论不休,挥拳相向。后来,经几位好朋友的指点帮助,曾国藩翻然醒悟,觉得长此以往必然一事无成,于是潜下心来修身养性,自我完善。每天,他都将自己的一言一行写在日记中,一有合适的机会便拿出来给好朋友看,让他们对自己的所作所为进行点评,对于自己的不当之处予以匡正。

曾国藩迎接郭嵩焘进屋坐下,郭嵩焘说:"我此次来,一是向伯母大人致哀,二是向仁兄恭贺。"曾国藩惊道:"我有何事可贺?"郭嵩焘说:"听说仁兄即将赴省城高就,总办全省团练事务。三湘士人莫不欣然,咸望仁兄慨然上任,一展雄才大略,保境安民,澄清天下,拨乱反正,造福国家。"

曾国藩听郭嵩焘这么一说,便将欲上奏皇帝的《恳请在籍终制折》递给郭嵩焘过目。郭看了前两句,不再看下去,扔在一边,叹息道:"哎,可惜湖南和京城的那些推荐你的高官都看错人了。我这二十年自认与你最相知,看来也靠不住。你平常挂在口头上的"立志报国平天下",原来也只是你这个文人说着玩的,并非是志士的心愿啊!"

曾国藩听了郭嵩焘的几句挖苦话,极不好意思,于是又以母亲去世、自己理当守孝为由推托。郭嵩焘这才仔细地依据曾国藩的心思进行利弊分析,帮助曾国藩看清事实真相。他说:"你曾国藩如果不接这圣旨,第一,得罪了皇帝和恭王诸位大臣,推荐你的恭王奕䜣、内阁大学士肃顺等得了个不知人的恶名。第二,你认为湖南吏治腐败,可眼下中国十八个省,哪里吏治不腐败呢?除非不做事则已,既做事,就无可选择之地。难道就因为天下无乐土,所以就始终无所作为吗?天下尽乐土,我等有志之人,又有何用呢?第三,你担心长毛洪秀全队伍不好对付,怕万一不能成功,半世英名毁于一旦。在我郭嵩焘看来,长毛虽然眼下气势汹汹,但最终必败无疑。长毛起事依靠拜上帝会,所过之处毁孔圣牌位,焚士子学宫,与我中华数千年文明为敌,已激起天怨人怒。你曾国藩出山打起捍卫正统道义的旗帜,必得天下民心,天下人归顺你勤王之师,长毛还能长久吗?第四,你担心办团练一时军饷难筹,我郭嵩焘即刻回老家为仁兄劝募二十五万饷银,助你一臂之力。第五,你是个大孝子,母亲丧事并未全部办妥,此时出山怕招世人指责。但我认为

你一来为保孔孟之道而出,正大光明;二来我去对伯父(曾国藩父亲)讲明,请他老人家发话催促你出山,移孝尽忠。沧海横流,方显英雄本色,仁兄不必迟疑了。"

一番谈话之后,曾国藩下定了决心,领旨办团练。正是在郭嵩焘的极力劝说之下,他这才由一介书生文官转为千军万马的统帅,从此成就了他一生文治武功之伟业。

平定太平天国之后,曾国藩又在郭嵩焘等友人的大力帮助和支持下,开创了洋务运动。在曾国藩的建议和主持下,中国第一艘轮船被建造,第一批西方书籍被印刷翻译,第一批赴美留学生得以安排派出,安庆军械所和江南制造总局被创办。因此,曾国藩成为中国近代化的开拓者之一。

郭嵩焘则跟随曾国藩组建湘军,为曾国藩出谋划策,募捐筹饷,成为曾国藩最得力的助手。太平军灭亡后,郭嵩焘因军功授翰林院编修,还朝入职上书房,成为皇帝身边的大臣。此后,郭嵩焘又成为中国第一个出使英国的驻外大使。他不仅敢于考究西方政体,而且敢于肯定其优长之处,然而他的主张不容于当世,所著《使西纪程》一书尚未出版,便遭保守派毁版之厄,这使得中国近代史上社会精英的一束思想火花一闪即灭。

曾国藩与郭嵩焘的故事,可以让人体会到孔子所谓"益者三友"之说,是多么精辟而宝贵。那么,怎样对自己的朋友能起促进作用呢?

第一,思维上促进,即以自己正确的所思所想来校正或完善友人的思想活动。

第二,道义上促进,即以恰当而妥善的理由帮助友人走出困惑,振奋精神,树立形象。

第三,措施上促进,即在实际工作或相关活动中,积极主动地采取必要的行动,来支持友人一显身手,成就事业。

第四,情感上促进,即在关键时刻,与自己的朋友肩并肩、手拉手,荣辱与共,唇齿相依。就像周华健在《朋友》这首歌中所唱的那样:朋友一生一起走,那些日子不再有,一句话,一辈子,一生情,一杯酒。

什么是好朋友？概括起来就是,他需要你,绝不会为难你;他期望你,绝不会苛求你;他欣赏你,绝不会忌妒你;他批评你,绝不会辱损你;他帮助你,绝不会索取你;他陪伴你,绝不会缠扰你;他离开你,绝不会背叛你!

# 第 11 讲
## 做个好邻居

**和睦·照应·体谅·共建**

有一句家喻户晓的俗语:"远亲不如近邻,近邻不如对门。"这句俗语说出了邻居的重要性。邻居是我们日常生活中必须经常要面对的人;邻居是除了住在一起的家人外,离我们最近的人;邻居还是既可能很容易与我们产生矛盾,又可能最及时给予我们关怀的人。相互成为好邻居,生活才会更美好。

## 和　睦

"千里修书只为墙,让他三尺又何妨? 万里长城今犹在,不见当年秦始皇。"——张英

与邻居和睦相处,首先要从思想意识入手,主动树立维护和增进邻里之间和睦的责任感。

清朝康熙年间有一个桐城人叫张英,他是文华殿大学士兼礼部尚书(相当于宰相)。有一天,老家派人匆匆忙忙进京递上一封书信。原来张家人与叶家人是紧密邻居,在宅基地问题上发生争执。两家大院的宅地是祖上的产业,两家前段时间建房时,都想把自家的院子扩大点,因为时间久远,到底两家的宅基地各有多大面积,成了一笔糊涂账。公说公有理,婆说婆有理,谁也不肯相让。

此事闹到官府,官府也判断不出,又因为两家都有势力,都不好惹,干脆不作为了。纠纷越闹越大,于是张家人这才把此事告诉张英,希望张英打招呼"摆平叶家"。

张英阅过书信,轻松地笑了笑,来人和旁边的下属面面相觑,莫名其妙。只见张大人走到书案前,拿起笔在纸上一挥而就一首诗:

千里修书只为墙,让他三尺又何妨?

万里长城今犹在,不见当年秦始皇。

张英将诗交给来人,命其速速带回老家。家里人一见书信回来,喜不自禁,打开一看,大家不由得扫了兴致,但过后一想,张英说得有理啊! 邻居相处,以和为贵,为了不明不白、不清不楚的三尺地,争得双方反目成仇,岂不是要世代结怨,自食恶果吗? 既然争不得,倒不如主动相让。

张家主动将垣墙拆让了三尺,左邻右舍以及官府的人得知此事,无不称赞张英及其家人旷达谦让、高风亮节。叶家人十分感动,当即决定把自家的垣墙也退后三尺,两家之间形成了宽六尺、长百尺的巷子。两家争端平息了,两家人不但和好如初,而且更加

亲近。

邻里之间以和为贵,整天抬头不见低头见,一事不和,争执不休,很容易导致意想不到的恶果。

重庆蓬安县农村,就曾发生过邻里之间为两只小鸡引发命案。一天下午,刘某家的小鸡跑到了何家的院子里,何某正在扫地,随手拿扫帚一摔,赶小鸡离开,两只小鸡颤巍巍地跑走了。刘某见到何某时,责怪他将自己家的小鸡腿弄残了。何某辩解,称自己只是赶了一下小鸡,不关他的事。双方为这点小事争执不休,虽然后来停止了争吵,但相互心里都憋着气。

第二天中午,刘某又在何家门口遇到何某,二人你一言我一语又吵了起来,双方嗓门越来越大,二人不听旁人的劝阻,骂声不断。突然,何某在极度气愤之下,发生休克,何家人立即将他送往医院抢救,后来终因血管破裂,抢救无效而死亡。

当天,死者亲友向派出所和司法所报了案。经他人证实和现场勘验,司法所认定双方无肢体接触和打斗,只有口角争执和相互对骂现象,死者的死亡不属刑事案件范畴。于是,司法所和派出所会同村委会进行调解,经过耐心工作,双方最终达成了调解协议。刘某认识到了吵架的不对,当场承认了错误,并表示自己对何某的死亡也深感痛心和愧疚,愿意赔偿死者亲属各种损失共计 13 000余元。何家则同意调解意见,愿意妥善处理死者的善后事宜,不再要求刘某承担其他责任。

一场死亡纠纷及时化解了,但是,为了两只小鸡的腿伤,导致这么大的损失,实在是令人惋惜。

邻里之间,应当相互尊重,相互理解,始终抱有"和为贵"的正确意识。遇事要冷静,说话要和气,即使出现什么问题也应该首先多从自身找原因,然后再和对方好好交流,相互沟通。

邻里之间,应当大事讲原则,小事讲风格,一旦产生矛盾,只要无关大局和根本利益,相互谦让就是解决矛盾的最好办法。常言说得好,路窄处留一步让人过,味浓时减三分让人尝。处事让一步为高,待人宽一分是福。

邻里之间,还应当提倡以德报德,以直报怨。人家主动谦让,自家就不能得寸进尺,而应该投桃报李,同样以谦谦君子的风范相待。在"六尺巷"中,张家让了三尺,叶家也让了三尺,才有了"六尺巷"的佳话留传后世。试想,如果张家让了三尺,叶家还不满意,还要张家再让三尺,甚至一丈,那么张家岂能答应,世人岂会认同?

假设遇到这样的"恶邻",那该怎么办呢?

有人曾问孔子:"以德报怨,何如?"意思是问:用恩惠来回应怨恨,这样如何呢?孔子说:"何以报德?以直报怨,以德报德。"意思是说:那用什么来回应恩惠呢?应该用正直来回应怨恨,用恩惠来回应恩惠。这就告诉我们:你对我好,我也对你好,这才符合人性,这才是公平的。

当然,也不必"以怨报怨",你对我不仁,我对你不义,你今天伤了我的人,我明天就来要你的命。如果是这样,冤冤相报何时了,既不能真正解决问题,更不会有好的下场。所以,孔子提倡"以直报怨"。如果邻里之间,的确有人自私自利,挑起事端,故意做一些不合法、不道德的事情,而且屡劝不改,肆意破坏邻里和睦;那么,人们可以诉诸行政、法律和舆论,请求公正的回应,来制止他的举动,约束他的言行。还应该注意的是,一旦事情得到妥善处理,邻里之间就应当和好如初,仍然以和为贵。

## 照　应

"堂前扑枣任西邻,无食无儿一妇人。"——杜甫

平常过日子,谁家都难免有紧急和困难的时候,需要有人及时给予帮助和照应。邻里之间,一墙之隔,一屋之远,相互帮助和照应,最为及时方便。

至圣先师孔子的父亲叫叔梁纥,他在与孔子母亲颜徵在结婚前,已娶有两房妻室,生九女一男,但唯一的儿子孟皮(原配所生)是个有病的跛子,不能继承父业,立足于社会。所以,叔梁纥晚年63 岁时,又娶了颜氏。两年以后,19 岁的颜徵在生下了儿子孔丘。孔子未满周岁时,父亲叔梁纥病亡。叔梁纥的原配妻子早已去世,二夫人施氏便将淫威加在了颜徵在母子身上,经常辱骂、虐待孔子生母。

幸亏颜徵在有一个好邻居曼父娘,她十分同情颜徵在的处境,经常劝慰、照应颜徵在挺过难关。后来,曼父娘为生计所迫,从昌平乡的小山村迁居到曲阜。临别时,曼父娘拉着孔子母亲的手说:"大妹了,凡事要往开处想,天无绝人之路,这个家你如果呆不下去,就领着你的丘儿到曲阜城找我,哪怕是讨饭,咱姐妹俩也是个伴。"

孔子母亲有一次实在忍受不了施氏对自己和儿子的辱骂,跑到河边准备投水自尽,幸亏小孔丘一路喊着娘找到了河边。于是,颜徵在抱起幼小的孔子朝曲阜城走去,找到了老邻居曼父娘。在曼父娘的帮助下,颜徵在租赁了三间茅舍居住,又把可怜的孟皮接了过来。从此,颜徵在在自家门前开垦了一小块荒地,种上粮食和蔬菜;平时,还在曼父娘的关心和照料下,一道给人拆补浆洗,编织草鞋,赚些零花钱。

曼父大孔子几岁,经常带着孔子出去游玩,最频繁的就是到周公庙看祭祀礼仪,曼父还一个一个地告诉小孔丘礼器的名称。正是从那时起,孔子对周礼产生了深厚的兴趣。

后来,孔子为了给生病的母亲治病,帮助她赚钱养家,不再去乡学读书,而是到叔孙氏家里去放牛。叔孙氏把家中藏书全部对孔子开放,孔子一边与邻居家的小伙伴一起放牛,一边读书自学成材。

孔子18岁的时候,母亲颜徵在去世,孔子家里一贫如洗,竟然无钱买棺椁。邻居们凑到一起,你出木料,我出工,终于为颜徵在打了一口棺材;还有人送来麻布、鸡羊等。老年人主事,青年人跑腿,孔子母亲的丧事终于办得有条不紊,这使孔子在悲痛之中得到了莫大的欣慰。

孔子从幼年起,就经受了许多磨难,然而他一生笃信、宣扬、实践"仁者爱人"的主张,这与他从小就遇到像曼父娘这样热心帮助、照应他的母亲和他本人的好邻居,应当不无关系吧。

邻里之间相互照应,彼此同情,是中华民族的传统美德。唐代大诗人杜甫曾住在四川夔府的一个草堂里,草堂前有几棵枣树,邻居中有一个老年寡妇常来打枣。杜甫同情老妇人的遭遇,总是由她来去自由。后来,杜甫把草堂卖给一位姓吴的亲戚,自己搬到离草堂十几里远的东屯去了。不料,这姓吴的亲戚一来,就在草堂四周插上了篱笆,禁止外人进来打枣。

杜甫知道这件事以后,便写了一首诗当作书信,寄给了吴郎,诗名《又呈吴郎》:

堂前扑枣任西邻,无食无儿一妇人。

不为困穷宁有此,只缘恐惧转须亲。

即防远客虽多事,便插疏篱却甚真。

已诉征求贫到骨,正思戎马泪盈巾。

这首诗充分表达了杜甫对贫老无依邻居真挚的同情之心。他要求吴郎像他一样任由老妇人到堂前打枣,而且还希望不要让老妇人感到不安恐惧,要用亲切自然的态度来对待她,使她能安心扑枣。

其实,邻里之间相互照应,很多时候并非难为之举,大都是热心所为,常常是举手之劳;关键是要有一颗火热的仁爱与同情之心,助人为乐,乐在其中。比如:

早晨出门,晚上回家,相互见面打声招呼问个好;

大人不在,小孩归来,主动关心代为照料行方便;

物品在外,主人忘记,及时提醒顺手代收免损失;

张家有喜,李家有难,出手相助众人到来送关怀。

常言说,邻居邻居,相邻而居,有墙是两家,拆了墙就是一家。一家人本应该相互照应。

## ● 体 谅 ●

"不以所长者病人,不以所能者傲人。"——赵谦

所谓体谅,就是设身处地为他人着想,站在他人的角度去考虑维护其正当的利益,做到"己所不欲,勿施于人"。

有一段传统的相声,讲了以下一则故事。有一对老夫妇无儿无女,家中有两层房屋,其中上层屋子租给了一个小伙子居住。小伙子因为工作忙,应酬多,经常深更半夜才回家。两位老人年纪大了,睡觉不踏实,生怕自己睡着了,再被小伙子吵醒后难以入睡。于是,每天都要等小伙子回来忙定了,安静下来,自己才开始睡觉。可是,老年人上床后一下子又难以入眠,两位老人在床上要折腾好一会儿工夫才能睡着。

就这样过了一个多月,老大爷实在忍不住了。有一天夜晚,等小伙子回来了,老大爷在楼梯口拦住他,对他说,自己和老伴年纪大了,夜晚睡觉很怕响动,希望小伙子晚上能尽量早点回来,或者

晚上回来以后,上楼到房间里手脚轻一点,尤其是不要每天上床睡觉前脱下两只鞋子时都要"咚、咚"两声,将它们重重地扔在楼板上,惊得老人心里不安。小伙子满口应承下来。

第二天,小伙子又应酬到很晚才回来,大手大脚地上了楼,忙了一会,这才脱鞋上床,先脱下右脚的皮鞋,扔在楼板上,发出"咚"的一声响。突然,小伙子想起了老大爷的嘱咐,于是再脱下左脚的皮鞋后,拎在手里轻轻地放在了楼板上。

到了第二天凌晨,小伙子还在睡梦中,就不断听到"嘭嘭……"的敲门声。小伙子惊醒后,下床开门,只见老大爷怒气冲冲地站在门口,望着小伙子说:"你赶快搬家吧,这房子我不能再租给你了。"小伙子慌了神,连忙问:"为什么?"老大爷说:"你还好意思问啊!刚和你说好的,你就忘了。大手大脚的也就罢了,你每天都扔两次鞋,昨天夜里你扔了一只就不扔了。我们老两口一宿没睡,就等你扔第二只鞋呢,结果天亮了,还没听到你第二只鞋扔在地板上的响儿。你这不是坑人吗?你赶快搬家吧。"

后面的故事相声里没说,我们可以推断:小伙子诚心道歉后,老大爷也许会原谅;但是,这小伙子以后真应该好好体谅老两口的苦衷,再不能干扰老人家的正常休息了,否则,只得搬家走人了。

体谅邻居,就要心中装着邻居,不能"目中无人",随心所欲,为所欲为,影响邻居的正常生活和休息。做到这一点,其实并不难,只要我们在日常生活中常常留点神,用点心,说话、做事多加注意就行了。

还有一种情况是,当自己家庭及个人的爱好,与邻居的正常生活相冲突,那该怎么办呢?

明朝礼部尚书杨翥居住在京城某个胡同里,喜欢骑驴代步。他对驴子特别偏爱,每天晚上下班回家,都要亲自为驴子擦洗梳理,给驴子喂上等的饲料。家里人要替他做这些事,他都不让人插手。驴子待的地方就在他住房的旁边,半夜里,杨翥总要起床到驴舍里去看一两次,生怕那宝贝驴子受什么委屈。

杨翥的邻居是一位60多岁的老头,快60岁的时候,才生了个儿子,老来得子,倍加疼爱。但这个孩子一听到杨翥的驴叫,就哭个不停,饮食也明显减少,搞得全家人不得安宁。杨翥是地位显赫的朝廷大官,这家人不敢向杨翥说这个事。眼看孩子一天天消瘦下去,父母伤透了脑筋。

就这样过了一段时间,杨翥发现邻居老头子和其家人看到自己,总是一副不安又不满的神色,想说什么又不敢说的样子。于是杨翥主动上前施礼,再三询问老人家可有什么事不痛快,并且说大家邻里相处本应亲如一家,如有什么心事不妨直说。

老人家这才如实地把自己家的情况告知杨翥,杨翥听后,连忙向老人家道歉,不断责怪自己疏忽大意。回家后,杨翥当即派人把自己心爱的驴子牵走卖掉,还再三嘱咐不得卖给驴肉店,只准卖给用驴子作为劳动工具的人家。

杨翥为了不打扰邻居的正常生活,忍痛割爱的事迹传遍京城,人人都交口称赞。

对于现代人来讲,城市的邻居距离更加靠近,往往是上上下下、前前后后挨在一起,邻里之间更加要有体谅别人的意识和主动性。大家住在一个小区的高楼里,楼下的人,不要占用楼道,影响楼上的人进出;楼上的人,不要往窗外扔东西或垃圾,以免楼下的人遭受飞来之祸。前后左右、楼上楼下的邻居住在一起,不管有什么样的爱好,比如养宠物、听音乐、打牌、下棋、种花草等,都应注意以不干扰他人的正常生活为原则。

## 共 建

"独乐乐不如众乐乐。"——孟子

　　要切实处理好邻里关系,还需要有好邻居主动出来发动大家共建"文明舒适"的家园。左邻右舍、家家户户共同参与到使人身心愉悦的小区活动之中,从而不断熟络和加深感情,发展和巩固邻里之间和睦友爱的良好关系。

　　刘邦建立汉王朝后,朝廷特别重视良好邻里关系的建立,为此想尽了种种办法,其中最重要的是举荐制。就是说,你要想当官必须和邻居搞好关系,邻居反对你这个人,你就很难做官和升官。举荐制实行到后来有所变味,变成名门望族之间相互拉关系的方式。但是,在一开始时,实行举荐制的确对邻里共建和谐社会起到了一定的促进作用。

　　汉代统治者还强调,官员要在融洽邻里关系之中起模范带头作用。汉成帝时,有一个叫薛宣的人,历任数县县令,治县非常出名。到朝廷为官,担任过丞相,此前任左冯翊(相当于首都附近直辖市的最高长官)。在官吏休假日,他的部下张扶仍坚持上班办公,就是不肯休息。于是薛宣对他说:"益礼贵和,人道尚通。日至,吏以令休,所繇来久。曹虽有公职事,家亦望私恩意。掾宜从众,归对妻子,设酒肴,请邻里,壹笑相乐,斯亦可矣。"意思是说:礼和人道都以和为贵。到了放假,官吏按照政府的规定就应该休息。

虽然衙门里有处理不完的公事要办，然而家里人也眼巴巴地想你回家团圆。你还是应该和大家一样，该休息的时候就休息去吧。回家和妻子家人欢聚，再摆上酒宴，请邻居们一起过来玩玩，大家同席同乐加深感情，这样做比较好吧。

张扶听了薛宣的话很惭愧，连忙回家休息去了。当地的大小官员和士人、百姓也都赞扬薛宣的话说得有道理。

自汉代以后，邻里之间相互走动，一起娱乐，共同维护社会安宁和谐，成为中华民族的良好传统。晋朝的陶渊明经常"与二三邻曲，同游斜川"。唐朝的杜甫每到春暖花开的季节，则会去那一路长满鲜花的邻居家赏花游玩。他在自己的诗歌《江畔独步寻花·其六》中写道："黄四娘家花满蹊，千朵万朵压枝低。留连戏蝶时时舞，自在娇莺恰恰啼。"他还在《客至》诗中这样写道："舍南舍北皆春水，但见群鸥日日来。花径不曾缘客扫，蓬门今始为君开。盘飧（晚饭）市远无兼味，樽酒家贫只旧醅（没过滤的酒）。肯与邻翁相对饮，隔篱呼取尽余杯。"最后一句的意思是说：家里来了尊贵的客人也要请邻居一起来作陪喝酒。

同样是唐朝的诗人于鹄有一首诗，题目就叫《题邻居》："僻巷邻家少，茅檐喜并居。蒸梨常共灶，浇薤亦同渠。传屦朝寻药，分灯夜读书。虽然在城市，还得似樵渔。"说的是：自己家和邻居同用一个锅灶蒸梨，同用一渠水浇菜；白天一同出去采草药，晚上各自在灯下读书。这样邻里和睦友爱的生活，是多么的安闲舒适。

现在的城市人，大都住在一个社区，邻里之间的人多了，人情味却淡了，甚至"一墙之隔不往来，擦肩而过不说话"。大家对此都有深刻的体会和感慨。为什么会这样呢？究其原因，可能是因为现代人工作和生活的节奏太快，在外忙了一整天，回到家里门一关，就懒得再动了；也可能是因为现代人的隐私观念增强，不愿意让外人，哪怕是亲邻，走进自己的个人天地。然而，人毕竟是群体性动物，它的本质是社会性的，与外人隔绝，也许会简单一些，安定一些；但是，热情而美好、喜庆而愉悦的生活却离我们越来越远。总是把自己关在屋子里，谁能来了解我们？谁还能来关心我们？遇到急难之事，谁又能及时地帮助我们呢？

因此，做一个好邻居，就要懂得自觉主动地参与、积极认真地组织社区群众性精神文明建设活动，以及各种形式的"睦邻友好"的聚会；还应当共同制定并认真遵行社区睦邻公约等规章制度。从而，让陌生的邻居熟悉起来，让疏远的邻居亲近起来，让寂寞的邻居热闹起来，让"邻里友爱"的春风吹遍每个角落，吹到家家户户！

**盈利·宝号·重本·好儒**

中国自古就有"士农工商"之说,《管子·小匡》篇说:"士农工商四民者,国之石民也","石民"之意为国家的柱石。人类社会越向前发展,对商业和商人需求的程度就会不断增大。正所谓"无农不稳,无工不富,无商不活",商业和商人发挥着流通有无、刺激消费、促进生产、推动经济发展等十分重要而关键的作用。当今社会,几乎没有人可以离开商业和商人,经商或者涉足商业的人也越来越多。如何做一个好的商人,成为大众十分感兴趣的话题。

## 盈 利

"运之六寸,转之息耗,取之贵贱之间耳。"——桓宽

所谓盈利,是收支相减之后的利润。要做一个好商人就应该在经营活动中以盈利为主要目的和行动指南,只有盈利,商业和商人才能有生存和发展的机会,才能更好地作用于社会,贡献于社会。

西汉人桓宽在《盐铁论》中写道:"夫白圭之废著,子贡之三至千金,岂必赖之民哉?运之六寸,转之息耗,取之贵贱之间耳。"意思是说,白圭这样的巨商从事买贱卖贵而富裕,子贡赚钱谋利,几度积财千金,难道一定要取之于老百姓吗?不过是靠运用心计、盘算盈亏,利用物价涨落来谋取大利而已。

《史记·货殖列传》中记载,秦国灭了赵国后,实行移民政策,当时许多人贿赂负责移民的官吏,不愿搬迁,要求留在本地居住生活。只有姓卓的一位商人与众人的想法不同,他竟然主动要求搬迁到较远的"纹山之下"居住。原来,他看中那里土地肥沃,特产丰富,而且民风纯朴,易于买卖,在那里从事商业经营活动盈利的空间很大。卓氏搬迁到"纹山之下"以后,几年时间就成了天下闻名的巨贾。

宋朝时期是中国古代商人活跃、商业发达的时代。据史书记载,有一次临安城里发生大的火灾,一位裴姓商人的店铺也随之起火,家人及伙计七手八脚地忙着救火,有人还要冲到着火的店铺里去抢搬物品。这位姓裴的商人却招呼一些精明能干的伙计停止救火,与他一起出城,分头分批去采购竹木砖瓦、芦苇椽桷等建筑材料。火灾过后,临安城大火燃烧的地区百废待兴,遭受火灾的人家

最着急的就是重建家园,市场上建房材料热销缺货。就在这时,裴姓商人采购的建筑材料源源不断地运抵城里,不但满足了市场和百姓的需求,而且他也从中赚取了很大的利润,远远超过了自家店铺着火所遭受的损失。

还有一则传奇故事,更能说明好商人是如何精明盘算,从而获取财富和利润的。

有一个商人,在积累了一定的资产以后,突然有一天,他的家中遭遇火灾。一场大火过后,所有财产都化为尘烟。这位商人大难不死,但是已经一无所有。这时,他看见一只从火海中逃出来的大老鼠,因为伤势严重,挣扎了一会儿,就死在了他的脚边。

他看着这只死老鼠,眼前一亮,决定用它作为资本做点买卖。于是,他捡起这只硕大的死老鼠,来到一家药铺里,换得了一枚钱币。接着,这位商人用这一枚钱币买了点糖精,向一位熟人借了一只水罐,用水罐盛满了水,将糖精放到水中融化,然后来到一群制作花环的花匠那里,给花匠们喝甜水,换取一些鲜花。傍晚,他将鲜花在街市口出售。如此反复若干天后,这位商人就有了8个铜币。后来,他用这8个铜币买了一些廉价的糖果,分给一群玩耍的孩子,要求他们帮助自己把花园里被狂风吹落的满地枯枝败叶捡拾起来,堆放在花园门口。过了两三天,恰逢烧制陶具的人需要这堆柴火,于是,这个人又获得了16个铜币。就这样,原本一无所有的他没用多长时间就积聚了24个铜币。

后来,他以这24个铜币做本钱,利用与割草工的特殊关系,经营饲料的期货交易。一次马贩子带1 000匹马进城,这个人垄断了饲料供应,狠狠地猛赚了一笔。在有了一定积蓄之后,他又雇了一辆备有侍从的豪华马车,来到运河边,预订了一条大商船进港口后的交易权。然后,买空卖空又获取了一大笔十分可观的财富。在遭受火灾之后不到两年的时间,这位商人又成了财主。

商人为了盈利,奔波劳碌,呕心沥血,不以为苦;夜以继日,废寝忘食,不以为累。古代徽商年纪轻轻就外出经营,每到年底才回家与父母妻儿团聚一次。为此,年复一年在外操劳,黑发出门白发回,但他们依然无怨无悔,甚至有人外出十多年不归。清代婺源县有一位姓詹的商人,儿子出生几个月后,他就外出经商,结果一别就是17年。儿子长大后,决心追寻父亲的踪迹,一方面要学习经商之道,另一方面要把父亲给找回来。于是,这个儿子深入四川、云南的山区,又遍寻湖北等地,最终找到父亲。过了一段时间,父子二人相携而归。

一个好商人最懂得以"经济"为中心。在他们的脑海里,整天盘算如何搞好自己的经营,努力使之利润最大化;尤其是在他们的经营活动处于开端和发展的阶段,一切事务和行为都以赚取商业利润为核心、为主宰。所以,在法规非禁之中,"唯利是图"当是商人的本性,没有这点本性的人是做不好一个商人的。

一个好商人往往不以浪费钱财享受生活为快意,而是以利用钱财赚取利润为乐事。他们用自己独特的眼光和大脑去发现商机、制造商机;用自己过人的智慧和付出去增值财富、获取财富。

一个好商人最关心大众的生产、生活的状况和需求,并且十分注意观察和分析其中的趋势;因为,无论是什么样的经营活动,也无论是什么样的商品,最终都是为大众服务的。只有大众需要和愿购,才能形成可观的市场效应。

## 宝 号

"第一步先要做名气。名气一响,生意就会热闹。"

——胡雪岩

号者,商家之名号也,它既代表着商家的实力,也代表着商家的声誉。所谓"宝号",就是指一个优秀的商人把自己商家名号视若至宝、惜爱有加。

明代苏州有一个叫孙春阳的人开了一家杂货店,店规很严,杂货店的储存、摆设、销售每一环节都有一定的步骤和要求,绝不容许店里掌柜和伙计稍有违反和马虎。他的货物储存分为南北两大货房,两大货房又分成海货房、腌腊房、酱货房,等等。在他的商店里,顾客看中货物样品,由掌柜取下一票送到货房,再由货房将保管得十分完好的货物发到门店出售。每天打烊后,总管负责进行每天一小结,每月、每年都分别要一中结、一大结。如此严格管理一年以后,"孙春阳杂货店"的名声在苏州城大振,从明代一直延续到清朝乾隆年间。

清朝道光年间,有一贵州的商人叫胡荣命,在江西经商,开了一家"荣生商铺",50 多年时间创下了深受顾客欢迎的口碑,童叟无欺,以诚经营。胡荣命到了晚年,罢业回乡,有人听说这一消息,跑来和胡荣命商议请他转让"荣生商铺"店号,并表示愿意以重金购之。胡荣命不为所动,一口回绝。那人走后,胡荣命对自己身边的人说:"'荣生'之店号乃我几十年诚实经营创下的好名声,我人虽然离开了,但我的店号名声岂能轻易转让。那个人果然能够诚实经营、童叟无欺,又何必要购买我的店号。只怕是他购买以后,有名无实,岂不辱没作践了我'荣生商铺'在商界和顾客中的信誉,如果到了这一步,我胡荣命也是晚节不保啊。"

我国古代的商人,尤其是在明、清两代,都十分重视创设自己的品牌商铺,有许多商号至今仍然耳熟能详,与人们的日常生活紧密关联,比如张小泉剪刀、胡玉美酱园、王致和臭豆腐、谢裕大茶行、汪恕有滴醋、同仁堂药铺等。经营这些商铺的商人从一开始就高度重视自己的"企业形象",全都把"货真价实、质量上乘"作为经商的最高宗旨,并且言传身教,以严格的商业道德、规范传之后世,遵循不渝。

王致和臭豆腐店铺发展到今天,已经成为北京王致和食品集团有限公司,是一家以生产酿造调味品为主的科工贸一体、跨行业经营的集团公司,而它起源于清朝康熙年间。康熙八年,安徽太平县有一举人名叫王致和,进京赶考落第,滞留京城,原本家境就很差,这下子更加度日艰难。为谋生机,王致和做起了豆腐生意,同时刻苦攻读以备下科考试。虽然本钱有限,但他从一开始就十分重视选择上等的黄豆做原料。盛夏的某一天,他做出的豆腐未卖完,怕放坏了,便切成四方小块,配上盐、花椒等作料,放在一口小缸里腌上。因为天气特别炎热,王致和停磨歇业,一心攻读,渐渐地把这件事忘了。到了秋凉以后,他又重操旧业,蓦地想起那一小缸腌制的豆腐,连忙打开,臭味扑鼻,豆腐已成青色,再细细观察品味,似乎臭中还有一股特殊的醇香味道。于是,他把这一小缸臭豆腐送给邻居品尝,大家都觉得特别好吃。

此后,王致和又一次应试不第,于是他专心经营起臭豆腐来。他在延寿寺西路建作坊、立招牌,竖起"王致和南酱园"店号,主营臭豆腐,兼营酱豆腐、豆腐干以及各种酱菜。为了做出质量更好的臭豆腐,王致和选择最上等的黄豆和别致的作料,经过腐制、接菌、发酵、腌制、配汤、后期再发酵等若干道工序方才完成。王致和一生的经营坚持以质量取胜,以口味赢人,不断改进工艺,小小的一块臭豆腐,无一不是精工细做而成。在做买卖时,王致和采取"价廉味美、薄利多销"的策略,无论是什么人来采购均一视同仁,如此一来,"王致和臭豆腐"生意越来越兴旺,很快在京城内外热销起来。

到了清朝末年,"王致和臭豆腐"传入宫廷御膳房,成为慈禧太后的一道日常小菜,慈禧还为之取名"青方"。从此,"王致和臭豆腐"身价倍增。"王致和南酱园"这六个字分别由孙家鼐、鲁琪兴两位状元重新书写。孙家鼐还写了两幅藏头门对,一幅是"致君美味传千里,和我天机养寸心",另一幅是"酱配龙蟠调芍药,园开鸡跖钟芙蓉",这两幅藏头门对被雕刻在四块门板上,悬挂在大门两边。王致和这个穷秀才开创的臭豆腐生意,传到今天仍然经久不衰,而且越做越红火。有人说过,单单"王致和臭豆腐"这六个字的品牌就价值连城。

晚清著名的红顶商人胡雪岩,独自做生意开的第一个钱庄号为"阜康"。一天,来了一位"千总",将一万二千两银子存入"阜康"钱庄。这位"千总"名叫罗尚德,是四川人。他在老家时是一个赌徒,定下婚约却不提婚期,因为好赌,用去了岳丈家一万五千两银子,最后,岳丈家提出只要罗尚德同意退婚,宁可不要一万五千两银子了。这下罗尚德受了刺激,他不仅同意退婚,并发誓做牛做马也要还上这一万五千两银子。于是,罗尚德投军,辛辛苦苦干了十三年,终于熬到六品武官的位置,积蓄了一万二千两银子。

罗尚德接到命令,要到江苏与太平军打仗,没有亲眷相托,因为常听同乡刘二说"阜康"钱庄讲信誉,于是他将一万二千两银子拿来存入。罗尚德既不要利息,也不要存折,因为自己上战场,生死未卜,存折带在身上是个麻烦。

后来,罗尚德在战场上阵亡了。阵亡之前,他委托两位同乡将自己在"阜康"的存款提出,转给老家亲戚。罗尚德的同乡没有任何凭据,就来到阜康钱庄,办理存款转移手续,原以为会遇到一些刁难和麻烦,甚至恐怕"阜康"会赖账。令他们想不到的是,"阜康"除了要求让刘二出面证实他们二人是罗尚德同乡外,再没要他们费半点周折,就为他们办了手续,这笔存款不但全数照付,而且按照胡雪岩的吩咐,还算了三年定期利息,一共付给一万五千两银子。

从此,"阜康"的声誉不胫而走,许多绿营官兵甘愿把自己的积蓄"长期无息"地存入"阜康"钱庄。

为使商号在激烈的市场竞争中立于不败之地,优秀的商人还十分重视"号规"的作用,以此维护和提升商号的良好企业形象。

乔致庸创办的"大德通"票号的号规就十分严格而系统,从光绪十年(1884年)到民国十年(1921年),38年间,共议号规5次,合计74条。这些"号规"规定了许多"不准"(并加若干详细解释),如:不准接替出外,不准宿娼,不准赌博,不准轻慢普通顾客,不准用号款借与亲友等。违者轻则处分,罚银责扑;重则开除出号,或交官严办。这些科学而严格的号规,规范了伙友的行为,消除了伙友能量的负面影响,使得商号得以平稳而长久地发展下去。

好的商家形象一方面从商铺、门店的硬件建设上来体现,早在宋朝期间就有"京师市店,素讲局面,雕红刻翠,绵窗绣户"一说;

另一方面更来自良好的服务、优质的商品以及无敢居贵、薄利多销的经营策略。以质取胜方为长远之计，所以一个好的商人绝不会偷工减料、弄虚作假，因为他们深知若是以假充真、以次充好欺骗顾客，终将暴露自己的贪婪和丑恶，这无疑是在商场上自掘坟墓。

好商人讲究的是以诚待人、童叟无欺，奉行"顾客是上帝"的原则，热情而周到地服务好每一位顾客；他们还深知用"薄利多销"来赢得更多的顾客、更广的市场、更大的销售。司马迁总结历史上优秀商人的经营之道后说过"贪买三元，廉买五元"，就是说贪图重利的商人只能获利30%，而薄利多销的商人却可能获利50%。

当然，对于特殊商品，如奢侈品的买卖而言，也许价格并非越低越好；但是商家的名号还是至关重要的，坚持优质的商品、良好的服务以及相对而言的物美价廉，始终是赢得顾客和市场的制胜法宝。

## ● 重 本 ●

"让人家认死了咱们大德兴和复字号的牌子和信誉，我就重重地奖励你们，给你们加薪，加身股。"——乔致庸

做生意离不了本钱，做大生意则不但需要大本钱，更需要以人才为本；甚至商业发展到了一定阶段，有了人才就自然有了本钱，"一本万利"的生意是靠优秀的人才做出来的。

提到晋商的代表"乔家大院"，人们就会想到乔致庸。其实，乔家发迹始于乔致庸的祖父乔贵发。乔贵发少年父母双亡，长大后一贫如洗，生活十分艰难。乔贵发虽然一无所有，但他为人既勤奋又精明，而且不甘穷困，于是从安徽祁县老家，背井离乡来到塞外的归化城(呼和浩特市旧城)。当时归化城有三大商号，其中两家是祁县人开的，乔贵发凭自己的身强力壮以及是商号东家老乡的身份，找到了第一份工作——拉骆驼。人虽然很辛苦，但是报酬较为丰厚，不到数年功夫就积累了一小股本钱，于是乔贵发决定要

自己做生意。

接下来的问题是,在哪里做和做什么。当时的归化城商业已较为发达,而且形成了垄断的局面,归化城的商业大利或较大的经营机会已经被各大商号瓜分完毕。乔贵发决定去商业正处在蒸蒸日上时期的萨拉齐镇,那里商业机会较多,尚未形成垄断局面,普通的生意人做大做强的可能性较大。刚到萨拉齐时,乔贵发并没有轰轰烈烈地贸然行动,而是悄悄地在一家店铺里当伙计,一来交些生意场上的朋友,二来熟悉这里的商业情况。过了一段时间,乔贵发发现萨拉齐冬天最缺的是蔬菜,而这里的豆类作物多,价格便宜,却没有做豆腐、生豆芽的。于是,乔贵发决定自己独立门户,开始做生豆芽和豆腐的买卖。乔贵发的豆腐、豆芽一上市,就成了热销货,虽然是小买卖,但很快就赚取了较大的利润,乔贵发从此成了乔东家,积累了一定的资本,从而为今后进一步的发展奠定了基础。

又过了一段时间,乔贵发准备另图大的发展。而要图大的发展,一是要有大的本钱,二是要有好的人才,然后才是选什么样的业务和在什么地方开张。于是乔贵发想到了一个人,这个人姓秦,徐沟县人,在萨拉齐做种菜卖菜的买卖,人很精明,与乔贵发交往融洽投机,相识相知。乔贵发把自己想做大买卖的想法同秦某言明,并表示想请他和自己合作,共谋大业。秦某十分乐意,二人结拜为兄弟,立下终生合作的誓言。乔、秦二人商议,归化城通往蒙古大草原有一处重要路口——昆都仑口,可以选择离昆都仑口不远的一处叫西脑包的地方做生意,利用为庞大的旅蒙商队提供粮草服务的便利条件,在那里开办粮店草料铺。

乔、秦二人携带足够的资本来到西脑包,一方面用比萨拉齐更便宜的价格租用土地,修建房舍;另一方面招聘人马,拉开架势。很快,粮店草料铺便开张营业了。不久,就出现了生意兴隆、财源茂盛的景况。因此,也引来了许许多多的人仿而效之,西脑包地方连带包头一大片地区从荒野逐步变成了繁荣的村镇。

此后,乔贵发虽然在商场上有过大起大落,但最终在包头开辟了"广盛公"商号的大买卖局面,也为乔家商业日后在包头近 200

多年的垄断地位奠定了基础。

到了乔家第二代，乔的财产平均分为三份，而最终把乔家商业天下撑持发展到鼎盛时期的是乔贵发的三儿子乔全美这一支脉，堂号为"在中堂"。为什么是这一支脉，而不是其他两支脉呢？究其主要原因还是在于"重本"二字。

长门"德兴堂"最缺的是人本，人丁稀少，且无能够做大商业的人才。二门"保元堂"，人虽多而财散，不断分家，本钱越来越小，做不成大生意。三门"在中堂"则出了个大能人乔致庸，而且乔致庸生有六子，却一直不分家，直到150多年以后才分家拆产。人才加钱财，促成了乔致庸成为乔家商业天下的霸主。

乔致庸原本是一个读书求功名的儒生，因哥哥当家不久，早早去世，万般无奈之下，这才挑起了乔家大东家的重担。乔致庸经商最会"重本"，他手下的大掌柜们也是深谙其道，他们在用人、用钱、用势上做足了文章。

乔致庸接手家族生意后，着手做票号的生意，他希望有朝一日能够"汇通天下"。他首先将商号"大德兴"以茶叶为主兼营汇兑，改过来成为汇兑为主，茶叶为辅，后来他又把"大德兴"改为"大德通"，同年专门成立"大德丰"票号，专营汇兑。"大德丰"成立时资本6万两，过几年变成了12万两，又过三四年资本就增加到35万两。这其中的原因其实很简单，因为乔致庸把每年的利润部分，继续投入作为资本，行话叫做"倍本"。当时山西商人每到一个账期分一次利，一个账期3~4年，乔致庸几乎把所有红利都投入到资本中。在乔致庸的经营下，后来"大德丰""大德通""大德恒"都成为全国最著名的票号。

除了在钱本上下功夫外，乔致庸最重视的是人本，而且不拘一格用人才，一旦识准了，就用人不疑，许其全权处理商号事务，绝不干扰。"复盛公"商号的大掌柜马公甫原先只是号里的小伙计，由于本人能干，大掌柜派他回祁县乔家汇报经营情况。结果，马公甫不辱使命，不仅把包头经营情况汇报得有条有理，点滴不漏，而且还在汇报中显出了他本人的许多真知灼见。雄才大略的乔致庸识出他是个人才，在上任大掌柜告老还乡后，便让他当上了"复盛公"商号的大掌柜。因为"复盛公"是乔家在包头"复"字号里的老字号,对各号有节制作用,所以,马公甫上任后,不仅把"复盛公"经营得大有起色,而且把整个"复"字号都带动起来。乔致庸这一次破格用人的事件,在包头商界留下一句谚语:马公甫做大掌柜——一步登天。另有一人,名叫马荀,本是"复盛西"商号下属粮店里的小掌柜,此人不识字,自己常将"荀"字写成"苟"字,人称其"马苟"。但马荀经营有方,粮店盈利不小,而"复盛西"商号连年亏损,把粮店的盈利都贴进去了。在这种情况下,马荀回到祁县乔家鸣不平。结果,乔致庸认为马荀说得有理,于是让他的粮店独立出来,自主经营,不识字的"马苟"一下子就由小掌柜变成了大掌柜。其后,马荀执掌下的"复盛西"粮店给乔家赚回了不少的银子。

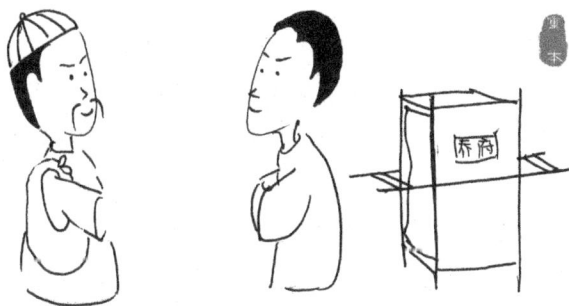

乔致庸礼遇聘请阎维藩,更是在商界成为流传已久的佳话。阎维藩原来是平遥县"蔚"字号票号福州分庄的经理,与年轻武官恩寿交往密切,当恩寿为升迁需要银两时,阎维藩自行做主为恩寿垫支 10 万两;为此,阎维藩被告到总号,受到东家的斥责。后来,恩寿擢升为汉口将军,没过几年就还清了银两,并为阎的票号开拓了不少的业务。阎维藩因为曾经受到的排挤和斥责,丧失了对"蔚"字号的感情,于是决计辞职另谋他就。消息传到祁县乔家,乔致庸赞叹阎维藩是个有胆有识的人才,而自己票号里正需要这样的人才,于是派自己的儿子备了八抬大轿、两班人马在阎维藩返乡必经路口迎接。一班人马在路口一连等了数日,终于见到阎维藩,乔致庸的儿子赶来说明来意和父亲的热切期盼,使阎维藩大为感动。乔致庸儿子又让阎维藩坐八抬(八个人抬的)大轿,自己骑马驱驰左右,阎维藩岂能答应,坚持不上轿。乔致庸的儿子再三说服阎维藩,讲明此乃家父特地嘱咐,自己不能不照办。阎维藩又是感动不已,最后只好让八抬大轿抬着自己的衣帽,算是代自己坐轿,他和乔致庸儿子两个人并马而行来到乔家。

乔致庸盛情款待阎维藩,见阎维藩举止有度,精明稳健,相谈之中对票号业务十分精通,又问知阎维藩时年仅 36 岁,于是乔致庸大叹年轻有为,当即聘请阎维藩出任"大德恒"票号大掌柜。其后,阎维藩为报乔家知遇之恩,殚精竭虑,运筹帷幄,使"大德恒"票号在金融界后来居上,成为最有竞争力和生命力的票号之一。阎维藩主持"大德恒"票号 26 年间,每逢账期按股分红均在八千到一万两之间,为乔家的商业发展立下卓越的功劳。

乔致庸为了更好地调动人的积极性,还实行一种行之有效的办法——身股制,即受东家雇用的员工除领取饮食费、衣资和工资外,有了一定的资历和功劳还要按股参与字号的分红;商号的经营成果(红利)一部分按银股分给东家,一部分按身股分给大掌柜、小掌柜等有资历和功劳的员工。那么,员工合计有多少身股呢?其他人家一般是二比八,而乔家则不断加大身股比例,达到对半,甚至员工的身股合计起来还有大于东家银股的。那么,结果如何呢?事实证明,越让利给员工,商号越赚钱!以乔家的"大德通"票号为例。1888 年银股 20 个,身股 9.7 个,盈利总额 2.5 万两白银,每股红利约 850 两,乔家分红约 1.7 万两。到了 1908 年,银股 20 股不变,身股却增加到约 23 股,盈利竟然达到 70 多万两白银,身股增长一倍多,而盈利增长 28 倍多。这次分红,尽管一半多让给员工,但乔家还是得到了相当于 20 年前二十倍的红利——34 万两白银。这些数字里蕴含着既深刻又明晰的商业规律和做人的道理。

乔东家十分注重选人用人,严格考察之后觉得其人确实德才兼备,方能委以重任;而一旦委任之后,则对所用之人大放手、大放权,予以绝对的经营自主权,真正达到了"无为而治"的境界和效果。东家平时绝不去号里说长道短,只是到账期(3~4 年)才去号里走走,一来定些大事,二来带走红利,这也是山西商人的共同做法。乔东家却做得更透彻,到了账期也有不去号里的,只是让大掌柜拿上账,去乔家深宅大院里汇报经营情况,乔东家只是听听而已。

除了用好钱、用好人,乔东家还很注意"用势"——结交和支持官府,寻求政治保护和特许。乔家最早的"复盛公"字号,曾在屋柱上挂一个类似于"尚方宝剑"的"木鞭",木鞭上有朝廷的红印,用这个木鞭打死人不偿命。乔家有了这根木鞭,地方上的流氓泼皮便不敢来这里惹是生非、胡搅蛮缠了。慈禧在八国联军攻入北京时,逃亡到西安,途经太原,财政困难,"大德恒"票号太原分庄经理贾继英立即慷慨解囊,借给西太后30万两白银。西太后路经祁县,将自己的行宫就设在乔家"大德通"票号总部。乔家还曾向清政府捐献过10万两白银,为北洋水师购买过一艘大型军舰。因此,朝廷及官员往往主动找乔家做生意,或者委托乔家办理业务。

朝廷两位大员李鸿章、左宗棠都曾为乔家撰写过门对。李鸿章写的是"子孙贤,族将大;兄弟睦,家之肥",乔家制成铜板门联嵌挂于自家大门上。左宗棠写的是"损人欲以复天理,蓄道德而能义章",横额为"履和",乔家将此联砖雕于大院门前的百寿图旁。官府与乔家互为利用,最为得益的是乔家,有了官府的庇护和特许经营,才有了乔家200多年的长盛不衰。

一个优秀的商人往往就是一个优秀的战略家;一个杰出的大商人,则不仅仅是一个优秀的战略家,还是一位睿智的哲学家、思想家。乔致庸虽然以商界大腕成名于世,然而他的所作所为、所思所想的高度绝非是一个普通的商人所能达到的,人们常说,心有多大,舞台就有多大。乔致庸心在天下,立志"汇通天下",天下自然就成为他的舞台,只不过这个舞台为乔致庸上演的不是文戏,也不是武戏,而是商戏。

杰出的大商人和杰出的政治家一样,善于抓主要矛盾,抓根本,抓本质。他们深知"纲举目张""游刃有余"的奥秘,同时也熟谙"大智若愚""有所为有所不为"的巧妙;所以,他们在生意场上始终立于不败之地。

## 好 儒

"修合虽无人见，诚心自有天知。"——胡庆余堂对联

由于历史和政治的原因，我国古代商人大都与儒学结下不解之缘，"贾而好儒"是他们的共同特点。比如乔致庸原本就是个常年研习孔孟之道的"读书之人"。

明清时期的徽州（徽商聚居之地），既是一个"以贾代耕，寄命于商"的商贾活跃之地，又是一个"十户之村，不废诵读"的文风昌盛之乡。明代歙县一个姓郑的商人，出门必定要携带儒家经典，供做生意间歇时阅读。他每到一个地方，经商之余，头一件事便是打听这里有哪些儒生名流、文人学士，然后抽空去拜会，结为相与。商务余暇，他常与读书人结伴游山玩水，唱和应对，郑氏一生还留下了许多文质颇佳的篇章。

歙县还有一个吴姓商人，是明代万历年间两淮地区的显赫巨贾、首富之人，家筑藏书阁，祖孙三代终岁诵读儒家经典及诸子学说，书声琅琅，书香袅袅。他们虽为经商之人，然而手不释卷，以孔孟儒家的说教思想和伦理道德作为自己立身行事、从业商贾奉守不渝的人生指南。许多徽商不仅家传儒学，而且还毫不吝惜地输金捐银，资助建书院、兴私塾、办义学，以"振兴文教""化育百姓"。

古代优秀商人"好儒重学"成为传统，他们不但读儒，而且行儒，自觉地以儒家的忠孝仁义作为自己的行为准则。

明代万历年间的吴姓商人,祖父吴守礼在日本国侵入高丽(朝鲜)后,朝廷出兵援助高丽抗击日寇时,主动向朝廷捐银30万两作为军资,皇帝赐其"徵任郎光禄寺署正"。吴守礼的儿子、三个孙子也都在国家需要的时候慷慨解囊,皇帝赐吴守礼儿子"文华殿中书舍人"。

乔致庸的祖父乔贵发虽然不是读书人,但也深受儒家思想的影响,为人讲究信、义、仁、慈,他和秦氏合伙开粮店草料铺,生意兴隆,后来竞争激烈,乔贵发冒险搞一种"买树梢"的买卖,即春天时他和种地的农民议定价格,支付一部分钱,秋天收获时,不管市场粮价如何,都按事先议定的价格交易。这种买卖第一次获得很大的成功,乔贵发赚了大钱。到了后来,由于"天"不作美,乔贵发在"买树梢"上跌了大跟头,要赔一笔钱。乔贵发拿出自己的全部积蓄,独揽责任和损失,与种田的人家兑现承诺,还把粮店草料铺留给了秦氏,自己一家离开了包头。乔贵发这一义举让秦家大为感叹。秦氏后来继续经营粮店草料铺,因为存储了一大批黄豆,结果在粮价暴涨时,赚了好一笔钱。这时候,秦氏意识到扩大买卖的好时机来了,他同样没有忘恩负义,千里迢迢来到乔贵发老家请他重回包头,两家再次合作干一番大事业。乔贵发回到包头后,与秦氏一起重新谋划,选择更为合适的地点,开办了一个正规的大商号"广盛公"。二人共同努力,齐心打拼,终于在包头打下了红红火火的商业"江山"。此后,乔、秦二人年纪大了,于是聘请掌柜处理号事,二人告老还乡了。

乔贵发回乡以后,严格约束子孙攻读儒家经典,以儒家的道德规范作为为人处世的准则。乔贵发传言后人:要怜贫惜弱,切不可为富不仁。乔家的后人讲孝道,代代谨记祖训,遂使"怜贫惜弱"成为乔家的家风、商风,一脉相承。

"广盛公"商号在乾隆嘉庆之际又一次遇到风险,资不抵债,大掌柜分别找到乔家、秦家请罪求援。此时,乔贵发和他的秦氏兄弟已经过世,秦家后人不愿承认做生意有赚也有赔的道理,不肯拿钱出来补救。乔家后人则与自己的祖先乔贵发一样有独担风险的义气和豪气,把几万两银子的积蓄拿出来,补贴进了有倒悬之危的

"广盛公"商号。几年以后,"广盛公"恢复了元气,买卖又红火起来,而这时,乔家出资已占到了五分之四,秦家只有五分之一,"广盛公"改为"复盛公"。从此,"复盛公"一直称雄包头商界,不仅给乔家赚取了巨额的利润,而且给乔家繁衍了许多新的商号,如"复盛西""复盛全""复盛兴""大德恒""大德通""大德兴"等。

乔家对生意人讲仁义,对佣人、乡邻和普通百姓同样是仁慈宽厚,经常把米、面、油、肉、柴、煤送到邻里或佣人家中。乔家的佣人们有了难处,乔家总是给予及时的帮助,从不吝惜银两,而且绝对不允许打骂佣人,有时候管家对佣人严加管束、训斥,乔东家还要为佣人说两句好话,认为劝他们改过就行了。乡邻中有困难求到乔东家的,总是有求必应,不会空手出来。遇到灾年,乔家还会主动开仓济贫。

光绪二十五年,中国北方大旱,旱情连绵数省,赤地千里,百姓苦不堪言。祁县地界虽然比较富足,但到了第二年,普通百姓也支持不住了。于是乔致庸一方面告诫家人紧缩开支,一方面开仓济粮:对本乡的人,按人口配发粮食;对外来的饥民,支起大锅舍粥。此举得到人们普遍的称誉赞扬。据说,当时有一股四处逃窜的土匪曾来到乔家堡转悠了好几天,试图打劫乔家;结果,不仅在乔家大院里找不到一个佣人做内线,在整个乔家堡村及其周围竟然也找不到一个人做内线,最后这股土匪慑于乔家的威德,只得作罢而去。这就是所谓的"种瓜得瓜,种豆得豆"。

"贾而好儒"的商家富而仁义、怜贫惜弱的善举,既造福于社会,同时又造福于自己,为自家营造了一个和谐、安定的生活环境和事业环境,从而使自己的商业天下保持风调雨顺、"五谷丰登"。

"贾而好儒"是优秀商人自我完善人性品格的内在需求,因此,这成为千百年来中国商人的优良传统。优秀的商人大都深知:光靠钱财传家,难免财散人亡;以道相传后世,方能代代兴旺。

第 **13** 讲

做 个 好 学 者

嗜研 · 唯真 · 益用 · 争鸣

广义的学者,指的是求学的人,或者说是有一定学问的人。一个人无论做什么事,担任什么角色,不学习总是不行的。特定意义的学者,指的是在某个方面学术上有一定成就的人。好的学者是各行各业的精英,是大众依赖的人才,是国家发展的中坚,是社会进步的号手。做一个好的学者,付出的心血和汗水要比常人多出很多。

## 嗜 研

"衣带渐宽终不悔,为伊消得人憔悴。"——柳永

一个好的学者,都有一个共同的嗜好,就是刻苦钻研,矢志不渝,乐此不疲。正如王国维在《人间词话》中说,古今之成大事业、大学问者,必经过三种之境界,"昨夜西风凋碧树。独上高楼,望尽天涯路",此第一境也;"衣带渐宽终不悔,为伊消得人憔悴",此第二境也;"众里寻他千百度,蓦然回首,那人却在、灯火阑珊处",此第三境也。

曾国藩对门下的两位弟子曾经有诙谐的评语:"李少荃(李鸿章)拼命做官,俞荫甫拼命著书。"意思是说他们二人一个好做官,一个好著书,都拼起命来了。俞荫甫就是俞樾,清末著名的学者,是现代诗人、红学大师俞平伯的曾祖父,是章太炎、吴昌硕等现代著名学者的老师。俞樾与李鸿章是同科进士,曾经追求过科举成名的人生理想,但他刚刚踏进官场就遭打击。于是,俞樾再也不愿涉足仕途,遂移居苏州,潜心研究学术。同时,"纳天下英才以教之",号称"门秀三千"。俞樾一生历遭次子废、原配逝、长子故、次女丧、女婿亡等大不幸,但他没有表现出失意落魄之凄凉,却成为一位睿智的强者,40多年如一日潜心教学、著书。虽然曾国藩、李鸿章等总督巡抚十分看重他,希望他出来做官,但他专注于学术研究,对官场毫无兴趣。他与曾、李二人"时以巾服从游,往来如处士";曾国藩对他乃有"闳才不荐(有雄才的人未能被推举出来),徒窃高位"之叹。

俞樾性情儒雅,母亲和妻子去世后,终身食蔬,衣着简朴,每天卧起有常规,读书著作排满一天的日程。到了80岁以后,他仍然神志弗衰,保真持满,日复一日,年复一年,心无旁骛,自得其乐。他每到年底,便将自己写定之书刊布于世。

俞樾治学以经学为主,旁及诸子学、史学、训诂学,乃至戏曲、小说、诗词、书法等,可谓博大精深,一生著述五百余卷,统曰《春在

堂全书》,海内及日本、朝鲜等国向他求学者甚众,尊他为朴学(又称汉学、考据学)大师。

做一个好的学者,必然对自己所从事的学术研究,情有独钟,挚爱一生。

明朝的医学大师李时珍自幼在中医世家的氛围中成长,从蹒跚学步起,就同家里后院中种植的药草结下了不解之缘。他喜欢看这些花草发芽、开花、结果,喜欢看父亲把它们制成草药为别人治病。随着年龄的增长,他对草药的性能日渐了解,越加如痴如醉地整天消磨在庭院的药草之中。

李时珍酷爱医学,父亲却希望他通过科举踏入仕途。从李时珍少年时代起,父亲就把李时珍及其哥哥带到"玄妙观"中,一面行医,一面教两个儿子读八股文准备应试。李时珍14岁便中了秀才,父亲心花怒放,以为儿子升腾有望了。但是,李时珍对八股文实在没有兴趣,因此常常乘父亲外出行医时,翻开父亲的医书,看得津津有味,许多著作,他过目不忘,背诵如流。结果,从17岁起,李时珍接连3次乡试都名落孙山,他自己根本不在乎,父亲也看出他的人生理想是当一名好医生,意识到强扭的瓜儿不甜,再不把自己的意志强加给儿子,而是支持他钻研医学。

有一天,李时珍正在诊病,突然一帮人闹闹嚷嚷地拉着一个江湖郎中涌进诊所,为首的年轻人说江湖郎中开错了药,害得其父加重了病情。江湖郎中则辩称自己没有开错药方,双方一起来请李时珍评理。年轻人把煎药的药罐递给李时珍,李时珍抓起药渣,一一仔细闻过,又放在嘴里嚼嚼,自言自语地说:"这是虎掌啊。"那江湖郎中连忙分辩说:"我绝对没开过这方药。"年轻人又掏出药方看一看说:"那肯定是药铺弄错了。"年轻人说着就要往外跑。

李时珍连忙拉住他,说道:"别去了,这是古医书上的错误,以《日化本草》的记载来说,就把漏蓝子和虎掌混为一谈了。"江湖郎中闻言急忙插话:"对,我开的就是漏蓝子!"这时,有人插话说:"如此说来,药铺有医书为据,打官司也难啊。"众人不由得纷纷慨叹了一阵子,只得作罢。

　　此后,李时珍又遇到两次因药铺依据医书,而把不同的药物混为一谈,结果导致病人吃错了药而送命的事。于是,李时珍萌发了重修本草(记载中药材类别、使用等书籍)的念头。一天夜晚,他把自己的想法告诉父亲,父亲听了他的一番言论后,语重心长地对李时珍说:"你的想法很好,可是这项工程太大,需要大量的人力和财力。何况,关于本草的书相当浩繁,你虽然已经读了一些,可是远不能达到修书的要求,要修书先得在读书上狠下苦功,你说是不是啊?"

　　父亲的话使李时珍既明确了方向又下定了决心,在以后长达十年多的时间里,李时珍把全部身心投入到熟读浩如烟海的医书宝库中,专心致志,勤奋钻研,几乎到了废寝忘食的地步。用他自己的话说,就是"长耽嗜典籍,若啖蔗饴"(长年累月地沉浸在嗜读古典医书典籍之中,自己感到就像吃甘蔗和糖膏)。单是读书心得和笔记,就装了满满的几柜子,这为修订本草积累了许多珍贵的资料。

　　李时珍34岁那年,皇族宗室的楚王聘请他到武昌王府掌管医务,李时珍原本不愿与政界人士交往,但考虑到重修本草需要朝廷的力量,于是就答应了楚王。在楚王府,李时珍治愈了楚王世子和其他不少人的疑难杂症,这使他的名声传扬到朝廷,楚王又荐举他到京城太医院担任医官。太医院是明王朝的中央医疗机构,院中拥有大量外界罕见的珍贵医书资料和药物标本,李时珍在这里大开眼界,一头扎进书堆,夜以继日地研读、摘抄和描绘药物图形,努力吸取前人提供的医学精髓。与此同时,他还参阅了大量的经史类、方志类等书籍;仔细观察了院中收藏的国内外贵重的药材,对它们的形态、特性、属地等都一一加以记录。在做了充分的准备以后,李时珍向院方提出编修新本草的建议,然而,他的建议不仅未被采纳,反而遭到讥讽挖苦和打击中伤。李时珍不愿与反对自己的人纠缠,一年以后,他借故辞职回家了。

　　从此,李时珍自己着手按计划重修本草,为了在写作过程中掌握更多翔实的第一手资料,李时珍走出家门,深入山间田野,实地对照,辨认药物,足迹遍及大江南北,行程达两万余里。那些种田的、捕鱼的、打柴的、狩猎的、赶车的、采矿的,许许多多各行各业的

人只要同他重修本草有关联的,没有一个
不是他的朋友和师傅,这些人也为他提供
了书本上不曾有过的丰富的药物知识。
为了弄清药性,取得可靠的药方,李时珍
还不惜冒着生命的危险,亲口尝试药物的
作用。在行程中,李时珍还一路考察,搜
集民间偏方,一路为父老乡亲们治病。

经过几十年的艰难跋涉和辛苦努力,
李时珍终于实现了他梦寐以求的理想,完
成了一部具有划时代意义的药物学医著——《本草纲目》。这部
旷世名著有 190 多万字,书中编入药物 1 892 种,其中新增药品
374 种,并附有药方 11 000 余个,插图 1 100 余幅。它综合了植物
学、动物学、矿物学、化学、天文学、气象学等许多领域的科学知识。
它那极为系统而严谨的编排体例,大胆纠正前人漏误的确凿证据,
以及既有继承又有发扬的科学态度,都令人赞叹不已。从 17 世纪
初开始,《本草纲目》辗转传往世界各地,先后被译成日、德、法、
英、俄、拉丁等十几种文字,被公认为"东方医学的巨典""中国古
代医学的百科全书"。李时珍为祖国乃至全人类的医学事业做出
了巨大的贡献,成为全人类公认的世界文化名人,因此,他的名字
永载于人类史册。

做一个好的学者,要对自己所钻研的知识领域具有十分浓厚
的兴趣。这种兴趣应当伴其一生,并能从中感受到常人难以体会
的愉悦,乐在其中,乐此不疲。

做一个好的学者,应为自己所钻研的知识领域奉献全部的才
华和智慧。好的学者坐得住冷板凳,熬得住身心魔,无论外界风云
变幻,也无论身旁风月缭绕,都能专心致志地刻苦攻读和探求。

做一个好的学者,必须把自己所钻研的知识领域视为最珍贵
的人生尊宝。好的学者既能不耻下问,又能抛开富贵,一切从有利
于、有益于自己的学术研究出发。即使做官,还是为了今后更好地
做学问,绝不把做学问当成做官的敲门砖;如果做了官,则丢弃了
学问,甚至轻视学问,不尊重学问,这样的人是根本配不上学者名

衔的。

## ● 唯 真 ●

"千学万学学做真人。"——陶行知

一个好的学者不仅能"妙手著文章",还应当"铁肩担道义",正如北宋大儒张载所言:"为天地立心,为生民立命,为往圣继绝学,为万世开太平。"而要做到这一切必须具备一个条件,就是对真理的热爱:坚持真理,服从真理,捍卫真理。

东汉时期的哲学家王充生活在一个谶纬符录(用预言、附会之文字胡乱解释的隐语、文书、图记等)盛行的时代,神学迷信,充斥学坛,王充对此深恶痛绝。为解世俗之疑,辩是非之理,他几乎用毕生的心血来创作《论衡》一书。他搜集的资料装满了几间屋子,房间的窗台上、书架上都放着写作的工具,到了最后几年,他更是闭门谢客,拒绝一切应酬,终于完成了这部 30 卷 20 余万字的汉代百科全书式的著作《论衡》。这部书被英国科学史专家李约瑟称为"非常重要的科学著作"。

王充著述的宗旨是"疾虚妄"而"归实诚",反对崇拜偶像,反对迷信鬼神和成说(固有的说法),提倡追求和学习"真实的知识",认为真实的知识才是一种巨大的力量。为了求真实,须以自己的亲身感受为基础,还应"不徒耳目,必开心意"(用心去思考和探究),只有多实践、多思考、多探讨,才能获得正确的认识。王充的这种认识论是任何时代开明思想家的共识。

为了坚持自己正确的见解,王充曾冒着杀头的危险在皇帝面前指斥谶纬神学是骗人的把戏,对一些既僵化迂腐又故弄玄虚的"俗儒"(背离了孔、孟儒家初旨,随意"创新"的以"儒"自称的学派人物)之说同样严厉驳斥与讥讽。为此,王充受到一些人的打击排斥。他不为所动,衷心不改,干脆主动去职,离开官场。从此,王充闭门谢客,著书立说,以科学知识为武器,无情地批判谶纬迷信等"虚妄"之说。王充晚年,汉肃宗特地下诏派遣公车(朝廷征聘贤人特定的车马)去征聘他,但他因病而辞,终老于家乡。

优秀学者往往都具备这种为真理而奋斗,乃至献身的崇高精神。

中国现代著名的经济学家、人口学家、教育家马寅初于中华人民共和国成立后不久(1951 年)担任北京大学校长。在第一届全国人民代表大会第四次会议上(1957 年),马寅初提出了他的《新人口论》,根据对 20 世纪 50 年代初期人口发展趋势的统计,他判断人口高速增长不利于将来中国的发展,因此,他建议政府控制生育。

此前几年,为了弄清人口增长的事实真相,73 岁高龄的马寅初曾先后深入到浙江、江西的十多个地、县的农村亲自收集第一手资料,然后又用了二个星期时间把自己的调查研究写成了一篇发言稿《控制人口与科学研究》。后来为了更加慎重地提出这个问题,马寅初又去了上海、浙江等地考察,在进一步深入研究的基础上,他修改完善自己的发言稿,并在北大公开演讲,最后整理成《新人口论》。

马寅初的《新人口论》提出之初,曾经得到过周恩来总理和毛泽东主席的赞同,但是此后不久,政治风云突变,中国大地掀起一股反"右"运动并且不断扩大化,而此时的毛泽东主席对控制人口的设想也出现了变化。1958 年开始"大跃进"时,湖北最早传出"亩产万斤粮"的消息,各地纷纷跟风"放卫星",毛泽东据此认为"现在看来搞十几亿人口也不要紧,把地球上的人通通集中到中国来粮食也够用"!

在这样的政治大背景下,马寅初受到批判,康生等人甚至想把他打成"右派",只是因为周恩来总理出面制止,马寅初才没有被戴上"右派"的帽子。尽管如此,对马寅初及其《新人口论》的批判还是在全国范围内被掀动起来,在陈伯达和康生的鼓动下,全国有200多人写文章围攻马寅初。马寅初对这场围攻采取了既不气馁、也不苟同的态度,反而细心阅读那些批判他的文章,看到有分析和说服力的文章,还摘录下来进行参考研究。

1959年庐山会议以后,周恩来总理出于对年事已高的马寅初老人的关心,曾约请马寅初谈了一次话,劝他不要过于固执,写个检讨好了。马寅初一生敬爱周恩来总理,周恩来总理对马寅初也关怀备至;但是,在那次谈话时,马寅初只是对周恩来总理表示感谢,并没有答应周恩来总理的劝告。面对众人的围攻和批判,马寅初进一步对自己的思想和理论加以梳理,认为"我对我的理论有相当的把握,不能不坚持,学术尊严不能不维护,只好拒绝检讨"。

1959年11月,马寅初给《新建设》送去5万多字长文——《我的哲学思想和经济理论》,在文章的第五部分"附带声明"中,他对1958年以来,尤其是1959年后的批判做了庄严反击:"我虽年近80,明知寡不敌众,自当单枪匹马,出来应战,直至战死为止,决不向专以力压服不以理说服的那种批判者投降。"

此后不久,在康生授意下,北京大学掀起了大规模的批马运动,大字报、批判会、批判文章"铺天盖地",就连马寅初的住宅院内的玻璃窗户上也贴满了大字报。在巨大的政治压力面前,马寅初被迫辞去北大校长职务,但他始终坚持自己的《新人口论》中的正确主张,绝不低头认错。直到1978年7月25日,95岁的马寅初终于等到了中共中央组织部来人登门向他转达党中央的平反意见:"1958年以前和1959年以后两次对您的批判是错误的。实践证明,您的《新人口论》是正确的,党组织正为您平反。"马寅初回答说:"一样东西平反过来是很不容易的事情,无论是学术问题还是政治问题,都是这样。这需要宽广的胸怀和巨大的力量。"

做一个好的学者,就要敢于坚持自己的正确观点,维护学术尊严和人格尊严。面对压力不低头,遭遇强权不变节,坚信真理的力量,坚定必胜的信心。

做一个好的学者，就要用事实说话，用正确的分析判断讲理。既不能在压力面前低头，也不能在诱惑面前摇摆，做一个摇尾乞怜的两面派。假使遇到自己没有把握的问题，宁可不说话，也不能说胡话。对那些违心说胡话的"专家"，群众讽刺他们为"砖家"，是被砖头砸昏了脑袋的坏东西。

做一个好的学者，就要正确处理学术和政治的关系。学者与政治家保持良好的互动是必要的，学术问题往往要通过政治手段才能更好地发挥作用；因此，学者应当在国家需要的时候出来从政或者辅政。但是，学术在政治面前，应始终保持纯洁性和独立性，不受政治左右而摇摆，不能刻意迎合而变脸，当然也不能故作敌意唱反调。总之，要不唯书，不唯上，只唯实。学者只服从真理，故而以坚持真理为第一要务。

● **益 用** ●

"学至于行之而止矣。"——荀子

一个人无论是做官，还是做学问，都应以做人为根本。也就是说都是为了有益于人、有用于人；为了效力于国家、服务于民众。所以孔子说："君子有三忧，弗知（不知道自己无知），可无忧与？知而不学（知道自己无知却不学习），可无忧与？学而不行（学了却不去实践中运用），可无忧与？"荀子则说："学至于行之而止矣（学习到把知识运用到实践时就到了最高境界了）。"

墨子是我国战国时期一位伟大的思想家，也是一个具有丰富人文知识和科技知识的大学者。墨子很小的时候，就接受了儒家的"六艺"（礼、乐、射、御、书、数）教育，而且墨子对后四项尤为感兴趣，因为这四项更加直接地促进人的动手能力。后来，墨子自己在各地聚众讲学，吸引了大批的手工业者和中下层人士，形成了"墨家游侠集团"。墨子的思想和言论，被其门徒编成《墨子》一书

传世。

墨子十分注重学用结合，把自己的学问直接用于济世救民。墨子的学说思想主要有"兼爱""非攻""尚贤""尚同""节用""节葬""尊天""事鬼""非乐""非命"等。他认为要根据不同国家的不同情况有针对性地选择其中最适合的方案，如"国家昏乱"就选用"尚贤""尚同"（尚贤即任用贤者；尚同即百姓与君王皆同于天志，上下一心，实行义政）；如国家贫弱，就选用"节用""节葬"。墨子生活的年代正是各诸侯国"弱肉强食"，战事繁仍的战国时期；因此，他提出的核心主张就是"兼爱""非攻"。"兼爱"就是要求君臣、父子、兄弟都在平等的基础上相互友爱，"爱人若爱其身"，"视人之国若视其国，视人之家若视其家，视人之身若视其身"，如此一来则"天下之人皆相爱，强不执弱，众不劫寡，富不侮贫，贵不傲贱，诈不欺愚"。因此，墨子强烈地抗议发动战争，大力提倡"非攻"。

为了制止战争，墨子及其弟子奔走于各国，宣传自己的"非攻"思想，并且帮助遭受侵略的国家进行防御，以匹夫之力来维护天下和平与百姓利益。为此，墨子还认真研究与"救守"相关的科技知识，比如力学、机械学、音响学、光学等，几乎谙熟了当时各种兵器、机械和工程建筑等的制造技术，且有不少创新发明。他曾花费3年的时间精心研制出一种能够飞行的木鸟（风筝），还造出载重30石的车子，运行迅速又省力，用这些当时最先进的器械投入到守城之战。

墨子还对声音的传播进行深入研究。在守城时，为了防止敌人挖地道攻城，墨子指导他的学生每隔三十尺挖一井，置大罂（大腹小口的瓶子）于井中，罂口绷上牛皮，让听力好的人伏在罂上进行侦听，以监知敌方是否在挖地道、地道挖于哪个方向，从而做好御敌的准备。墨子的这个发现和创造蕴含丰富的科学内容，千百年来被人们广泛学习和运用。

墨子就是这样一位把自己的学说和学术，身体力行地运用于实践之中和实际生活中的伟大学者。他去世后，墨家弟子仍"充满天下""不可胜数"。战国时期虽有"诸子百家"，但"儒墨显学"则是百家之首，当时，墨家是仅次于儒家的最大的学派。

明末清初的三大儒之一——顾炎武的学术思想的最大特点是"经世致用"，他提倡并实践"君子为学，以明道也，以救世也。徒以诗文而已，所谓雕虫篆刻，亦何益哉"。为此，他积极探索和研究"国家治乱之源，生民根本之计"，他纂辑《天下郡国利病书》，分析造成土地兼并和赋税繁重不均等社会积弊的历史根源，表达要求进行社会改革的思想愿望。他指出"郡县之弊已极"，症结就在于"其专在上"，初步触及了封建君主专制制度问题。他还提出"利民富民"的思想，主张实行"藏富于民"的政策，认为"善为国者，藏之于民"。

顾炎武"明道救世"的学术思想，更为突出地体现在他鲜明地提出"保天下者，匹夫之贱，与有责焉"（梁启超引述为"天下兴亡，匹夫有责"）。顾炎武所说的"天下兴亡"并非一家一姓的王朝兴亡，而是指广大的中国人民的生存和中华民族文化的延续。因此他的"天下兴亡，匹夫有责"的言论，就成为激励无数仁人志士为中华民族的振兴而担当重任、拼搏奉献的响亮口号，它的深远意义至今依然十分巨大。而在顾炎武自己的一生中，也确实做到了"以天下为己任"而奔波奋斗，即使在病中，他还呼吁"天生豪杰，必有所任。……今日者，拯斯人于涂炭，为万世开太平，此吾辈之任也"。

把自己的学术研究，与国家的发展、人民的利益相结合，是一个优秀学者自觉的心愿和崇高的向往。

华罗庚是中国现代史上世界第一流的数学家、中国科学院院士、美国国家科学院外籍院士、中国解析数论的创始人和开拓者。他为中国数学发展做出了无与伦比的贡献，被誉为"中国现代数学之父"。1946 年 9 月，华罗庚在美国普林斯顿高等研究院访问，并于 1948 年被美国伊利诺依大学聘为正教授。新中国成立不久,华罗庚毅然决定放弃在美国的优厚待遇,奔向祖国的怀抱,他的目的就是"为我们伟大祖国的建设和发展而奋斗"。

华罗庚回国后在开展数学研究的同时,一方面他致力于培养青少年学习数学的热情,发起并组织了推广中学生数学竞赛活动,还写了一系列数学通俗读物,在青少年中影响极大;另一方面他努力尝试寻找一条数学和生产实践相结合的道路,经过一段时间的实践,他发现数学中的统筹法和优选法是在工农业生产中能够比较普遍应用的方法,可以用来提高工作效率,改变管理面貌。1964年,他给毛泽东主席写信,表达了要走与工农相结合道路的决心,毛泽东主席亲笔回函:"诗和信已经收读。壮志凌云,可喜可贺。"华罗庚受此鼓励,写成了《统筹方法平话及补充》《优选法平话及补充》,还亲自带领中国科技大学师生到一些工厂企业和农村社队推广和应用"双法",足迹遍布全国 23 个省、市、自治区,用数学解决了大量工农业生产中的实际问题。华罗庚因此被称为"人民的数学家"。

做一个好的学者,须端正自己的治学目的,使自己的学问与国家和大众的利益紧密相连。正如毛泽东主席在 1965 年 7 月 21 日再次亲笔复信给华罗庚所说的那样:"你现在奋发有为,不为个人而为人民服务,十分欢迎。"

做一个好的学者,须"发扬理论联系实际"的朴实学风,从书斋中走出去,走和广大人民群众生产和生活相结合的道路,做到实践—认识—再实践—再认识,在不断改造主观世界和客观世界的过程中增益学识,获得真理。

做一个好的学者,须坚定"以天下为己任"的意志,无论遭受什么样的境遇,也无论碰到什么样的艰难,都要坚持不懈地努力奋斗下去。

### ● 争 鸣 ●

"百花齐放,百家争鸣。"——"双百"方针

俗话说:真理越辩越明。学术问题的研究,尤其在社会科学领域,往往是通过不同观点、不同看法、不同主张的相互讨论和争辩,从而对既有的思想认识进一步修正、补充和完善,使之成为更加成熟、更趋真理性的认识。

战国时期曾经出现过文化思想界的"百家争鸣"运动,它的核心特征就是学术的自由发表和自由争论,从而促进了不同学术见解的思想渗透和融合。当时,齐宣王在齐国国都临淄城门稷下附近扩置学宫,招纳天下名士,儒家、道家、法家、名家、兵家、农家、阴阳家等百家之学,会集于此,他们自由讲学,著书立说。稷下学宫实行"不任职而论国事""不治而议论""无官守,无言责"的方针,各个学派并存,学者们聚集一堂,围绕着天人之际、古今之变、礼法、王霸、义利等话题,展开辩论,相互交流,相互批评,相互吸收,共同发展。人们称稷下学宫的学者为稷下先生,追随他们的门徒被誉为稷下学士。稷下先生中最有名的两个人是孟子和荀子。两人都曾在稷下学宫任职,荀子曾经三次担任学宫"祭酒"(学宫负责人)。齐王为稷下学者提供优厚的物质与政治待遇,将学者封为"大夫",勉励他们著书立说,展开学术争鸣,吸纳他们有关治国安邦的建议和看法。

稷下学者在"百家争鸣"的学术氛围之中,取得了丰硕的学术研究成果,思想内容博大精深,广泛涉及政治、经济、军事、哲学、历史、教育、道德、伦理、文学、艺术以及天文、地理、数学、医学、农学等学科的知识,不仅促进了我国古代思想文化的繁荣,而且深刻地影响着中国古代学术思想的发展。中国自秦以后的各种文化思潮,差不多都能从稷下找到源头,这为中华文明的继承和发展做出了不可磨灭、无可替代的巨大贡献。

然而,战国时期的"百家争鸣"并没有在中国历史上形成良好

的传统。这是为什么呢？从政治的原因来分析,自秦始皇以后的历代皇帝几乎都奉行强权统治和独裁政策,容不得一丝一毫不利于封建君主制的言论和思想。当然,政治和文化是分不开的,从文化上追究,"学而优则仕"的"文人""学者"大肆鼓吹的文化专制主义,正是导致战国时期"百家争鸣"成为历史绝唱的直接原因和主要原因。荀子的学生李斯迎合秦始皇的独裁愿望,建议秦始皇焚书,并规定:今后"有敢偶语诗书者弃市(处决),以古非今者灭族",官吏发现后不及时举报则与犯禁者连坐同罚。次年,又以诽谤罪将诸生460余人"皆坑之咸阳,使天下知之以惩其后",并将各地读书人大量迁徙边郡。

秦王朝很快灭亡了,刘邦建立了西汉,自由学术空气又重新在各地鼓荡;然而好景不长,尚未形成潮流之前,汉武帝时的董仲舒再次为封建帝王祭出了文化专制主义的大旗,不过这一次是"独尊儒术,罢黜百家"。儒术也已不是孔、孟的原始儒学,而是经过董仲舒改造的新儒学,除了强调大一统外,还采用阴阳家的天人感应宇宙图式为框架,以儒家"五常之道"为脉络,吸收法家的专制主义思想,主张德刑并用,正式提"三纲五常"。从此,董仲舒发明的这种温和而又刻毒、隐蔽而又稳妥的,用文化反对文化,用知识分子反对知识分子的"文化专制主义",收到异常有力的独裁效果,为历代皇帝所沿袭。

其实,董仲舒的儒学,正是战国时期"百家争鸣"中各派学问,尤其是儒、道、法、阴阳等"显学"精华的融合和改造,仅从这一点上来看,学术问题的"百家争鸣"也是大有益处的。因此,尽管后世中国皇权统治一直不断地打压学术自由,戕害所谓非主流文化及其学者,但是真正有志于学的正义之士,并没有放弃"百家争鸣"的理想和努力,极个别的"贤明皇帝"也曾提出或实行一些虽然有限但很宝贵的"尊重知识、尊重人才"的主张。

传说北宋开国皇帝宋太祖曾立石碑传于后世子孙:"不得杀士大夫及上书言事人;子孙有渝此誓者,天必殛之。"在迷信观念极重的古代,这是一个狠毒的誓言。因此,整个宋朝,自由的空气是比较浓厚的,文人学者之间相互探讨和争论的现象也屡见不鲜,"鹅

湖之会"就是个典型
的例子。

　　"鹅湖之会"是
一次学术辩论会、思
想交峰会，也似乎是
一次延续战国时期
"百家争鸣"学术精
神的会议。"鹅湖之
会"的促成者、主办者吕祖谦，是一位学问渊博且海纳百川的学者。
当时的中国思想界在众多学户之中有两大门派，一是以陆九龄、陆
九渊兄弟为代表的"心学"，一是以朱熹为代表的"理学"。

　　陆氏的所谓"心学"，即主张"吾心即是宇宙"，断言天理、人
理、地理只在吾心之中，人同此心，心同此理；往古今来，概莫能外。
认为治学的方法，主要是"发明本心"，不必多读书向心外去寻求，
"学苟知本，六经皆我注脚"。朱氏所谓的理学，即主张"理"为天
地、人物存在之本，是宇宙的起源，它有不同的名称如道、上帝等，
而且它是善的，将善赋予人即成"本性"，将善赋予社会即成为
"礼"。所以，人要修养、归返并伸展卜天所赋予的"本性"，存"天
理"，灭"人欲"。如何做到呢？朱熹强调"格物"（推究事物的道
理）、"致知"（达到认识真理的目的），要"格物"便要多读书，多学
习，"若不读书，便不知如何而能修身，如何而能齐家治国"。

　　"心学"与"理学"各树一帜，相互抗衡。吕祖谦为了调和陆氏
"心学"和朱熹"理学"之间的理论分歧，使两人的哲学观点能够
"会归于一"，于是出面邀请双方见面。1175 年 6 月，心学派、理学
派的代表人物以及江浙一带的著名学者，齐聚江西上饶鹅湖寺，召
开了一次中国哲学史上堪称典范的学术讨论会。会上双方激烈辩
论，各执己见，互不相让；会议休息时间则共同浏览鹅湖风景。

　　鹅湖之会过后，朱熹写信给陆九渊，认为这次辩论会虽然最终
谁也没能说服谁，但对自己还是有很大的促进，"警切之诲，佩服不
敢忘也"。会上，陆九渊曾尖锐地批评朱熹，令朱熹很不愉快，但是
朱熹经过反复思考后，认识到自己解读经典时太在意章句，未免

"屋下架屋",或者"看得支离(破碎),至于本旨,全不相照"。由此可见,"鹅湖之会"辩论双方在寻找对方破绽之时,也在吸收对方见解,从而完善和提高自己。

"鹅湖之会"是一次自始至终都体现学术公平、自由发表的会议。这在古代中国实属不易,而这一切与朱熹为学、做人的素质和境界密不可分。朱熹是宋朝著名的"理学"大师,他学习和继承前人学说,构筑了一个庞大细密的"理学"体系,这一理论成为中国专制社会后期的统治思想。从现代社会发展和进步的观点来分析:"理学"尽管有道德说教和道德强化的作用,但是它终究是一套压制人性及大力维护封建君主制的"反动"思想;不过,它又的确最适合中国传统农业社会的统治需要,故而自宋代以后深受封建统治者的推崇。

朱熹本人则是一位大学问家、大教育家;是一位忠诚于实践自己的学说,心地高洁、道德高尚的正人君子;也是一位爱民如子、政绩卓著、关心民生疾苦、敢于仗义执言的好官;他还是一位坚决要求"抗金"的主战派。他曾因为自己的施政主张无法实现,所以,朝廷几次召他做官,他都以"道不同不相为谋"拒绝,极力推辞不就任,或者就而又辞。宋孝宗对朱熹的学问人品非常赏识,朱熹上书畅言国事,大胆揭露时弊,深刻论述治国安邦之道,奏章一旦送到皇帝手中,哪怕是深夜时分,孝宗也要马上起来,点燃蜡烛,读完后再就寝。朱熹在政界进进退退,只担任过九年地方官,在朝中担任侍讲、待制才四十多天,其余时间都在研究学问和著书立说,同时聚徒讲学。那时从各地来拜他为师的学生络绎不绝,而朱熹为官清廉(孝宗曾说他:"安贫乐道,廉退可嘉。"),家中一贫如洗,因此师生只能经常一起吃豆饭,过着清苦的生活。

正是这样一位品质高尚的圣贤之人,在政治上"横眉冷对千夫指",而在学术问题上却"俯首甘为孺子牛"。从来不以权制人、以势压人。陆九渊比朱熹小九岁,在学术问题上与朱熹争锋相对,甚至言辞激烈地批评朱熹,然而朱熹不但虚心接受,而且还在"鹅湖之会"三年后作了一首诗,追忆与陆九渊的鹅湖论学,表达对陆氏兄弟的推崇与思念。诗云:"德义风流夙所钦,别离三载更关心。

偶扶藜杖出寒谷，又杠篮舆度远岑。旧学商量加邃密，新知培养转深沉。只愁说到无言处，不信人间有古今。"

1178 年，49 岁的朱熹第二次出仕，担任南康军（军是宋朝的一级行政区域单位）地方官，到任不久，当地发生旱灾饥荒，朱熹全力救灾，减轻了灾害的损失，救活了不少人。在他任内，朱熹倡导教育，重建了白鹿洞书院，不但亲自讲学，还经常邀请不同主张的著名学者来院讲学，学术气氛相当活跃。1180 年，陆九渊来到南康军，请朱熹为自己去世的哥哥陆九龄撰写墓志铭。朱熹盛邀陆九渊在书院讲学，陆九渊讲孟子"君子喻于义，小人喻于利"，宏论滔滔不绝，将义理发挥得淋漓尽致。当时听讲的人中甚至有感动得掉下眼泪的，朱熹也认真听讲，十分感动。他请陆九渊将讲稿书写下来，以便请人将其刻石立于书院之中，朱熹对陆九渊说："熹当与诸生共守，以无忘陆先生之训。"

做一个真正的好学者，就应该有"海纳百川""博采众长"的胸怀和气度。人的认识是有穷尽的，而真理是无穷尽的，任何一个学者和学派，都不可能是全知全能、全部正确的。只有在相互交流、相互切磋，乃至相互争论、相互激辩之中，各家各派才能相互吸收、相互学习、相互砥砺，从而不断探辨真理、完善主张，提高自己的学术水平和学术价值。

做一个真正的好学者，不但要虚怀若谷，还应当以理服人，绝不能以势压人。即使自己的主张是正确的，也要容许别人发表不同和反对的意见，唯有如此，才能使真理不断完善、谬误不断澄清，从而，更易于为人们所认识和接受。欧洲启蒙运动领袖伏尔泰说过："我可以不同意你的观点，但我愿用生命捍卫你发表观点的权利。"

做一个真正的好学者，就应当旗帜鲜明地拥护、支持"百花齐放、百家争鸣"的方针，并且要在实际行动之中体现和坚持"双百"方针。坚决反对把学术问题的讨论和争鸣，迁移和扩大到政治上的纠缠与迫害，或者人格上的侮辱与诋毁。只要是学术上的争鸣，不论是什么样的思想和言论，都可以进行商榷和探辨；每一个服从真理、坚持真理的学者都应始终不渝地相信，真理是越辩越明的，在争鸣中丢失的绝不会是真理，而只能是谬误。

# 第**14**讲

## 做 个 好 官 员

**亲民 · 履职 · 廉正 · 韧性**

所谓官员,就是指经过任命担任一定职务的政府工作人员。千百年来,中国人大都以做官为荣为幸,尽管很多时候,人们骂官、恨官、辱官,那是因为遇到了坏官、恶官、贪官,但是"学而优则仕"的思想依然牢牢植根于中国人的意识之中。平心而论,抛开做官为个人谋利的因素,能够做官的确是一件不很容易且令人引以为傲的事,因为任何一个社会要进行正常的活动,尤其是社会的发展和进步,都离不开官员们的领导和组织。否则,这个社会就犹如没有主办者和裁判的足球赛,结局肯定是混乱不堪且难以进行下去的。

做官本身无所谓好不好,关键是要做个好官。

## 亲 民

"衙斋卧听萧萧竹,疑是民间疾苦声。些小吾曹州县吏,一枝一叶总关情。"——郑板桥

官是相对于民而言的,官来自于民,与民有割不断、分不开的亲密联系。《孔子家语》中记载,孔子曰:"夫君者舟也,人者水也。水可载舟,亦可覆舟。君以此思危,则可知也。"到了唐朝,唐太宗李世民经常拿孔子的这段话告诫唐朝官员,久而久之"水能载舟,亦能覆舟"便成了李世民的名言。回顾中国历史,大凡太平盛世及国强民富的年代均以官员亲民为时风。

清朝乾隆年间有一个举人叫谢金銮,曾担任过福建邵武、南靖等县教谕,嘉庆十年,调任台湾县教谕(主官一县教育)。他根据自己的所见所闻,总结多年教育的经验,写成了一本《教谕语》,以此教诲那些"学而优则仕"者。

谢金銮说:"州县乃亲民之官,为之者别无要妙,只一'亲'字认得透,做得透,则万事沛然(顺利办好),无所窒碍矣。下乡之时(时间)不厌其多,必轻骑减从(不要带许多的随从),一箪食、茶炉、酒榼、行馆即任民居(意为:饮食住宿随遇而安,不必专门安排)。遇耕民,则问晴雨和慰劳,与谈辛苦,察其家口,子妇能孝顺否,兄弟能友爱否,地有遗利人有失业否。遇秀才则与语读书行谊,入书斋察童子孰(哪一个)聪颖可成就,询所读书,为正句读,提讲解。当说则说,当劝则劝,当骂则骂,杂以戏谑(用有趣引人发笑的话开玩笑)戏笑,使相浃洽(使普遍沾润)。遇食则山蔬脱粟(老百姓的家常饭菜)皆可食,遇坐则士苹(草地)芦席皆可坐。如此,所至闻风相率而来(老百姓听说官员来了就会连续不断地过来),遇小事便与立断,不用告状。行之一二年(这样亲民的举动坚持一两年),则诸乡之是非贤不肖(好事坏事好人不好的人)皆了然于心目(心中都很清楚了)。如此者,何利不可兴,何弊不可除,何凶不可缉(捉拿),而又何贫之足患哉(不怕老百姓不能脱贫

致富啊)。"

谢金銮的这番话可以说是天下官员亲民之言行举止的真实写照。

郑板桥做知县的时候,曾应巡抚之请送其一幅画竹,并在上面题了四句诗:"衙斋卧听萧萧竹,疑是民间疾苦声。些小吾曹州县吏,一枝一叶总关情。"写得如此真情,如此直白,亲民爱民之心可见一斑。

郑板桥在县令任内,经常到民众中去,亲自询桑问麻,熟悉农事,体察下情。他在一首诗中写道:"布袜青鞋为长吏,白榆文杏种春城。几回大府来相问,陇上闲眠看耦耕(二人并肩耕作)。"意思是说:自己经常穿着如普通百姓的衣服鞋袜,到民间去走访,有好几回府衙派人来找,而自己正在农民的田头躺在那里看农民耕田呢。

还有一则民间传说更有意思。郑板桥在潍县当县令,利用各种机会亲近百姓,经常下乡很晚才回到县城,于是就到一小酒馆里吃点饭、喝点酒。时间长了,酒馆的掌柜和这位县令大人热乎起来。一天,郑板桥喝酒时问掌柜:"你这小酒馆墙面斑驳,屋顶漏雨,你怎么也不修理修理啊?"掌柜说:"早就想修了,小本生意赚不了多少钱,没办法啊。"

郑板桥喝完酒后,对掌柜说:"老弟,我想帮你把酒馆修缮一下,六百两银子够了吧?"掌柜说:"大人您喝多了吧!像您这样的清官,别说六百两,就是六十两您也拿不出来呀。"

郑板桥一本正经地说:"我可不是跟你说着玩的,咱们明天见。"

第二天,郑板桥来到小酒馆,一边喝酒,一边对掌柜说:"给我端一盆洗脚水,拿来笔墨,再把画纸铺在地上。"不一会儿,掌柜按照郑板桥的吩咐准备齐全了。

郑板桥酒喝得差不多了,开始洗脚,洗着洗着,只见他用两个脚后跟蘸了些墨汁,然后在画纸上跺了几下,画纸上留下几个有浓有淡的大黑点。然后,郑板桥把脚洗净,拿起画笔连勾带抹,眨眼之时一幅画画完了。郑板桥挥笔题了"醉蟹图"三个字,并签上了自己的名字,然后对掌柜说:"老弟,你到当铺里把这幅画当了吧,可千万记住,要六百两银子。"

掌柜心里没底,到了当铺只要了六十两,拿到银子后高高兴兴地回去了。小酒馆修缮一新两个月后,北京来了一位王爷,真的出了六百两银子把小酒馆掌柜的当票买去,带走了《醉蟹图》。

田文镜是清朝雍正皇帝十分赏识的官员,他也曾说过"亲民之官,得其人则百废兴,不得其人则百弊兴,所谓人存政举,有治人无治法也(离开了人的作用法令也起不到好效果)",还说过"牧令为亲民之官,一人之贤否,关系百姓之休戚(欢乐和忧愁)"。

为了亲民,田文镜不惜得罪营私舞弊、尸位素餐的权贵官员,限制绅衿(地方绅士和在学的人)特权,严令他们按要求交纳钱粮。田文镜还清查官员的积欠,实行耗羡(将碎银加火铸成银锭时的折耗加收到征收钱粮之中)提解(不留在地方政府)等。在田文镜治理地方期间,辖境几乎没有盗贼;同时,他督责各州县清理大户的赋税,开辟荒田,且限期极严,各州县稍有怠慢,会立刻遭到处罚。一般官员见到田文镜时,没人敢东张西望。雍正皇帝称赞田文镜是"模范疆吏"。

亲民的官员,深知自己来自于民、终将归之于民的道理。正如淮安府署正堂内楹联所写:"吃百姓之饭,穿百姓之衣,莫道百姓可欺,自己也是百姓;得一官不荣,失一官不辱,勿说一官无用,地方全靠一官。"

亲民的官员,往往以深入民众之中为乐,保持与民众的常态联系,以此来体察民情,通上下之意,顺民心,治地方,报国家。

亲民的官员,最善于与民众打成一片,说话讲的是群众日常语言,行为做的是群众喜闻乐见之事。他们最痛恨的是徇私枉法,最疾愤的是官官相庇。亲民的官员往往能得到人民群众衷心的爱戴和拥护。

---

● **履　职** ●

"当官不为民做主,不如回家卖红薯。"——谚语

---

真正亲民的官员,他们的所作所为绝不是装出来摆样子的,而是缘于为官者的职业道德和操守,淮安府署二堂内楹联"与百姓有缘才来到此,欺寸心无愧不负斯民"。书写时联中"愧"字少一点,"民"字多一点,意思是强调为民众多尽点力,做官才能少一点愧。

我国古代历代王朝都十分重视对官吏的考课(又称为考绩、考功),从西周开始实行,到唐朝已经制度化和法律化。

孔子是赞成并实践考课的典型。孔子 51 岁时,被鲁定公任命为中都宰(中都县令),临上任前,鲁定公见孔子。因为孔子贤名在外,于是同孔子谈起了如何治国安邦。孔子学生南宫敬叔怕孔子言多有失,便引开话题:"夫子何不谈谈如何治理中都县呢?"孔子明白弟子的用意,但他并不想对如何治理中都县未做先言,于是说道:"现在何必多言? 只望一年后国君与大夫前往中都考察丘之政绩!"

孔子到中都上任后,先用了几天时间走访民间。昔日繁荣的中都,眼下已经衰败至百废待举之地步,游民多,乞丐多,盗贼多,社会风气败坏。孔子经过周密的调查和思考,拿出了治理中都的一套措施,并且征求了社会各界的意见,修改充实以后便颁布实行,且各派专人负责。

孔子在中都发动全县农民在高原地区开渠凿井，旱能抗，涝能排，确保农业丰收。农民储粟既多，乞丐、游民和盗贼自然大量减少。孔子还在中都设立大小工场作坊，收容无业游民和乞丐入场做工，聘用技术人员教授方法，专制民间日用要件；由于做工精益求精，销路日渐扩大到鲁国各地乃至其他国家，于是添设分厂，不少农民闲时也纷纷入场做工。孔子又设养老所，将丧失劳动能力的贫民及无子女的老人聚集一处，从工场盈利中出钱供他们衣食，使"老有所安"。

孔子还提倡节俭，改良地方风化。他要求署衙工作人员以身作则，强调一律穿布衣，戴布帽，出外步行，不用车马。又组织人员到民间挨户劝导，讲仁、义、礼、德的内容和要求，使百姓掌握孝亲、睦族及爱人如己的道理；同时劝导工商小贩生意买卖要诚实，老少无欺；劝导公务人员忠于职守，取信于民。又在全县设立乡校，让青少年一律入学读书，挑选品学兼优、在民众中享有威望的士人做教师，补助他们俸粟，使教师的收入待遇高出社会上的一般人。

一年时间很快过去了，鲁定公身边的三位重臣季桓子、叔孙氏、孟懿子结伴来到中都微服私访，暗中考察孔子的政绩。他们在中都，一天下来的所见所闻，与孔子就任前大不相同，中都大治，百姓安居乐业，三人叹服不已。

孔子治中都，为官履职，成绩卓著。后人作诗赞曰：长幼异食，强弱异任，男女别途，夜不闭户，路不拾遗，器不雕伪，行之一年，四方则（效法）焉。

做一个好官员就是要做一个有作为的官，为官一任造福一方。

清代纪晓岚所著《阅微草堂笔记》里有一则故事：一个做官的死了，到阴曹地府去见阎王爷，大呼小叫地标榜自己是一个清官、好官，所到之处只喝老百姓一杯清水，从来不收别人一文钱，等等。此官说得天花乱坠，阎王爷却不理他的茬，用手一拍桌子，大声说："不要钱就是好官吗？大堂上摆一个木偶，一杯水都不喝，不比你更好吗？"这位死官仍不服气，辩解说："我虽然无功，但也无罪。"阎王爷又用手一拍桌子说："你这家伙时时处处只求自保，断案时为了避嫌疑一句不说,对得起老百姓吗?决策时为了怕风险一事不干,对得起国家吗?你这样整天混日子,无功就是罪过!"

从古至今当官者拿俸禄,花饷银,耗费许多资源,本该尽心尽力履行好自己的职责;否则,必然贻误一个地区的发展和进步,造成一方百姓的困厄和无奈。所以说,当官不与民做主,不如回家卖红薯。

被清朝康熙皇帝表彰为"天下廉吏第一"的于成龙,原本是明朝崇祯年间的举人,22岁时参加科举考试,取得名次,有了做官的资格。此后,明朝灭亡,清廷统治全国,于成龙在家乡耕田读书十多年。直到44岁时,于成龙终于接受清王朝的任命,出任广西罗城县令。这么多年以后才肯出来做官,于成龙自然不是为了自己和家人谋求富贵。

于成龙临就任前,在家乡对自己的大儿子说:"我现在出去为老百姓做点事情,你不用管我,你把家里的事情管好,我也不会顾及你的。"他还对自己的一位同窗好友说:"我这次出来做官,只为百姓着想,誓不违背'天理良心'这四个字。"

于成龙长途跋涉来到罗城,发现这个地方比他想象的还要荒芜险恶,整个县境盗贼猖獗,瘟疫流行,蒿草遍地,路径无人,老百姓全都避居到山谷之中,县城仅剩六家居民。但是,于成龙毫不气馁,县衙只有茅屋三间且破陋不堪,他就暂时住在关公庙里,晚上睡觉枕头下放一把刀,以防备野兽和匪人。于成龙上任不久即染上疾病,五名从仆或死或逃。他强撑病体,在当地找来助手后,开始就任县令理事。他以坚强的意志深入山林之中,走家入户,访贫问苦,劝百姓回到城里来住。同时,重新建立起保甲制度,一旦发现盗贼随即予以抓捕,核实罪行后请示上级,该关押的收监,该死刑的处决。一段时间下来,老百姓陆续都回到了县城里,当地的豪强地主在于成龙的行政压束和教育管理下,也收敛了自己强横的行为。罗城社会秩序逐步安定,人民安居乐业。

于成龙还请求朝廷为边远地区的百姓减轻赋税和劳役,想尽办法筹集资金在罗城建立学校,创设养老院和救济院。总之,凡所应当兴办的每一件事,于成龙都认真去做,力图达到使百姓满意的效果。于成龙如此勤勉地干好自己的本职工作,不到三年时间,罗城就恢复了生机,一片繁荣祥和的景象。于成龙因政绩卓著升任四川合州知州,离开罗城时,老百姓围住他不让走,许多人哭喊道:"您走了,我们以后该怎么办啊?"

履职的官员,首先会端正自己为官从政的思想动机。正如于龙成所说:我现在出去为老百姓做点事情,誓不违背"天理良心"这四个字。做官是为了做事,不做事或者做不成事,宁可不做官;绝不能做官为了当"老爷",滥竽充数混日子,高高在上装样子,遗祸百姓利益,无视百姓疾苦,这样的"庸官""混账官",必遭百姓唾骂、上级问责、法令处理,就连"阎王爷"都不会轻饶了他。

履职的官员,往往只关心任务完成的好坏,不计较物质条件的优劣。他们一心扑在工作和事业之中,竭尽全力为老百姓做好事,办实事,谋利益,作贡献。

履职的官员,一切从百姓利益出发,因而不仅能够充分发挥自己的聪明才智,而且能够最大限度地调动和借助各方面的积极因素和有利条件,集中大家的智慧,运用集体的力量,做好每一项工作,办好每一件事情。

## 廉 正

"富与贵,是人之所欲也;不以其道得之,不处也。"

——孔子

做一个好官就要懂得修身为本,正所谓:为人须为有德之人,做官须做廉正之官。所谓廉正,即廉洁正直,既不以权谋私,且不蝇营狗苟。孔子说:"富与贵,是人之所欲也;不以其道得之,不处也。"意思是说:发财和做官,这是人人都期望的,但是用不正当的方法去得到它,君子是不接受的。

南宋时期的陈著出身仕宦世家,幼受家学,早有文名,然而直到42岁才中了进士,出来做官。右丞相吴潜看出陈著是个难得的人才,于是向朝廷推荐他担当重用。当时朝廷的实际权力掌握在外戚(皇帝母亲或皇帝老婆家的亲戚)贾似道的手中,贾似道依仗自己是皇亲国戚,专横跋扈,结党营私,朝政腐败不堪。贾似道派人授意陈著投其门下,走其门道。陈著不愿同流合污,拒绝来人说:"宁不登朝,不为此态。"

由于得罪了贾似道,陈著被放任到江西省安福县做县令。三年后,陈著被授予专门负责编修国家历史的著作郎,由于我国古代十分重视国家修史工作,著作郎的职责在朝廷之中也相当重要。贾似道推行"公田法",贱价广收民田。陈著上疏给皇帝,指责贾似道祸国殃民,因而再次触怒了贾似道,他被贬黜到嘉兴县当县令,几年后又被调到嵊县任县令。

陈著到嵊县任县令前,有一居住在嵊县的皇室外戚,拉拢地方士绅,结派营私,胡作非为,霸持该县的大权,几任县令都被他们打发走了,乃至17年没有县令。不少平民百姓被他们敲诈勒索,有的惨遭杀害或充当苦役。这些"恶霸"还伪造契据,占人田产,夺人妻女。陈著到任后,刚直不阿,既不畏权贵的骄横,也不受奸人的腐蚀,而是政教并举,察民情,张纲纪,重法度,饬吏治(整顿机关作风),正民风。他严密调查皇室外戚坑害民众的罪证,并且发动受害民众到县衙来控告上诉。根据确凿的犯罪事实,陈著把横行乡里的皇室外戚抓起来严惩,其他土豪劣绅见状纷纷跪求宽宥,愿意悔过自新。

陈著在嵊县任上四年,廉洁刚正,为民办了许多实事、好事,使百姓得以安居乐业。全县诸如抢掠、盗窃、凶杀等重大案件几乎绝迹,令县民称颂不已。陈著本人也以廉正之名传世,四年后升任扬州通判(相当于一个州的副职,兼任本州的监察)。县民闻讯纷纷上书挽留,但任命已下,陈著不得不离开嵊县。新县令李兴宗率地方有名望的人士一路送行,行至县城东面东郭村,百姓蜂拥而至。陈著每过一村,村民同样出来相送,连同干活的人也赶来送行,竟形成了一股漫长的人流,沿途数十里,连绵不绝。送行的队伍一直走到县边境,陈著下轿,噙着眼泪作揖向百姓致谢。陪送的新县令见状,深受感动,向陈著请教道:"民爱公如此深厚,公何以教我?"

陈著谦逊地回答道:"义利明而取予当,教化先而狱赋后,识大体而用小心,爱细发而公巨室(爱护普通百姓,不袒护豪门贵族),惟此而已!"

清朝康熙年间的于成龙在江西罗城担任县令六年,被两广总督金光祖举荐为广西唯一"卓异",朝廷提拔于成龙担任四川合州知州。离开罗城时,于成龙连赴任的路资都没有,"百姓追送数十里,哭而还"。有一瞎子不愿离去,对于成龙说:"大人您主仆二人身无分文,此去合州相隔千里如何到得。我瞎子虽然是个没有什么大用的人,但会算命。我与你们一同前去,沿途由我替人算命,也好为你们筹一些资金,挣些食宿钱。"于是,有这瞎子一路相伴,于成龙顺利到合州上任。

于成龙为官清廉自守,对贪官污吏则深恶痛绝,在四川合州做知州,上级要求合州送鱼,于成龙不但不送,反而写信给上级,诉说合州百姓穷困的现状。此后,于成龙曾担任直隶巡抚(相当于今河北省最高官员,因直属中央故称直隶),他和仆人吃同样的饭,吃的食粮里夹杂有糠皮。担任两江总督(江西、江南最高官员)时,他常常以青菜就稀粥,江南百姓称为"于青菜"。在灾荒年月,他自己以糠代粮,用节余的口粮和薪俸救济灾民。就在巡抚总督任上,他提出六条做官的基本要求:勤抚恤,慎刑法,绝贿赂,杜私派,严征收,崇节俭。他把这六条作为地方官的行为准则。为了推行这六条准则,他借中秋向他行贿的人开刀,惩一儆百。总之,凡是于成龙做官的地方,官吏们都能努力地廉洁自律,不敢放肆地贪污腐化,欺压百姓。

于成龙在两江总督任上病逝,人们在他的居室里看到的只是几件旧衣服,根本没有什么值钱的东西,而两江地区是当时清朝最富庶的地方,他是那里最高的官员。于成龙逝世后,南京"士民男女无少长,皆巷哭罢市。持香楮(纸钱)至者数万人。下至莱庸负贩(种田、卖菜等普通百姓),色目(西域人)、番僧(外族僧人)也伏地哭",可见人民群众对他的死多么悲痛。康熙皇帝得知于成龙死讯,破例亲自为他撰写碑文。

廉正的官员,抵得住各种诱惑,在他们身上往往都能看到一种十分可贵的精神品质——"慎独"。所谓"慎独",就是在单个独处的时候,在无人看见的地方,更加警惕谨慎,严格要求自己。

东汉时期,杨震任荆州刺史,迁任东莱太守,路过昌邑县。当天夜晚,县令王密怀揣一块黄金送给杨震,杨震说,"我和你是老熟人了,我是知道你的,你怎么不知道我,为什么呢?"王密知道杨震不愿接受礼金,但他还想再努力一下,于是说道:"这时候已经是深夜了,没有人会知道的。"杨震回答说:"天知神知我知你知,怎么能说没有人知道呢?"王密这才十分惭愧地揣着黄金回去了。

清代河南巡抚叶存仁在一次离职时,有人用小船给他送了一批财物。考虑到自己已经离职,叶存仁既不想接受这批礼物,又不愿过分为难送礼的人,且欲借机教化之,于是写诗一首加以拒绝,诗曰:"月明风清夜半时,扁舟相送故迟迟。感君情重还君赠,不畏人知畏己知。"

廉正的官员往往把自己的心思都集中在工作上,在常人眼里几乎是"不食人间烟火"的清心寡欲之人,在他们的日常生活中看不到讲排场、比阔气的蛛丝马迹。他们在声色犬马面前不为所动,灯红酒绿之中心生烦厌。他们心中感到快乐的事情是:群众感受到公平正义,自己对得起天理良心。

于成龙离开家乡外出做官二十多年,直到担任直隶巡抚时,因母亲去世才回到家乡葬母。到家的第一天晚上,妻子为他散发就寝,不禁流下眼泪。于成龙执着妻子的手问妻子:"你怎么哭了?"于妻回答说:"你在家时我为你梳发,你一头乌黑的头发,我一手拢都拢不过来。想不到你一走二十多年,我再看到你时,你一头黑发全白了,还只剩下了这稀疏的一小撮。"于成龙笑着安慰妻子,似乎也宽慰自己说:"为夫我的头发虽然白了、少了,但是为夫我的官是越做越大啊!"

于成龙这样的好官能够越做越大,既是他个人和家庭的欣慰,更是国家和民众的幸事!

### 韧 性

> "微子去之,箕子为之奴,比干谏而死。孔子曰:'殷有三仁焉'。"——《论语》

做一个好官,心中装的是百姓,脑中想的是国家,他们看重自己的职位,为的是报国安民;因为他们一旦离开了自己的岗位,失去了手中的权力,也就失去了为国效力、为民办事的好机会。因此,做一个好官,除了要亲民、履职和廉正,还应当具备一定的韧性。

从古至今,官场既有风光的一面,也有风险的一面,尤其是在伴君如伴虎的封建社会。于成龙之所以能成为"天下廉吏第一"的好官,除了自身的因素之外,康熙皇帝对他的欣赏、信任以及大力支持是至关重要的原因。

孔子曾经说过:"殷(商朝)有三仁焉。"意思是称赞微子、箕子、比干为殷商时代的三个仁人。微子是殷纣王的同父同母兄弟,箕子和比干都是殷纣王的叔父。他们三人同在殷纣王手下担任十分重要的官职。殷纣王虽然能文能武,但不守"先王之道",是我国历史上有名的暴君。殷纣王的暴虐统治大失民心,而在殷的西方,周人势力正在不断壮大发展。在国家生死存亡的危急关头,微子、箕子、比干都想劝说殷纣王迷途知返,结果,殷纣王不但不听劝说,依然淫乱不止,还"重刑辟,有炮烙之法",诛杀忠臣贤士。于是,微子想到殷商王朝大势已去,离开了纣王,跑到了民间去了;比干则决定冒死劝谏,被殷纣王剖开胸膛挖出了心肝;箕子因为害怕,假装癫狂,扮成奴隶,殷纣王把他关押了起来。对这三个人的表现,孔子用同一个字来评价,那就是"仁",所以说殷有三仁焉。

比干是"仁"的,以死殉国,然而微子、箕子何尝不"仁"? 大家都去做无畏的牺牲,有何意义呢? 只有留得青山在,才能不怕没柴烧。所以,孔子不主张一味地"硬碰硬",做官也要讲究"韧性",所谓"小不忍则乱大谋"。

明朝最大的贪官严嵩把持朝政期间,曾和两位同任内阁大学士的人共事(同为首辅),一位是夏言,一位是徐阶。夏言和徐阶都十分反感严嵩一意媚上、招权纳贿、肆行贪腐、祸国殃民的种种恶行。起先是夏言与严嵩争斗,但夏言这人一味高亢,时常不买皇帝的账,不吃"上官供(皇帝提供的工作餐)",不穿戴"时装(皇帝所赐的道士服饰)",还时常流露出对皇帝的不满,结果弄得明世宗也对他反感。在遭到严嵩的离间和诬告后,夏言只能离职。此后严嵩专权,更加肆无忌惮。明世宗身体欠佳,每天忙着炼丹修行,一心只想着如何长生不老;严嵩依仗皇宠,与其子严世藩借机胡作非为,将朝廷搞得乌烟瘴气。不久,世宗对严氏父子的恶行有所耳闻,为限制他们的部分权力,又写了亲笔信召回夏言入阁担任首辅。夏言重新与严嵩共事,但他并没有吸取以往的教训,改变斗争的策略,仍然是一味高亢,处处都要展现自己的个性,结果不但时与严嵩冲突(严嵩伪装忍耐),又在边关战事问题上与明世宗发生对立。严嵩乘机上书,诬称夏言重用曾铣为陕西三边总督,开边启衅(轻言收复河套地区,导致蒙古族俺答人侵犯),淆乱国事,误国害民。结果,引起明世宗暴怒,曾铣、夏言先后被处死。

夏言虽然死了,但明世宗还记得夏言推荐过的人才,这个人就是徐阶。于是,夏言的好朋友徐阶入阁,从此与严嵩同任内阁大学士,共事将近十年。这十年,徐阶没有一天不想扳倒严嵩,没有一天不想为国除害,没有一天不想重振朝纲。不过,徐阶吸取夏言的教训,他在抵抗严嵩,却永远不采取决裂的态度,而是时常在退让,同时,又不会放弃自己的追求和撑持。

徐阶的学生杨继盛也不受严嵩的拉拢腐蚀。严嵩曾经一年四次提拔杨继盛,本以为杨继盛一定会感激涕零,成为自己的死党;然而杨继盛不是个小人,他看清严嵩只是一个辜负皇帝恩宠、祸国殃民的大奸臣,很快就上书弹劾严嵩,历数严嵩"五奸十大罪"。杨继盛上书之前,斋戒三日,满以为一腔诚意,必能感动圣上,为国除害;但是,他犯了一个致命的错误:在上书的文件中罗列严嵩每一条罪状,都捎带着变相指责世宗是一个昏庸无知、宠信奸臣的皇帝。严嵩乘机哭诉自己遭到"阴谋家、野心家"杨继盛的陷害,连累皇帝受了委屈。于是,世宗下令逮捕并审查杨继盛。徐阶对此无可奈何,只能眼睁睁地看着严嵩血口喷人,以及刑部罗织罪名。严嵩又假传圣旨,将杨继盛投入死囚牢。杨继盛经过廷杖一百之后,在狱中用碎碗片自行割下腿上的腐肉三斤,断筋两条,受尽三年折磨。此后,杨继盛又在一桩本不相干的案件中被牵扯进来,遭受了死刑。

　　一个是自己的好友夏言,一个是自己的学生杨继盛,先后在与严嵩的斗争中败下阵来,丢掉了自己的性命,也失去了继续斗争下去、以图最后胜利的机会。徐阶该怎么办呢?他不动声色,在严嵩多次设计陷害徐阶的情况下,徐阶装聋作哑,从不与严嵩争执。严嵩的儿子严世藩多次对徐阶施行无礼举动,徐阶也只是忍气吞声。徐阶表面上对严氏父子十分恭顺(甚至把自己的孙女嫁给严嵩的孙子),始终不与严嵩为敌,只是谨慎处事。这一方面是为了使严嵩放松对自己的警惕,另一方面也是为了不断争取明世宗对自己的信任,以增强在与严嵩决战之时斗倒严嵩的实力。他的另一个学生张居正在上疏参劾严嵩失败,告病假还乡三年后,重新步入政治中心。于是也向他的导师学习忍耐和等待机会。

　　明嘉靖四十一年,皇帝的住所万寿宫因一场大火被焚毁,明世宗暂住在又小又窄的玉熙殿。这一次,严嵩未能摸准明世宗的心思,劝世宗搬到过去英宗被幽锢的南宫去住,这对喜欢祥瑞的世宗来讲是个大忌讳。世宗沉吟不语,徐阶看出世宗心意,于是主张新盖宫殿,世宗很高兴,委派徐阶儿子为工部主事。从此,严嵩逐渐失去了世宗的宠信,而徐阶逐渐得到了世宗的信任。

徐阶还通过世宗很信任的一个名叫蓝道行的道士在为皇帝扶乩(占卜问吉凶)的时候,显现出"分宜父子,奸险弄权"的字样,世宗问蓝道行:"上天为何不诛杀他呢?"蓝道行说:"留待皇帝正法。"于是世宗心有所动。

徐阶知道扳倒严嵩的时机已经成熟了,于是支持御史邹应龙等人告发严氏父子,并且指导邹应龙等避过可能触怒世宗的措辞,直接告发严世藩犯上作乱、勾结倭寇等罪行,只字不提世宗被奸人蒙骗等话语(世宗是非常好面子的皇帝),结果,皇帝迅速批准逮捕严嵩、严世藩,后来又勒令严嵩退休。严嵩最终孤零零地饿死在墓地,严世藩被处以极刑。

徐阶成了首辅大学士,着力培养他的学生张居正,于国于己心愿已满,于是在新皇帝上任的第二年,主动请求辞职回家养老。张居正入阁后,先是同自己的老师一道纠正了世宗时期的修斋(修建道观)建醮(道士设坛祭神)、大兴土木的弊端,还为因冤案获罪的勤勉朝臣恢复官职,受到朝野上下的普遍欢迎。徐阶离职后,平民出身的内阁首辅张居正被推上了历史的前台,以其非凡的魅力和智慧,整饬朝纲,巩固国防,推行"一条鞭法"(增加国库收入、减轻民众负担的税制改革,主要内容是:总括一县之赋役,悉并为一条)的重大改革,使奄奄一息的明王朝重新获得勃勃生机。张居正本人也因巨大的历史功绩,而被后世誉为"宰相之杰"。

由于历史和政治的原因,在中国封建社会出现过许多类似徐阶、张居正这样具有超强韧性的官员,因为封建社会的官场既没有民主作风,也没有"三权分立",一切全凭皇帝一人的品德和个性。像徐阶这样的社会精英分子,他们在种种压力、阴谋、打击面前,忍辱负重,以退为进,选准时机,巧妙应对,终为社会争得一些公平正义,这样的行为还是十分令人敬佩的。

"以史为鉴,可以知兴亡",皇帝在我国早已不复存在了,然而无论是中国还是外国,官场绝非一尘不染的净土,相互倾轧、打击异己、争权夺利、尔虞我诈的种种丑行还会时有发生,甚至好官不得好报,有理无处去说的状况也会经常出现。遇到这种情况,任何一个好官员都应该吸取一味高亢、不知回旋的夏言、杨继盛的教训,学学颇具忍耐和等待功夫的徐阶和张居正,大概终有益处吧。

做一个具有韧性的官员,首先要做到胸中有抱负,人生有理想。有韧性的官员念念不忘、依依不舍的是争取为民办事和为国效力的机遇和时局,在种种坎坷、曲折、挫败、打击面前,绝不轻言退出和放弃。

做一个具有韧性的官员,其次要做到为人有涵养,行为能妥当。说话、做事首先考虑如何使别人乐于接受。别人接受自己,自己才有希望。

做一个具有韧性的官员,还要争取同盟军,团结大多数。有韧性的官员往往能够采取各种办法积聚力量,然后选准时机,用正确的方法去做正确的事情,一步一个脚印地朝着自己的理想和目标前进。

# 做个好领袖（主将）

**抱负 · 策略 · 团队 · 意志**

任何社会的发展和进步，都需要各种各样的团体、队伍、政党等联合组织形式，共同努力和奋斗。而要使这些组织形式发挥更加积极且卓有成效的功能和作用，必须在其中产生或出现十分杰出的灵魂人物，这就是优秀的领袖（主将）。他们的产生和出现，既有客观条件的推动，也有主观因素的努力。

## ● 抱 负 ●

"三军可夺帅也,匹夫不可夺志也。"——孔子

"燕雀安知鸿鹄之志哉(燕雀哪里会懂得鸿鹄的凌云壮志呢)!"心中有坚定不移的理想和抱负,是做个好领袖(主将)的首要因素。

毛泽东主席从6岁开始做家务和农活,8岁读私塾,13岁至15岁停学,整天在地里和长工一起劳动。少年时期的毛泽东便养成吃苦耐劳、不畏艰难的个性习惯。更加重要的是,他亲身经历、耳闻目睹了劳动人民被压迫、被剥削乃至造反被镇压的许许多多的事情,深深震撼着他的心灵。他同情那些受苦受难的人们,曾在回忆往事时说过:"在韶山冲里,我就没有看见几个生活过得快活的人,……我真怀疑,人生在世,难道都注定要过痛苦的生活吗?决不!这种不合理的现象,是不应该永远存在的,是应该彻底推翻,彻底改造的!"于是,少年毛泽东的心里抱定了一个远大的志向:下决心寻找一条解放劳苦大众的道路。在接触中华传统典籍"四书五经"以及《三国演义》《水浒传》之后,少年毛泽东又阅读了顾炎武的《日知录》、郑观应的《盛世危言》,特别是读了民主革命派陈天华的文集后,使他下定决心离开韶山冲,去读书学习,寻求救国救民的真理。1910年秋,毛泽东离开家乡,临行前,他改写了日本明治维新时期著名政治家西乡隆盛青年时代的一首诗,赠给他的父亲:

孩儿立志出乡关,

学不成名誓不还。

埋骨何须桑梓地,

人生无处不青山。

毛泽东在湖南长沙第一师范读书时，他的恩师杨昌济(毛泽东夫人杨开慧的父亲)曾编著《论语类钞》，在第一篇"立志"中的子曰"三军可夺帅，匹夫不可夺志"后写道："有不可夺之志，则无不夺矣"，还写道："人属于一社会，则当为社会谋益。虽然，牺牲己之利益可也，牺牲己之主义不可也，不肯抛弃自己之主义，即匹夫不可夺志之说也。"杨昌济认为毛泽东就是这样"要立一理想，以后一言一行皆期合此理想"的当代英才。

周恩来是和毛泽东一同缔造中华人民共和国的开国总理。1910年夏，12岁的周恩来跟随伯父来到东北，在东关模范学堂读书。有一次，校长问学生"为什么读书?"有人说为了明礼，有人说为了帮父亲记账，周恩来站起来回答说："为中华之崛起而读书。"

毛泽东、周恩来后来成为现代中国人民最伟大的领袖。有远大的志向，是一个好的政治领袖的显著特征，也是商界、军界乃至各行各业中一个好领袖(主将)的共同特点。

张謇是中国近代第一位实业家、伟大的教育家，也是中国近代化的先驱。儿时的张謇在私塾读书，有一天，老师看见门外有人骑白马走过，便以"人骑白马门前过"为题，让学生对下联，张謇的哥哥对的是"儿牵青牛堤上行"，而张謇对的是"我踏金鳌海上来"，老师大喜，说他志向远大，将来一定能大有作为。

1894年春天，举人张謇被父亲和伯父强逼着第五次进京参加进士考试，中了头名状元，任翰林院编修。就在这年六月，中日甲午战争爆发，张謇满腔义愤，一再写奏章给皇帝，积极主张抵抗日本侵略。在斗争正激烈的时候，张謇父亲去世，张謇回家乡南通服丧，匆匆离开京城。第二年二月，甲午战争以中国失败告终，中国不得不与日本签订丧权辱国的条约。消息传到南通，张謇对腐朽的清王朝更加失望。他深深感到要使中国改变贫弱状况，不受外国人期侮，当务之急：一是要实行政治改革，以议会制取代君主制；二是要大力发展实业，以求民富国强。所以，他拒绝再回北京做官，决心走一条"实业救国"的道路。他在给朝廷的辞职书中明确表示"愿成一分一毫有用之事，不愿居八命九命可耻之官"！

张謇的主张得到两江总督张之洞的赞赏和支持。张謇到江宁与张之洞谈妥了办厂的事,回到南通四方奔走募集股本,经过若干周折,终于办起了"大生纱厂"。为了解决棉花采购的问题,张謇又毅然决定建立垦牧公司,把沿海的荒滩改造成棉田。

张謇常常对人讲的一句话是:"一个人办一个县的事,要有一省的眼光;办一省的事,要有一国的眼光;办一国的事,要有世界的眼光。"这种思想和抱负自始至终贯穿在他兴办实业的全过程。

到了第一次世界大战前夕,张謇兴办的三十多个各类企业,形成了以轻纺工业为核心的企业群,成为一个在东南沿海地区独占鳌头的新兴的民族资本集团。至此,张謇成为近代中国商业界的巨人领袖。

著名京剧艺术家梅兰芳小时候相貌平常,眼神还有些呆板,见人不善于说话。在他 8 岁那年,家里请来了一位有名的梨园先生教他学戏。老师多次教他第一出开幕戏《二进宫》,但他总不能学会。朱先生认为他不是学戏的材料,再不愿教他。朱先生临行前,将梅兰芳叫到跟前斥责说:"祖师爷没给你这碗饭吃,我也没办法。"说完,他就拂袖而去了。

朱先生的话深深地刺痛了梅兰芳,梅兰芳是一个有志气的人,从此以后,他下定决心,无论多苦多难,自己也要闯出个样子来,一定要成为京剧舞台上最了不起的"角儿"。

在一番勤学苦练之后,梅兰芳终于在京剧舞台上崭露头角,后来又独创"梅派"京剧艺术,成为京剧"大明星"之首。

所谓领袖(主将),其实就是某个领域、某个地方的带头人和领军人物。做这样的人并非完全是自己刻意而为,往往要受到时代潮流的冲洗之后脱颖而出;但是,大浪淘沙之中,安于现状,不思进取的人,必然会被滚滚向前的时代发展所淘汰,只有有理想、有抱负、志向远大之人,才有可能成为时代的"弄潮儿",成为领袖和主将。

## 策　略

"政策和策略是党的生命线。"——毛泽东

　　作为一个领袖(主将),要顺应时代发展步伐,想干成一番大事业,光有理想和抱负是远远不够的,必须还要有一步步脚踏实地,为实现理想和抱负而努力奋斗的具体方针和方法,这就是策略。

　　中国人民的领袖毛泽东说过:"政策和策略是党的生命线,各级领导同志务必充分注意,万万不可粗心大意。"

　　在中国革命的每一个关键时刻,毛泽东都十分重视采取顺应历史发展要求的政策和策略,并且认真地加以贯彻执行,从而率领中国共产党和全中国人民取得了中国革命的一个又一个伟大的胜利。在土地革命时期,毛泽东用"农村包围城市"的策略,建立红色根据地,与国民党反动派分庭抗礼。在抗日战争时期,毛泽东用"联合阵线"的策略,打击日寇,壮大自己。在解放战争时期,毛泽东用"分化瓦解"、积极争取的策略,迅速打败蒋介石的国民党军队,建立了中华人民共和国。

　　中国电脑业的领军人物、联想集团的董事局主席柳传志,40岁以前只是中国科学院计算所的普通技术人员。中国刚刚改革开放不久,柳传志便萌发了做中国自主品牌 PC 机的想法,这在当时的中国是个很了不起的抱负。然而刚刚创业的柳传志和他的同事一没有资金,二不懂市场,怎么办? 最终,柳传志为自己制定了走"贸、工、技"一条龙,同步进行"产、供、销"一体化的策略。

　　他们首先做贸易,联想公司的前身——中国科学院计算所新技术发展公司成立后,柳传志和同事费尽千辛万苦筹集了 300 万元,准备从香港进口计算机到国内销售,他们找到一个进出口公司拿到批文,找到外汇,把外汇打到香港。可是,这一系列事情安排完了,再回去找那家进出口公司的负责人,人找不到了,公司也没了。柳传志急红了眼,多方打听了解到那个人的住址,连忙飞到深圳,天天蹲在那个人的家门口守着,终于把钱追了回来。就这样在市场经济的大潮中沉沉浮浮地不断挣扎,柳传志和他的同事最终做起电脑贸易。他们通过贸易积累了资金,了解了海外市场,接着给外国公司做代理,为国外的厂商销售计算机,在代理中通过跟外国企业学习,掌握了市场、客户及企业管理的基本知识。

当资本和知识等都有了一定的准备后,柳传志下决心办工厂,开始做自己的计算机机器。但是,在 20 世纪 80 年代,我们国家还是以计划经济为主,对企业生产电脑是有规定的,规定你可以生产,国家给你钱,生产出来的货国家替你卖。柳传志创办的中科院计算所新技术发展公司是"计划外"的,国家不给生产批文,也拿不到外汇指标。为了突破这个障碍,柳传志想尽各种办法,最后终于找到了一条路径,就是从中科院拿到几个多次往返香港的通行证,然后在香港投资几十万元,与人合作办了一个生产企业,开始生产计算机主机板。

计算机主机板生产出来以后,柳传志带着自己的产品,参加美国拉斯维加斯和德国汉德的展览会。这时候,国家电子工业部的负责人见到他们,这才了解到原来中国办企业的人能生产出这样的主机板。负责人非常高兴,于是,给了他们在国内生产的批文。就这样,"联想"的品牌诞生了。

有了"联想"的品牌后,柳传志一直坚持走技术创新之路,通过市场验证有关产品开发的新设想,不断推出符合市场需求的电脑产品。1996 年初,世界信息业爆出一则新闻:中国联想集团与著名的英特尔公司同步推出最新型的奔腾处理器,联想集团将国际先进的电脑技术,在最快时间,以最低价格,提供给中国的消费者。从而,引发了国产电脑在国内的第一次热销。

接着,在与国际先进技术保持同步的基础上,联想集团果断地在一年之中,把自有产品的价格进行了三次大调整,使企业当年销售电脑的总台数增加 100%,利润大幅度提高。也就是这一年,联想树立了中国消费者对国内品牌的信心,改变了过去电脑产品价格由外国公司决定的局面。联想成为中国电脑市场的领跑者,柳传志成为中国电脑产业当之无愧的商界领袖。

由此可见,成大事者必有大谋略。只会空喊口号,显示自己多么有理想、有抱负,那是不行的。不能在实践中仔细谋划,谨慎作为,而是脱离实际,急于求成,轻举妄动,这样的人一旦走上领导岗位,不但成不了好的领袖(主将),反而会害人害己。

战国时期的赵括就是如此一个十分突出的反面典型。赵括是赵国将军赵奢的儿子,从小就喜欢学习兵法,谈论军事,立志将来要成为"天下第一"的大将军。他曾与父亲赵奢谈论用兵之事,赵奢也难不倒他,可是赵奢并不说他好。

赵括的母亲问赵奢这是什么缘故,赵奢说:"做一个主将,带兵打仗是关乎生死的事,赵括却把这件事说得那么容易,这就很不对了。今后如果赵国不用赵括为大将也就罢了,要是一定任用他为大将,使赵军失败的就一定是他。"赵奢早就看出,赵括虽然理想很好,抱负很远大,但是他缺乏成大事者必须具备的大谋略及周密组织实施的才干和能力。

后来,秦国攻打赵国,先是围住上党,赵王派廉颇率领 20 万大军去营救。赵军才到长平,上党已被秦军攻占,秦军还想向长平进攻。廉颇连忙守住阵地,叫兵士们修筑堡垒,深挖壕沟,跟远来的秦军对峙,准备作长期抵抗的打算。秦国将军王龁儿次二番向赵军挑战,廉颇就是不应战。王龁派人报告秦昭襄王,说:"廉颇是个富有经验的大将,不轻易出头交战,这是想拖死我们。我军远道而来,长期下去,粮草接济不上,就很危险了。"

秦昭襄王请范雎出主意。范雎说:"要打败赵国必须先叫赵国把廉颇调回去,换赵括来做主将。"秦昭襄王说:"这哪办得到呢?"范雎说:"让我来想个办法。"

于是,范雎用反间计来影响赵孝成王。过了几天,赵孝成王在王宫里处处听到这样的议论:秦国就是怕年富力强的赵括做赵国军队的大将;廉颇老了,胆子也小了,根本不中用,眼看就要投降秦国了。

赵王听这样的话多了,也就信了。赵王早就听说赵括是"有理想、有抱负"的青年,于是立刻派人把赵括找来,问他能不能带领赵国军队打败秦军。赵括兴高采烈地满口应承。于是赵王就拜赵括为大将军,去接替廉颇。

赵括兴冲冲地领兵20万到了长平。廉颇办了移交手续,回去了。于是赵括率领着40万大军,终于成了赵国的大将军,他以为这下子自己的理想和抱负就要实现了。

赵括一上任,就把廉颇规定的一整套对付秦军的策略,全部废除,并撤换大批中下级军官,准备主动出击。赵括下命令说:"秦军再来挑战,我们就迎头打击,敌人打败了,我们就追击,非杀得敌人片甲不留。"

秦王得到赵括替换了廉颇的消息后,知道范雎的反间计成功了,就秘密派精通谋略的白起将军去指挥秦军。白起到达长平城外,针对赵括轻率和狂热的弱点,设下圈套,布置好埋伏,然后故意打了几场败仗,引诱赵括。赵括率领军队拼命追赶。白起把40万赵军引到预先埋伏好的山谷,派出精兵二万五千人,切断赵军后路,另派五千勇猛无比的骑兵,直冲赵军大营,把40万赵军拦腰切成两段,然后严严实实地包围起来。

赵括这才急忙下令,筑起营垒坚守,等待救兵。但是,秦以全国之力支援长平,把赵国救兵和运粮的道路切断了。赵括的军队内无粮食,外无救兵,守了40多天,士兵们叫苦连天,再也无心作战。赵括率兵突围,秦军早就做好了准备,一看到突围的赵军士兵就万箭齐发,赵括最终战死。赵军听到主将被杀,纷纷扔下武器投降了。

秦将白起对赵国40万降卒心有余悸,先是假意安抚,然后乘其不备之时,全部杀戮。40万赵军一夜俱尽。

做一个好的领袖(主将),必须要有深谋远虑的韬略,要懂得

"知己知彼,方能百战不殆"的深刻道理,要学会紧密联系实际,采取相宜的措施和策略。

那么,策略从何而来?

首先,来自于能对各种事态的状况和形势发展的走向,有深刻的了解和掌握。因此,做事之前必须能沉下心去调查研究。毛泽东说过:"没有调查研究,就没有发言权。"闭门造车,凭空想象,不是吃大亏就是倒大霉。

第二,来自于能集思广益,善于听取方方面面的意见和建议,并从中分析利弊,权衡得失,在此基础上,形成自己正确的主张和意见。

第三,来自于能沉着冷静,临难不慌,临危不乱,以及敏锐的洞察力和判断力。越是黑暗的时候,越是能看到光明和希望,并在不利的情况下寻找有利的因素,及时加以转化。

这些能力是一个领导者能否成为一个好的领袖(主将)最为关键的、最必不可少的内在条件。

青年时期的毛泽东就说过这样一句话:"拿得定,见得透,事无不成。"换句话说,做事不仅要有胆,更要有识,观察要细致,判断要准确,然后大胆采取行动,就会取得成功。

1917年11月护法战争时期,北洋军队从湖南衡宝一线沿铁路线向北溃退,长沙市民很是惊慌。湖南第一师范位于南郊,靠近粤汉铁路,是溃军必经地,随时可能遭受劫持。学校当局准备将师生疏散到城东暂避。担任学友会总务的毛泽东提出,可以让正在接受军事训练的学生自愿军负责守卫,校方同意了他的建议。于是,一些零散溃兵途径校门口时,都不敢轻易闯入。

11月18日,有一支三千多人的溃军因不知长沙的虚实,在湖南第一师范以南的猴子山一带徘徊。毛泽东把几百个学生自愿军分成三队,拿着木枪,分派到猴子山附近的几个山头上;同时,和附近的警察所联络,由他们鸣枪呐喊,学生自愿军一起大放鞭炮。

在这种突然袭击下,本来就疲惫不堪、张皇失措的溃兵不敢抵抗。毛泽东便派得力的人去交涉,溃兵全部放下了武器,长沙免去一场兵火之灾。

这是毛泽东的第一次军事行动,事后人们称赞他"浑身是胆",然而,他的大胆却并非盲目蛮干,而是基于对当时敌我双方情况的全面而透彻的掌握,以及事先的深思熟虑、周密部署和充分准备。有一个同学事后也曾问他,万一当时败军还击,岂不甚危?毛泽东回答说:"败军有意劫城,当夜必将发动,否则,必是疲惫胆虚,……故知一呼必从,情势然也。"

因此,没有超人的胆识,就成不了好的领袖(主将)。

## 团 队

"能用众力,则无敌于天下矣;能用众智,则无畏于圣人矣。"——孙权

"一个篱笆三个桩,一个好汉三个帮",因此一个好的领袖(主将)最看重、最珍惜的就是团队的力量。时代需要英雄,英雄离不开团队;人民需要领袖,领袖离不开群众。

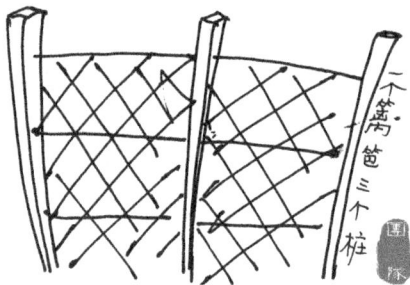

毛泽东有句名言:"政治路线确定之后,干部就是决定的因素。"早在井冈山时期,毛泽东就十分重视红军的团队建设。秋收起义以后,起义队伍来到井冈山永新县三湾,毛泽东改编部队,着手建立自己的革命队伍。他将革命军由一个师编成一个团,让那些和自己有共同革命目标和革命主张的人如张子清、何挺颖、宛希先等进入到前线委员会,并成为掌握部队团、营实际权力的人。与此同时,毛泽东在军队中建立士兵委员会,确立新型的官兵一致同甘苦的关系,士兵群众的革命热情被大大激发。三湾改编还把"支部建在连队",各连的党支

部成为一个个坚强的战斗堡垒,影响和团结了广大士兵,使他们积极投身革命。

此后,毛泽东听说朱德、陈毅率领的南昌起义余部转战粤北湖南,立即派何长工南下联络。几经周折,1928 年 4 月,朱德、陈毅率领南昌起义的部队胜利到达井冈山,与毛泽东部队会师。两部合编为工农革命军第四军,不久又改称为红军第四军,毛泽东团队的两位巨人毛泽东、朱德的名字从此紧紧地联系在一起。1928 年 12 月,彭德怀、滕代远率领红五军主力来到了井冈山,同红四军会合,毛泽东团队又增添了一支革命劲旅。

井冈山革命根据地一步步发展到全盛时期,一大批优秀的红军指挥员经过血与火的洗礼,历尽艰辛磨砺,锻造成中华人民共和国的一代开国元勋。中国人民解放军的大元帅中有五位是井冈山斗争时期毛泽东团队的骨干,他们分别是朱德、彭德怀、林彪、陈毅、罗荣桓。

搞革命靠的是坚强的团队,搞经济同样如此。马云是全球企业间电子商务知名品牌阿里巴巴集团的主要创始人、阿里巴巴集团主席和首席执行官,他是《福布斯》杂志创办 50 多年以来成为封面人物的首任中国大陆企业家,曾获选"未来全球领袖"。

马云最初放弃大学教师这个铁饭碗,用朋友和家人凑的 27 000 元创办中国黄页,这是中国第一家为企业提供主页和代管服务的因特网公司。当时,中国大多数城市还没有网络,为了中国黄页的生存,马云曾选择与杭州电信合作。由于马云反对杭州电信急于赚钱,双方分歧越来越严重,马云不得不选择离开。他将中国黄页 21% 的股份悉数送给一起创业的同事,然后带着 8 个与他志同道合的伙伴,北上到中国对外经贸部工作,开发网上贸易站点。他们在北京租了一个不到 20 平方米的小房间,没日没夜地干活,给对外经贸部做网络,让对外经贸部成为中国能第一个上网的部级单位。

后来,对外经贸部成立中国国际电子商务中心(CDI),由马云和他的团队组建管理。时间一长,马云发现很多商业上的事情在政府编制里很难做,存在许多说不清的问题。同时,马云敏感地捕捉到:中国的网络形势已经开始发生变化,全世界互联网时代马上就要到来,继续留在政府里会错过这千载难逢的良机。在经过一番痛苦的内心挣扎后,马云又一次作出他人生中颇具里程碑意义的重大决定——南归创业。

马云约齐了团队所有的人,宣布他的决定。马云对他们说:"我给你们三个选择权,第一,你们去雅虎,我推荐,雅虎一定会录取你们的,而且工资会很高;第二,去新浪、搜狐,我推荐,工资也会很高;第三,跟我回杭州,每月只有 500 元工资,你们住的地方离我 5 分钟以内,自己租房子,不能打出租车,而且必须在我家里上班。你们自己做决定。"结果,团队的 18 个人全部决定跟马云创业,他们对马云说:"马云,我们一起回家吧。"

那一刻,一向坚强的马云流泪了,他感到一股暖流在身上流动,他对自己说:"我们回去,从头开始,从零开始,建一个我们这一辈子都不会后悔的公司!"

当初,马云从中国黄页挑选了 8 个伙伴一起北上京城,如今这 8 个人都又一个不少地跟他从北京回到杭州。不仅这 8 个人,还有后来加入马云团队的 10 个人,组成了"阿里巴巴"的"十八罗汉",一直团结奋斗在阿里巴巴集团的大旗之下。

马云说:"没有人能挖走我的团队。"他还说:"我最骄傲的是我们的人,其次是我们的投资者,最不骄傲的是我们的网站。"有人非议过阿里巴巴的商业模式,但从来没有人非议过阿里巴巴团队。阿里巴巴的一切符合新经济投资的至高原则:只要有一流的团队和治理,你就成功了一半。

建立一支坚强的团队是取得事业胜利的根本保证。那么坚强的团队是怎样产生的呢?

首先,从共同的理想和主张中产生。因此,团队建设伊始就要选对人,挑选那些志同道合者共同创业。缔造中华人民共和国的毛泽东是这样做的,开创中国"网商"时代的马云也是这样做的。

其次,从共同的奋斗和合作中产生。团队是一种特殊的人与人之间的关系,需要大家在一起努力,在一起奋斗,甚至在一起付出和牺牲。否则,团队就会变成"团伙",一遇风吹草动,便会"树倒猢狲散"。

如何才能搞好团队建设呢？最关键、最根本的是要有共同的核心价值观,共同认可什么、不认可什么,也就是说,要形成一种文化。联想集团的柳传志曾经告诉后来者:"这个非常重要,不然的话,企业的骨干就会崩盘,觉得自己能力大了,就自己走了。所以,形成一个共同的企业文化,将是非常重要的事情。"

那么,企业文化又是怎么形成的呢？柳传志又说到以下三点。一是领导们统一思想,确立共同的准则和原则。二是做好宣传发动工作。柳传志说过,自己从一个创业者成长为企业家,花了50%的时间跟人沟通;阿里巴巴创业团队成员则说,马云有超强的鼓动能力。三是领导层,特别是带头人要以身作则,自己做出的决定,自己首先要做到。

马云在谈到自己的团队建设时,说过以下几段话。很多人认为企业需要的是制度,而我相信一个企业的发展靠的是文化。文化是怎么建立的呢？从几个人开始,甚至到几百个人的时候,你要不断地问这个问题:我们为什么要成立这家公司？这叫使命,这是第一点。第二,我们这些公司的员工需要做的约法三章的事情是什么？那就是价值观。这个要不断放到整个公司的考核中去。文化和价值观是考核出来的,绝不是喊出来的,不是贴在墙上的,而是用每一年、每个季节、每一月的不断考核形成的。怎么激励这个团队？有两种,第一种,要想到这个时代是分享的时代,成功了就要让员工分享成功。假如你是员工,你希望老板是什么样的,你希望有什么样的工作氛围？今天你是经理了,或者你是老板,你就必须替这些员工去想。另外一种,在管理过程中真正爱兵如子,那就是从严自律;你爱他们,就让他们,坚守共同达成的原则,坚守共同的使命感和价值观。当你想让自己的事业帮更多的人,让更多的人分享这个运气的时候,这个运气才会持久,才会成长。

## 意　志

"锲而舍之,朽木不折;锲而不舍,金石可镂。"——荀子

　　一个好的领袖(主将),往往具有极其吸引人、鼓舞人的人格魅力,而在他们诸多的人格品质之中,最令人敬佩的是他们超越常人的坚定意志。

　　孔子说过:"士志于道,而耻恶衣恶食者,未足与议也。"意思是说:一个志向远大的士人,如果以自身的衣食不美好为可耻,那就不必再同他说什么了。孔子的学生曾参发挥老师的讲话,提出:"士不可以不弘毅,任重而道远。仁以为己任,不亦重乎? 死而后已,不亦远乎?"意思是说:士人不可以不心胸宽广、意志坚强,因为他责任重大,奋斗的道路遥远。把实现"仁"的目标作为自己的责任,难道还不重大吗? 奋斗终生,死了才停止,难道不遥远吗?

　　青年时期的毛泽东就具有铁血般的意志。1917 年 8 月 1 日《新青年》上刊载了他的文章《体育之研究》,他在文中提出"欲文明其精神,先自野蛮其体魄"的口号。因为体育锻炼有壮筋骨、增知识、调感情、强意志等许多好处,"而意志也者,因人生事业之先驱也"。

　　为了培养和锤炼自己坚强的意志,青年毛泽东坚持风浴、雨浴、冷水浴,还喜欢爬山。有一个夏天的夜晚,狂风暴雨,电闪雷鸣,人们均关闭门窗,不敢探头室外。而毛泽东一人走出屋外,冒着狂风暴雨,顶着电闪雷鸣,独自爬上岳麓山顶,然后又下山返回。事后有人问其故,毛泽东说这是为了体会《书经》中所说的"纳于大麓(山脚),烈风雷雨不迷"的情趣。

　　青年毛泽东最喜欢游泳,这个爱好一直保持到他的晚年。毛泽东自己后来回忆说:"那时初学,盛夏水涨,几死者数(好多次危险溺水而亡)。一群人终于坚持,直到隆冬,犹在江中。当时有一篇诗都忘记了,只记得两句:'自信人生二百年,会当水击三千里。'"游泳,不单强健了毛泽东的体魄,更激发了他的自信和

意志。

毛泽东常对人说:"大丈夫要为天下奇,即读奇书,交奇友,创奇事,做个奇男子。"他还引用陆九渊的话说:"激励奋进,冲诀罗网,焚烧荆棘,荡夷污泽(无非使心地光明)。"纵览毛泽东的一生,确实一直表现出坚忍不拔,百折不挠,冲破重重阻力,永远一往无前的惊人毅力和意志。用他自己的话说:"下定决心,不怕牺牲,排除万难,去争取胜利!"

中国改革开放的总设计师、中国特色社会主义事业的伟大领袖邓小平,同样是一位具有超坚强意志的伟人。1920 年,年仅 16 岁的邓小平赴法国勤工俭学,到法国后不久,就到工厂做工。当时,中国学生中流行着一句顺口溜:做工苦,做工苦,最苦不过"马老五"(法语"杂工"的谐音)。在艰辛的做工中,邓小平经受住了"苦其心志,劳其筋骨,饿其体肤"的种种磨炼。

1922 年,邓小平参加了旅欧中国少年共产党(次年改名为旅欧中国共产主义青年团),1924 年转为中国共产党党员,从此,走上职业革命家道路。邓小平的坚强意志,集中体现在他那富有传奇色彩的"三落三起"中。

1933 年,邓小平等因为拥护毛泽东的正确主张,反对"城市中心论",反对军事冒险主义,反对用削弱地方武装的办法来扩大主力红军,反对"左"的土地分配政策,而受到临时中央的错误批判,邓小平从省委书记的职位上被撤职。长征时,邓小平被调到总政治部担任秘书长,负责《红星报》的编撰工作,遵义会议上才被正式选为中央秘书长和红军总政治部副主任。多年以后,邓小平的女儿毛毛准备写一本书《我的父亲邓小平》,她问父亲:"长征的时候你都干了些什么工作?"没想到邓小平居然只回答了三个字:"跟着走。"短短三个字饱含了"一落一起"之中,邓小平是多么的沉着、冷静和坚韧。

1966 年,"文化大革命"一开始,邓小平就被撤销一切职务,1969 年至 1973 年,在江西新建拖拉机修造厂劳动。这是邓小平政治生涯中最艰难、最曲折、最痛苦的时期。1973 年 2 月,邓小平从江西下放地回到北京,恢复国务院副总理职务,12 月被任命为中国共产党中央军事委员会副主席。从江西回京,毛泽东第一次召见他,开口就问:"你在江西这么多年做什么?"邓小平千言万语到嘴边凝结为两个字:"等待。"平平淡淡的两个字,足见邓小平的自制力之高、自信力之强。"二落二起"之后,邓小平主持中央日常工作,他当机立断、义无反顾地开始对"文化大革命"进行全面整顿,从而使国家的政治、经济秩序逐渐恢复,发展形势有了良好的转机。

1976年4月5日,天安门广场发生悼念周恩来总理,反对"四人帮",拥护邓小平的群众运动。"四人帮"乘机诬陷,邓小平再一次被撤销党内外一切职务;直到1977年,才恢复名誉和在党政军的一切领导职务。

邓小平曾经深情地说过:"我是中国人民的儿子,我深深地爱着我的祖国和人民。"这种强烈的无私而博大的爱,促成他在漫长的政治生涯中,三次被打倒,又三次奇迹般地站了起来,而且一次比一次更加坚强,一次比一次更加引人注目,一次比一次更加走向辉煌。也正是出于这种爱,又促成他最后一次"百分之百"自觉自愿地退下来,从而为废除领导干部职务终身制率先垂范,开了先河,对保证党和国家的长治久安产生了无比重大而深远的影响。

那么,一个好的领袖(主将)所具有的坚强意志表现在哪些方面呢?

首先,能严格地锻炼自己,培养自己的忍性和耐性。青年时期的毛泽东就是这样刻意为之,在湖南第一师范人人称道。

少年时期的梅兰芳为了成为"名角",坚持刻苦练功。他每天踩着半米多长的高跷站在一条板凳上面的一块砖头上,一站就是一炷香的时间。刚开始,梅兰芳一站到那么高的地方,心里很慌张,站一会儿就腰酸腿疼,可他硬咬着牙坚持,经常把双腿站肿了。一个秋天过去了,梅兰芳跷功大有长进。到了冬天,他自己用水浇了一个小冰场,踏上高跷,在冰上跑。那光滑的冰面,不要说踩高跷,就是在上面走路,也难免要摔跤。梅兰芳身上经常摔得青一块紫一块,每次跌倒,他都立即爬起来继续练。正是凭着这种忍性和

耐性,梅兰芳从小打下了扎实的功底,后来
终于成为蜚声海内外的京剧艺术大师。

其次,能认定一个目标,不受周围的干
扰和诱惑。联想创始人柳传志曾被问及为
何联想能不断发展壮大,至今仍然有很强的
市场竞争力,他说想来想去也没有什么特
别,就是"目标坚定,不受周围的诱惑而已"。
"认定自己的目标,埋头苦干,长期坚持,永
不放弃",这是每一个好领袖经常用来告诫
自己和勉励同志的座右铭。

最后,面对任何困苦挫折,更加坚定自
己探索和追求的目标。正如江泽民对邓小
平的评价所说:"当他受到错误打击,处于逆境的时候,从不消沉,
总是无私无畏,不屈不挠,沉着坚韧,对党对人民无限坚贞,对我们
事业的未来抱乐观主义。他总是由此更加深刻地思索中国革命的
经验教训和根本规律问题,发愤要有新的更大作为。正因为这样,
他才能顺应历史和时势的要求,在经历逆境之后重新担当重任。"

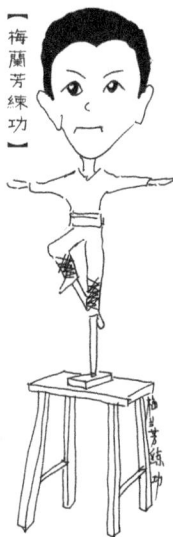

【梅蘭芳練功】

# 第 **16** 讲
## 做 个 好 公 民

**主体 · 公正 · 爱国 · 大同**

古代中国,自秦始皇以来的 2 200 多年间,一直实行专制主义的政治制度、意识形态以及愚民统治。没有民主政治,便没有公民社会。然而,在古代"民主思想和民主意识"渺茫闪现过的较为开明的社会时期,还是有一些杰出人士的思想行为,值得我们今天学习借鉴,以利于我们在现代社会生活中,更好地确立自己的公民意识。

### 主　体

"只有让人民来监督政府,政府才不敢松懈,只有人人起来负责,才不会人亡政息。"——毛泽东

所谓主体,即指公民在国家政治生活中拥有当家做主的权力身份,以及应该发挥的主人翁作用。

如何看待普通人在国家中的地位,是确立公民意识的基本问题和根本问题,其中最敏感、最核心的是:国家大事由谁决定?怎么决定?在帝王专制的中国社会里,人民群众长期处于被统治、被奴役的地位,在国家政治生活中没有自主权和决策权。但是,也有十分罕见的事例,让我们看到了一些统治者对民意的尊重,以及另一些统治者违反民意给自己造成的恶果。

《尚书》、《左传》和《国语》等都有记载,春秋战国时期,庶民不但有议论国家大事的权利,而且还直接参与国家大政的决策。

《左传·襄公三十一年》中记载了一段子产为政时不毁乡校的故事。

郑人游于乡校,以论执政。然明谓子产曰:"毁乡校,何如?"子产曰:"何为?夫人朝夕退而游焉,以议执政之善否。其所善者,吾则行之;其恶者,吾则改之。是吾师也,若之何毁之?我闻忠善以损怨,不闻作威以防怨。岂不遽止?然犹防川也:大决所犯,伤人必多,吾不克救也;不如小决使道,不如吾闻而药之也。"然明曰:"蔑也今而知吾子之信可事也。小人实不才。若果行此,其郑国实赖之,岂唯二三臣?"

仲尼闻是语也,曰:"以是观之,人谓子产不仁,吾不信也。"

上述两段话的意思是说:春秋时期的郑国有一个著名的政治家叫子产,担任国相。他当政时,国人经常到乡校(公共场所,既是学校,又是聚会议事与娱乐的地方)聚会,议论施政措施的好坏得失。郑国有一个高官叫然明,对子产说:"把乡校毁了,怎么样?"子产说:"为什么要毁掉呢?人们早晚干完活儿回来,到这里聚一

下,议论一下施政措施的好坏。他们认为对的,我们就推行;他们讨厌的,我们就改正。这就是我们的老师,这样好的事情为什么要毁掉呢? 我听说过'忠善以损怨',没有听说过'作威以防怨'。很快制止人们的议论也不难,但是这就好比堵塞河流一样,河水大决口造成的损害,伤害的人必然很多,我是挽救不了的。不如开个小口子引导流水,那样就不至于大决口了。与其毁掉乡校,倒不如听取乡校里人们的议论把它当作治病的良药。"然明说:"我从现在才知道您确实可以成大事,小人确实没有才能。如果真的(全按您说的)这样做了,恐怕郑国真的就有了依靠,岂止是有利于我们这些做臣子的。"

孔子听了这番话后说:"照这样话看来,人们说子产不行仁政,我是不相信的。"

孔子说这句话是充分肯定子产不毁乡校的做法,认为这就是仁政,或者是仁政的一部分。

还有一则周厉王止谤导致"共和"的故事。《国语》中记载:厉王虐,国人谤王。召公告曰:"民不堪命矣!"王怒,得卫巫,使监谤者,以告,则杀之。国人莫敢言,道路以目。

王喜,告召公曰:"吾能弭谤矣,乃不敢言。"召公曰:"是障之也。防民之口,甚于防川。川雍而溃,伤人必多;民亦如之。是故为川者,决之使导;为民者,宣之使言。故天子听政,使公卿至于列士献诗,瞽献典,史献书,……庶人传语,近臣尽规,……而后王斟酌焉,是以事行而不悖。民之有口也,犹土之有山川也,财用于是乎出;犹其有原隰衍沃也,衣食于是乎生。口之宣言也,善败于是乎兴,行善而备败,所以阜财用、衣食者也。夫民之虑之于心,而宣之于口,成而行之,胡可雍也? 若雍其口,其与能几何?"

王弗听,于是国人莫敢出言。三年,乃流王于彘。

以上三段话的意思是说:周朝的第十位国王周厉王暴虐(周厉王在位期间加重对人民的剥削,同时还剥夺一些贵族的权力,实行"专利",将社会财富和资源垄断起来。因此,导致了贵族和平民的不满,国内的各项矛盾越来越尖锐),国都里的人公开指责厉王。召穆公说:"百姓不能忍受君王的命令了!"周厉王十分恼怒,于是让人寻找到卫国巫者(古代自称能通神降神、为人祈祷占卜的人),周厉王派巫者监视公开指责自己的人。巫者将这些人报告给厉王,厉王就杀掉他们。因此,国都里的人路上见面都不敢说话,彼此用眼睛互相望望而已。

周厉王高兴了,就告诉召穆公说:"我能止于谤言,国都里的人终于不敢说话了。"召穆公说:"你这样做是堵住他们的口。堵住百姓的口,比堵住河水更厉害。河水堵塞而冲破堤坝,伤害的人一定很多,百姓也像河水一样。治理河水的人,要使它畅通,所以治理百姓的人要让他们畅所欲言。作为天子处理政事,要广泛听取大家的意见,鼓励大臣们献上讽喻朝政的诗篇,让盲人乐师献上乐曲,让史官等献史书,……让普通民众向上传达自己的意见,说出心里想说的话,天子左右的人都应尽心规劝,……天子依据这些言论,有选择地执行政策,就不会有大的失误。民众长个嘴巴,就像大地生有山川沃野,财富用品、衣服粮食都可以从那里生产出来,让民众把话从嘴里讲出来,国家管理得好不好就能从中看出来,好的继续实行,坏的就预防或废除。这跟从山川沃野里获得财富、衣食是一样的道理。应该让百姓心里怎么想就怎么说。他们考虑成熟了,自然就说出来。怎么能去堵他们的嘴呢? 你堵住他们的嘴,不听他们讲话,看你能堵多久?"

周厉王还是不听劝告。国都内的大臣和百姓也都不敢发表议论。三年以后,国都的平民百姓联合起来发动起义,一起讨伐周厉王,周厉王仓皇逃跑到了彘国(最后死在那里)。

后来,由召公、国公两位辅相负责管理朝中的政事,历史上称为"共和"。

《左传》中记载鲁定公八年,卫国国君灵公与晋国国君订立盟约时受辱,威严扫地。灵公回国后想叛晋靠拢齐国,但又犹豫不决。于是就"朝国人",把国都中从事工、商业的人,尤其是士阶层的平民集中起来议事。卫灵公让王孙贾把议题告诉大家:"晋国人瞧不起我们卫国人,国王打算不再讨好晋国。但是如果卫国叛晋,晋王来征伐我们卫国,这就要出大问题了,怎么办呢?"国人听后,纷纷议论起来,最后大家一致说:"晋王如果来打卫国,国王不要害怕,我们卫国人一起来对付晋国,我们团结起来,就可以战胜晋国。"

【衛靈公朝國人】

卫灵公听了国人的话,这才下了决心,作出叛晋归齐的重大决策。

纵贯中国古、近代史,十分遗憾的是,像上述"国人"议政、参政的事例实在是少之又少。尽管如此,"国人议政""君主纳谏"还是受到孔子等儒家学派的支持和肯定的。孟子更是继承和发展了中国古代"民本"思想(民惟本,本固邦宁),提出"民为贵,社稷次之,君为轻",并且指出君王是否有治理国家(天卜)的权力,一是看天能否受之(受命于天),二是看民众能否受之(民大悦),"得乎丘民(小民)而为天子,得乎天子为诸侯,得乎诸侯为大夫,诸侯危,社稷则变置"。天意和民心是相通的,人怨则天怒。民心如此重要,所以,孟子主张君主治理国家(天下)要取悦于民。孟子说:"今王与百姓同乐,则王矣。"还说:"乐民之乐者,民亦乐其乐,忧民之忧者,民亦忧其忧。乐以天下,忧以天下,然而不王者,未之有也。"

如果君主是一个不仁道的暴君,后果应该会怎样呢? 孟子说:"卿有贵族之卿,有异姓之卿。"又说:"君有大过,贵族之卿(即王室成员)则谏,反复之而不听,则易位。"意思是说,出现不仁道的暴君,应该由王室的成员先来反复劝说他,若达不到效果,就要撤换他。孟子甚至提出:"贼仁者,谓之贼;贼义者,谓之残;残贼之人谓之'一夫'。闻诛一夫纣矣,未闻弑君也。"就是说,不仁义的君王比如商纣王,是独夫民贼,杀之也不为罪。

可惜的是,中国古代的"民本"思想,始终还是为君主专制政体服务的,期望明君治世、精英治国。孟子本身绝无废除君主专制政体的念头,只是告诫君主:要实行仁政,要关心和爱护百姓;否则,不会有好下场!

墨子也曾提出人人平等相爱与制约君主的话题,但是与鬼神联系得过于紧密,以至于根本无法展开。墨子认为天之有志——兼爱天下百姓,因"人不分幼长贵贱,皆天之臣也","天之爱民之厚",君主若违天意,就要受天之罚,反之,则受天之赏。墨子还提出:"选择天下贤良、圣知、辩慧之人,立为天子,使从事乎一同天下之义。"就是说,选贤明的人做天子,然后来把大家的思想全部统一起来,达到人人心理相同不二,社会就不混乱了。那么,如何保证君主及其亲近贵族贤明而不昏愚呢?那就靠老天爷及鬼神来"替天行道"了。墨子不但坚信世上有鬼神,而且坚定地认为它们是人间正义的重要力量,全靠它们赏善罚暴。

千百年来没有民众制约,甚至没有来自统治者内部制约的君主制政体,带来的必然是君主独裁专制。君王拥有至高无上、无所不能的权力,可以任凭自己的个人意志为所欲为。对大众而言,是否能遇到明君,根本没有自主权,全凭碰"运气"。碰到当政的君王是个贤明的人,则天下太平;否则,昏君、暴君当政,就难免祸国殃民,天下大乱。

更为严重的问题是,在君主独裁专制的政体之下,任何事情全凭君王一个人说了算,"明君"也难免变成"昏君",也极易变成"暴君"。所以,明末清初的黄宗羲在《明夷待访录》中,把历代以来自比为天之子、民之父母的帝王,斥为天下之大害。他说:"后之为人君者,以为天下利害之权皆出于我,天下之利尽归于己,天下之害尽归于人,亦无不可。"他还指责帝王,说:"屠毒天下之肝脑,离散天下之子女,以博我一人之产业,以奉我一人之淫乐。"黄宗羲还由此认为,知识分子出仕做官不应该为君主一人负责,而是要为天下老百姓负责,所谓"为天下者,非为君也,为万民,非为一姓也"。

1945 年,黄炎培来到延安,在窑洞里和毛泽东交谈。黄炎培认为,中国古代很多朝代,不断更迭,好像有个从执政到灭亡的周期率。他说:"我生六十多年,耳闻的不少,所亲眼看到的,真所谓'其兴也勃焉'、'其亡也忽焉',一人、一家、一团体、一地方乃至一国,不少单位都没有跳出这周期率的支配力。大凡初时聚精会神,没有一事不用心,没有一人不卖力,也许那时艰难困苦,只有从万死中觅取一生。既而环境渐渐好转了,精神也就渐渐放下了。有的因为历时长久,自然地惰性发生,由少数演变为多数,到风气养成,虽有大力,无法扭转,并且无法补救;也有为了区域一步步扩大了,它的扩大,有的出于自然发展,有的为功业欲所驱使,强求发展,到干部人才渐见竭蹶,艰于应付的时候,环境倒越加复杂起来了,控制力不免趋于薄弱了。一部历史,政怠宦成的也有,人亡政息的也有,求荣取辱的也有,总之没有能跳出这周期率。"他又说:"中共诸君从过去到现在,我略略了解了,就是希望找出一条新路,来跳出这周期率的支配。"

听了黄炎培这番见解后,毛泽东说:"已经找到新路,我们能跳出这周期率。这条新路,就是民主,只有让人民来监督政府,政府才不敢松懈,只有人人起来负责,才不会人亡政息。"

黄炎培认为这话是对的:"只有大政方针决之于公众,个人功业欲才不会发生。只有把一地方的事,公之于每一个地方的人,才能使地地得人,人人得事。用民主来打破这周期率,怕是有效的。"

历史发展到了今天,国家的一切权力归于人民及其代表,人民群众当家做主,领导干部为人民服务,已经成为全党全国人民的共识。作为中华人民共和国的公民应当具有这种主人翁的意识和觉悟,积极投身到国家的政治生活之中去。

首先,要自觉而主动地了解国家及地方法律、法规及方针、政策的内容与要求,以此来规范自己,监督他人,尤其是监督领导干部遵守执行。对于违法乱纪,乃至腐败堕落的人和事,不但要批评、劝阻,还应该适时而恰当地揭露和反映。否则,"事不关己,高高挂起",结果必然是"事一关己,无人说起"。

在美国波士顿犹太人屠杀纪念碑上刻着德国新教牧师马丁·尼莫拉所写的一首忏悔诗：在德国，起初他们追杀共产主义者，我没有说话——因为我不是共产主义者；接着他们追杀犹太人，我没有说话——因为我不是犹太人；后来他们追杀工会成员，我没有说话——因为我不是工会成员；此后他们追杀天主教徒，我没有说话——因为我是新教教徒；最后他们奔我而来，却再也没有人站出来为我说话。

其次，要自觉、主动地行使宪法赋予每一个公民应有的权力。认真参与国家及地方的重大事项，特别要慎重地使用好自己的选举权和被选举权，积极推举自己满意的人选作为人民代表，行使国家和地方的最高权力。

最后，要养成独立而美好的精神和人格。一个好的公民不但要做国家的主人，还应该做自己的主人，才能更好地行使自己的公民权利。在任何一种不正当的引诱和胁迫面前，都能很好地控制自己，做出正确的选择，不至于堕落和腐化；唯有这样的人，才能成为一个好公民。

## 公　正

"己所不欲，勿施于人。"——孔子

主体意识和独立精神是现代公民最明显的特征，是现代公民对自己在国家中主人身份的认同和感知。然而，讲现代公民的主人翁意识，绝对不是让什么人做主子、去奴役别的什么人。追求公正是现代公民做人处事的基本准则和基本素质，任何一个公民都既有他的"天赋人权"；同时，也有他必须承担的责任和义务,都应该学会公正地对待自己及其他每一个人,在重视和维护自己的权利、义务的同时,充分尊重、认同和维护其他每一个公民应有的权利和义务。

孔子说过:"己所不欲,勿施于人。"你不愿别人侵犯你的权益,剥夺你的义务;那么,你就不能去侵犯别人的权益,剥夺别人的义务。所以,子贡对孔子的话进一步解释说:"我不欲人之加诸我也,吾亦欲无加诸人。"这就是古人的公正。

孔子是中国第一个创办"私学"的伟大的教育家,一生之中有弟子三千多人,他的儿子孔鲤也是其中之一。孔子是否对自己的儿子搞过些什么特殊待遇呢? 这个问题当时的人就很有疑问。有一天,孔鲤和同学做"课外活动",陈亢问孔鲤:"你是老师的儿子,老师应该单独为你传授一些我们听不到的教诲吧。"

孔鲤说:"我父亲对他的弟子一视同仁,没有为我单独传授什么啊。我只有两次单独受过父亲的询问。一次,父亲独自站在庭院中,我快步走过,他问我:'学诗没有?'我回答说:'没有。'他说:'不学诗就不懂得怎么说话。'我回去后便去学诗。又有一次,父亲独自站在庭院中,我快步走过,他问我:'学礼了吗?'我回答说:'没有'。他说:'不学礼就没有立足社会的依据。'我回去后就学礼了。在父亲那里我就单独听到过这两句教导。"

陈亢回家后高兴地说:"我知道了,君子不偏爱自己的儿子。"

正因为孔子能够公正地对待自己的弟子,不偏爱自己的儿子,对每一位弟子都能因材施教;所以才有颜回、曾参、子路等许多的优秀弟子始终追随着孔子,并把孔子的学说发扬光大。

春秋时期的卫国国君卫庄公有三个儿子,长子仁义,次子知礼,只有小儿子州吁为人骄纵。州吁是卫庄公的爱妾所生,所以庄公十分溺爱他,对他的所作所为不闻不问。卫国的大夫石碏为人正直,看不惯州吁的所作所为,劝说庄公好好管教,石碏对庄公说:"我听说疼爱孩子应当用正道去教导他,不能使他走上邪路。骄横、奢侈、淫乱、放纵是导致邪恶的原因。这种恶习的产生,是因为给他的宠爱和俸禄过了头。如果想立州吁为太子,就确定下来,然后好好教育引导他。如果定不下来,又纵容他骄横胡为,就会酿成祸乱……作为统治民众的君主,应当尽力除掉祸害,而现在却加速祸害的到来,这是不行的。"但卫庄公不听劝告。

石碏有一个儿子叫石厚,州吁经常拉着他一起出去。石碏知道后,便严厉地责骂他,还用鞭子抽打他五十下,锁入房里。石厚越窗逃走,州吁让石厚躲到自己的府中。石碏没有办法,只好告老还乡。

卫庄公去世后,长子姬完继承王位,称卫桓公。卫桓公生性懦弱无能。不久,石厚找到机会与州吁密谋篡位,趁卫桓公要到洛邑去,假意为他饯行,卫桓公不知是计,前去赴宴。结果,州吁杀了自己的哥哥,石厚帮助州吁制服了卫桓公身边的人,州吁当上国王,拜石厚为上大夫。州吁的另一个哥哥连夜逃到了邢国。

州吁杀了自己的哥哥卫桓公,对外却说卫桓公暴病而亡;但是,实际情况还是传了出去,国内百姓对此不满,邻国也觉得州吁谋杀兄长不仁不义。州吁又和石厚商议对邻国用兵,既为制服国人,又为立威邻国。于是,州吁派人贿赂鲁、陈、蔡、宋等国,又在国内大肆征兵,去攻打郑国,弄得劳民伤财。当时有首民谣传开:"一雄毙,一雄出,歌舞变刀兵,何时见太平?"

州吁见百姓始终不拥戴自己,心中很不安,石厚对他说:"看来要找一位德高望重的人,来辅佐您治理国家才行。"二人想来想去,只有请石碏出山,百姓才能信服。州吁派大臣带着重礼,去请石碏出来共掌国政,石碏推说年纪大了,身体不好,拒收礼品。

石厚只好亲自回家去请。石碏便假意对石厚说:"新主即位,能见周王,得到周王赐封,国人才肯服帖。现在周王虽然地位也不十分巩固,但是只要你们诚心诚意地去,同时能找一个周王赏识的国君为你们说情,周王会很高兴的。周王现在很喜欢陈侯(陈国国君),你们不如去陈国试试看。"

石厚十分高兴,于是去准备厚礼,然后同州吁一起前往陈国。

石厚刚离开,石碏立即写了一封书信,派人悄悄送到陈国,交给自己的好友陈国大夫子针,请他转呈陈侯。

子针收到信后,马上呈递给陈侯。陈侯一看大吃一惊,信的大意是这样的,卫国州吁杀兄夺位,加兵邻国,坏事做尽,百姓苦不堪言,而我的儿子石厚就是州吁最大的帮凶,这两个恶人天理不容。现二贼已驱车前往贵国,请陈侯帮忙伸张正义。外臣石碏问候陈侯。

陈侯与子针商议,决定待二人到时先把他们绑起来。

州吁、石厚二人兴冲冲来到陈国,被安排在太庙上见陈侯。他俩赶到太庙,见一块牌子上写着"为臣不忠、为子不孝之人,不能进入太庙"。二人心中有点不安。没走几步,看到陈国大夫子针站在高处,大声宣读:"奉周天子之命,立即拿下不忠不孝的州吁、石厚。"两边武士一拥而上,将二人绑了起来。

陈侯欲将州吁、石厚斩首,陈国大臣们都认为这样不妥,应当请卫国派人来治他们的罪。

石碏知道二贼被捉,急忙派人去邢国接姬晋(州吁从兄)就位国君(卫宣公),然后又请卫宣公与众大臣们来讨论如何处理州吁、石厚这两个恶人。大臣们都说:"州吁杀兄篡位,应当派人到陈国去处死他。石厚虽然犯下滔天大罪,但是他是石碏您的儿子,您对捉住他们二人有大功,石厚就不必处死了。"

石碏动情地对众大臣说:"州吁的罪过都是我这个不肖子酿成的,从轻发落他岂不是徇私枉法?怎么能因为是我儿子,就放过他呢!"大家都无话可说。石碏的家臣獳羊肩说:"国老不必动怒,我即赴陈国办理此事。"

獳羊肩到了陈国,石厚见到他说:"我是该死,请将我囚回卫国,见父后再死。"獳羊肩说:"不必了,我奉朝廷和你父亲之命来诛逆贼。想见你父亲,我把你的头带回去见吧!"于是就在陈国杀了石厚。

石碏的行为,维护了国家法律和道德的尊严,体现出一点"王子犯法与庶民同罪"的古代法制的相对公正性。

做一个现代公民,要学会依法维护自己的权利(一个人正当的私有利益和个人尊严,同样都是神圣不可侵犯的);但是,好比任何一个人的手掌都是由手心和手背两面组成的,只要手心不要手背,手心自然也就不存在了。公民的权利是手心,公民的义务则是手背;自己的利益是手心,别人的利益是手背,手心手背一样重要。

这就是现代的公正。那么，在现代社会如何去实现公正，维护公正呢？

首先，要有法规意识。当今社会，每个人都有独立的意志和权利，每个团体也有自己的特殊利益。如何去协调处理各自的主张和权利，避免发生冲突，导致恶果呢？这就要靠法律和规则。现代法律和规则是公民合意的结果；或者是通过国家予以确认的，或者是通过习俗予以强化的，任何一个公民都应当学法、懂法、守法。

其次，要有责任和义务意识。每一个公民都应当自觉地履行好与自己身份和处境相适应的责任和义务。没有责任就没有权利，不愿意承担义务，权益也得不到实现。因此，在遇到一些特殊状况和重大问题时，一个好公民就会自觉主动地做出必要的付出和牺牲。

第三，要有程序意识。没有程序，就没有现代意义的法治。程序意识是法律意识的重新组成部分，是实现公正的重要保障。

宋朝的包拯，同样做过"大义灭亲"的事。包拯嫂嫂对包拯有养育之恩，所以包拯一直尊称嫂嫂为嫂娘。包拯的侄子包勉在萧山县令任上贪赃枉法，包拯面对嫂娘的求情，坚持大义灭亲，将侄儿包勉铡死在长亭之上。这个故事流传至今，人们在感叹之余，难免有些许担心和疑问：第一，包拯的做法究竟有多少人能照此办理？六亲不认显然是与中国的伦理和人情相冲突和矛盾的，中国自古以来就有"亲亲相隐"的法制传统。孔子说过："父为子隐，子为父隐，直（正直）在其中矣。"当然，对孔子所说的"隐"，我们绝不能简单地理解为"隐瞒"，错误地理解为"包庇"；而是应该从孔子一贯主张的"忠、孝、仁、义"思想观点出发，正确地理解为"内疚"和"回避"。亲人做了坏事，自己就该心痛和内疚，应该努力地帮助亲人去弥补和改正；如果，亲人不思悔改，导致其罪大恶极，自然要受到法律的严惩，但是，终归不能违反人伦，以父子、夫妻、兄弟骨肉之间相互打击、相互折磨当作畅快和兴奋的事。第二，包勉这样的贪官，遇到的是叔叔包拯这样的执法者，如果遇到的是另一个不能"大义灭亲"者，来处理亲人犯法的事，谁能保证不会亲亲相护，官官相护。第三，假如亲人执法之前,已与犯法者事前勾结,执法时借"大义灭亲"而洗脱自己,这又如何防范呢?

那么,应当如何面对犯错、犯罪的亲人呢?一是要不断劝谏。有错劝其改过,有罪劝其自首。现代法律对自首者有从轻惩处的原则。二是要司法回避。我国现代法律规定:法官与其所审理案件的当事人,有直系血亲、三代以内旁系血亲及姻系关系的,法官应当主动提出自行回避当事人。

这令人想到石碏的做法还是有一些可取之处的。其子石厚助纣为虐,父劝不改,弑君欺民,罪恶滔天,国人皆知。为了国家和大众利益,石厚理应受到法律的严惩。但是,石碏并没有直接动手自己处置,而是先交给陈侯抓捕,后交给卫宣公以及众大臣议处,自己只是表明绝不因私徇法的立场和意见。

程序意识是对强权统治的最好的制约。如果没有程序意识,就会导致混乱,进而导致独裁和专制。这也是 20 世纪六七十年代,中国发生"文化大革命"的惨痛教训。

## ● 爱 国 ●

"苟利国家生死以,岂因祸福避趋之。"——林则徐

作为一个现代公民,既是国家的一员,又是国家的主人;爱自己的国家,既是公民的权利,也是公民的义务和责任。中华民族自古就有爱国主义的光荣传统。

南宋时期爱国主义大诗人陆游曾经说过:"位卑未敢忘忧国。"他从小受到父亲的影响和教育,立下报国之志。30 岁那年,参加礼部举行的考试,以优异的成绩获得了第一名,但是,因为排在秦桧孙子秦埙之前竟然被秦桧除名。这一打击并没有使陆游灰心,回家以后,他仍然刻苦读书,认真练武,随时准备在国家需要的时候挺身而出,报效祖国。

陆游 34 岁时当了个小官,尽心尽职为国为民办事,不久受到提拔。以后,陆游诗名日盛,宋孝宗任命他提举江南西路常平茶盐会事。在抚州任上,遇大旱,又逢大涝,陆游关心民生疾苦写下了"嘉禾如焚稗草青,沉忧耿耿欲忘生。钧天九奏箫韶乐,未抵虚檐泻雨声"的诗句,表达自己对百姓受灾的深切同情。同时,上奏朝廷"拨义仓赈济,檄诸郡发粟以予民"。由于情势急迫,在尚未征得南宋政府同意前,他先拨义仓粮至灾区赈济,使灾民免于饥饿之苦,并到崇江、丰城、高安等地视察灾情。这一举措受到朝廷的非议,被召返京待命。行前,陆游从宦游四方所搜集到的 100 多个药方中,精选成《陆氏续集验方》刻印成书,留给江西人民,表达他的为民之心。

此后,陆游仕途多舛,屡因谏劝朝廷减轻百姓赋税,以及坚决主张北伐收复失地,受到排挤而罢去官职。

公元 1210 年,陆游已经是 85 岁的老人了,但他仍然念念不忘北伐,念念不忘收复祖国北方的大好河山。有一天,他已十分虚弱,躺在床上不能动弹,眼神一片茫然,嘴里不停地喘着粗气。忽然,他瞪大眼睛,吃力地抬起头,示意儿子拿来纸和笔。当他儿子把纸和笔捧来时,陆游用力支撑起身体,写下了《示儿》诗:

死去元知万事空,但悲不见九州同,

王师北定中原日,家祭无忘告乃翁。

写完之后,陆游这才重新躺下慢慢地闭上眼睛,与世长辞。这位伟大的爱国诗人,他的生平事迹及光辉诗篇至今激励着人们热爱自己的祖国、报效自己的祖国。

爱国主义传统世代相传,成为中华民族生生不息的力量源泉。

老革命家吴玉章年轻时东渡日本留学。1904 年元旦,日本学校悬挂万国旗时,看不起中国,故意不挂中国国旗。为维护国家和民族的尊严,吴玉章挺身而出,代表留日学生向学校当局严正指出:必须立即向中国学生道歉并纠正错误,否则,就要举行罢课和绝食以示抗议。日本学校当局在中国留学生的强大压力下,只得认错道歉。

1949 年,美国某大学为了留住著名数学家华罗庚,以优厚的条件聘请他为终身教授,但华罗庚回答说:"为了抉择真理,为了国家民族,我要回国去!"最终带着妻儿回到了北京。回国后,他不仅刻苦致力于理论研究,而且足迹遍布全国 23 个省、市、自治区,用数学解决了大量生产和生活中的实际问题,被誉为"人民的数学家"。还有许多著名科学家,如地质学家李四光,生物学家童第周,核物理学家钱学森,等等,他们个个都满怀爱国之志,为振兴自己的国家,放弃国外舒适的生活和丰厚的待遇,毅然决然地返回祖国,投身国家建设事业,为祖国的发展和强盛作出了不可磨灭的巨大贡献。

作为一个现代公民应当继承和发扬先辈们爱国主义的光荣传统。正如邓小平所说:"我荣幸地以中华民族一员的资格而成为世界公民。我是中国人民的儿子。我深情地爱着我的祖国和人民。"

热爱自己的祖国,就要感恩自己的祖国,学习和了解祖国的历史和文化,珍爱代表祖国的国旗、国歌、国徽等象征性的物品,把自己的爱国情感融入生活点滴,渗透日常言行。要积极投身祖国建设事业,努力干好本职工作,不断创先争优,创造新的业绩。

热爱自己的祖国,就要维护祖国的尊严。"洋装虽然穿在身,我心依然是中国心",无论何时何地,不容任何人侵犯祖国的领土、领空、领海及国家的主权。在祖国需要的时候,挺身而出,捍卫自己的祖国免遭入侵和颠覆。

热爱自己的祖国,就要期盼祖国昌盛、人民幸福。对国耻铭记于心,奋发图强;对国情了然于胸,踏实苦干。遇国难团结一致,共赴危艰;遇国荣振臂欢呼,引以为豪。

需要注意的是,爱国既需要热情,也需要理性。在全球化的时代,闭关锁国只会带来国家的落后和人民生活水平的下降,因此,作为一个现代公民，一定要将爱国的热情和爱国的理性有机结合，支持和拥护政府采取积极稳妥的外交措施和政治手段，合理合法地解决国与国之间的冲突和争端，以开阔的视野、开放的态度着眼于祖国未来和美好明天的建设。

## 大 同

"我和你，心连心，同住地球村。"——北京奥运会主题曲歌词

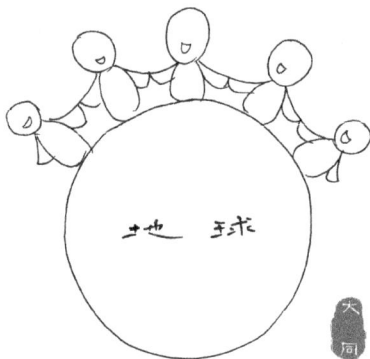

作为一个现代公民不仅要关心自己的祖国和人民，还应该关心人类的公共事务和共同命运。有一首歌唱得好，"我和你，心连心，同住地球村"。在法律上，公民身份总是与国籍相连，都是某一个具体国家的公民；但我们还是地球上人类大家庭的一员，并因此而享受相应的权利，承担相应的义务；所以，我们自然也是世界公民。

当前，世界经济一体化的步伐不断加快，从政府到每个公民，在经济领域里都要遵守国际通行的法则，这意味着我们的生活将会越来越国际化。但是，自从人类走出原始森林建立了国家以来，在国与国之间长期奉行着弱肉强食的丛林法则。因此，从古至今无数仁人志士梦想过人类大同，并为此付出艰辛的努力。

"天下大同"是孔子的理想，基本特征即人人友爱互助，家家安居乐业，没有差异，没有战争。这种状态，后人称之为"世界大同"，又称"大同世界"。

《礼记·礼运大同篇》曰："大道之行也，天下为公，选贤与能，

讲信修睦,故人不独亲其亲,不独子其子,使老有所终,壮有所用,少有所长,鳏寡孤独废疾者,皆有所养;男有分,女有归。货,恶其弃于地也,不必藏于己,力,恶其不出于身也,不必为己。是故,谋闭而不兴,盗窃乱贼而不作。故外户而不闭,是谓大同。"

这段话的意思是说:在大道施行的时候,天下是人们所共有的,把有贤德、有才能的人选出来(给大家办事),(人人)讲求诚信,崇尚和睦。因此,人们不单奉养自己的父母,不单抚育自己的子女,要使老年人能终其天年,中年人能为社会效力,幼童能顺利地成长,使老而无妻的人、老而无夫的人、幼年丧父的孩子、老而无子的人、残疾人都能得到供养。男子要有职业,女子要及时婚配。(人们)憎恶财货被抛弃在地上的现象(而要去收贮它),却不是为了独自享用;(也)憎恶那种在共同劳动中不肯尽力的行为,总要不为私利而劳动。这样一来,就不会有人搞阴谋,不会有人盗窃财物和兴兵作乱。(家家户户)都不用关大门了,这就叫做"大同"社会。

上述这种社会是以孔孟为代表的儒家追求的最高理想境界,也是从古至今许多杰出的思想家们共同向往的美好的人类社会。

墨子是春秋末战国初伟大的思想家,出生在手工业家庭,日后成为一名高明的木工匠师、杰出的机械制造师和科技发明师,创立墨家学说后,提出"兼爱""非攻"等维护和平的重要思想。

从"兼爱"观念出发,墨子极力反对发动战争。墨子历数战争的罪恶:"入其国家边境,芟刈(割除)其庄稼,斩其树木,堕(毁掉)其城郭,以湮(淹没)其沟池,劲杀其万民,覆其老弱,迁其重器(把尊贵的器物宝贝搬走)……"为什么会这样呢?墨子说:"此其为不利于人也,天下之厚害矣,而王公大人乐而行之,则此贼灭天下万民也,岂不悖哉。"意思是说:战争为天下最大的祸害,可是统治者们为了各自的利益争夺都乐于战争,发动战争,而置万民的生死于不顾。

墨子生活的时代正是天下诸侯之间的兼并战争愈演愈烈之际。战火所过之处,生灵涂炭,乐土化为废墟。墨子对此有着强烈的心灵触动,因而痛心疾首地倡导"非攻"。为此,他还十分严格地训练自己的学生，让他们学会守城作战的本领，"赴汤蹈火，死不旋踵（至死也不后退）"。为帮助遭到攻击的国家坚守城池，他和他的学生在这方面表现得非常勇敢。

孟子说过："墨子兼爱，摩顶放踵（从头到脚都受伤），利天下为之。"庄子说："墨子真天下之好也，将求之不得也，虽枯槁不舍也，才士也夫。"意思是说：墨子还是真正热爱天下人的，目标不能实现，就是弄得形容枯槁也不会放弃自己的主张，真可算是有才之士啊！

墨子和他的弟子如此辛苦，仍然会有人不理解。有一次墨子从鲁国到齐国，探望自己的一位老朋友，朋友对他说："现在天下没有人行义举（大家都为利益而争），你何必独自吃那么多苦头去行义举呢？我看你不如停下来吧。"墨子回答说："现在这里有一个人，他有十个儿子，但只有一个儿子耕种，其他九个都闲着不做事，耕种的这个人不能不更加紧张地劳动啊。为什么呢？因为吃饭的人多而耕种的人少。现在天下没有人行义举，你应该勉励我更加紧张地推行义举，为什么还制止我呢？"

墨子又是如何辛苦推行义举的呢？

有一次，墨子听说公输盘（鲁班）被楚国国王请去造起了攻城的云梯，准备攻打宋国。墨子立即从鲁国出发，走了十天十夜，鞋都走没了，就用破衣服裹一下脚，继续赶路。

墨子到了楚国国都郢，见到公输盘，公输盘问墨子："您到这里来见我有什么指教吗？"墨子说："北方有一个人，他侮辱过我，我想请您帮助我杀了他。"公输盘一听这话，不高兴了。墨子又说："请允许我付给您十斤金子的报酬。"

公输盘说："我这个人讲义，不会替你去杀人。"墨子站起身，拜了两次，说："请听我为您讲讲我真实的想法。我从北方听说您帮助楚国造云梯，将要攻打宋国。宋国有什么罪呢？楚国地方广阔而老百姓并不多，去宋国杀害那里的老百姓，争夺人家的土地，这就是杀不足而争所余，不可以说是智；宋国人无罪而去攻打他们，不可以说是仁；您知道这样做是不智不仁之举而您不去劝止，不可以说是忠；去制止没有达到目的，不可以说是强；您讲义不杀少的人,却要帮助楚国发动战争去杀多的人,不可以说是知道类推的道理。"公输盘无话可说了。

墨子说:"这样的话,为什么不停止您的行为呢?"公输盘说:"不行,我已经答应楚王了。"墨子说:"为什么不带我去拜见楚王呢?"公输盘说:"好吧。"

墨子见到楚王,墨子对楚王说:"现在有一个人放弃自家的文轩(华丽的车子)、锦绣(精美鲜艳的丝织衣服)、粱肉(白米肥肉)不用,邻居有敝舆(破车子)、短褐(粗布衣服)、糠糟(酒糟米糠粗劣食物)而打算去偷过来用。这是一个什么样的人呢?"楚王说:"这人一定是有偷窃毛病的啊。"

墨子说:"你们楚国地方广阔,而宋国地方就那么一点点,楚国物产丰富,而宋国还比较贫困,何必去攻打宋国呢?这不是有点像一个富人去偷穷邻居一样可笑吗?"楚王回答说:"对是对的,但现在公输盘已经为寡人造好了攻城的云梯,一定要攻宋,没办法了。"

墨子笑道:"那还不容易,我就先和公输盘先生演练一下,来一次沙盘演习,看看楚国攻宋能不能取胜。"于是,墨子和公输盘开始演练。墨子解了衣带做一个城的模样,用书写的竹片做器械。公输盘攻城,九次改变攻城的战术,墨子都把他挡了回去。公输盘的攻城器械用空了,而墨子的守御办法还富之有余。

公输盘这时有些心怀恶意,对楚王说:"我想还有最后一个办法。"

墨子听后微微一笑,说:"公输先生您的意思是想让楚王杀掉我。杀掉我,宋国就没有人可以守卫了。可惜迟了,我的大弟子禽滑厘已经带领三百人,拿着我教给他们的守城器械,在宋国城墙上等着楚国侵略者呢。就算是杀了我,反对你们攻打宋国的人还会有很多。"

楚王说:"好了,我就不去攻打宋国了。"

墨子也许可以算是地球上最早的"绿色和平组织"的创始人和领导者之一,尽管在他那个时代,他并不知道也不可能知道"天下"到底有多大,世界到底有多少国家和民族;但是他的"兼爱""非攻"的思想至今仍然具有国际性的伦理价值。

作为一个现代公民,爱自己的祖国和爱人类和平应该是共生共成的情感,因为只有世界最终是和平的,才能彻底地保障国家的真正安宁,有了国家安宁,才有社会的发展和昌盛。

作为一个现代公民,对自己祖国的文化感到自豪和重视人类共同的文明,是应该同时具备的素质和修养。每一个国家和民族的文化,都是这个国家和民族的人民世世代代创造和传承下来的遗产,都应该得到尊重和保护。无论什么人以何种借口去破坏一个国家和民族的文化,都应该受到谴责和处罚。

在人类发展过程中,还有各个国家和民族逐步共同产生或认同的一些重要的文化观念和价值观念,更是一个现代公民必须懂得和遵守的基本信仰。比如:

一是人权和尊严。人人生而平等,人人生而自由,这是大自然赋予人的根本权利。地球上先有人,才有家,后有国。人是核心,人是根本,家是为人服务的;国是家的延伸和扩大,同样是为人服务的。离开人和家,国就没有了存在的基础和必要。人的尊严是最宝贵的。因此,世界上的每一个人,不论其民族信仰,也不论其肤色服饰,更不论其财产地位,都应当绝对地拥有作为一个自由人应该拥有的不可剥夺、不可侵犯、不可转让的生命权、财产权、思想言论自由权和社会政治经济等公共活动的参与权。上述四种权利的实现,是保障人权和人的尊严得以实现的最基本的不可分离的重要条件。

当然,一个人要实现自己的权利和尊严,那么就必须让其他人的权利和尊严同时得到实现。每个人的自由平等都是建立在他人自由平等的基础之上的。在地球上的任何一个地方,谁要任意剥夺他人自由平等的基本权利,不管以什么样的借口和理由,谁就是世界人民的公敌。

二是公德和环保。国与国之间的交往,人与人之间的相处,有一些基本的礼节、习惯和做法,是人类共同遵守以表达相互友好、体现相互敬重的准则,无论是哪一个国家的公民都应当自觉地予以遵行。诸如:在公共场所不能大声喧哗干扰他人,不能随地吐痰乱扔垃圾;在需要排队的地方不能挤队、扎堆,破坏秩序;相互见面问声好,分手时候说再见;见人有难主动关心,别人需要及时援助;等等。

中国自古就是礼仪之邦,古语云:"人无礼则不生,事无礼则不成。"古代中国的礼仪文化还流传到亚洲各国,成为国际化的待人处事共同的文化现象和文化价值观。"谦谦君子,文质彬彬",曾经是中国古人留给异国他乡人们的美好印象。

作为现代公民还应当关心地球上人类目前所共同面对和努力改善的一个重大问题,这就是环境保护。地球是人类共同的家园,由于历史和现实的种种原因,我们的家园遭到了严重的污染和损害。长此以往所带来的恶果难免是:自然对人类的报复,地球对人类的结算。

《大戴礼·易本命》有这样一段话,子曰(孔子说):"……故帝王好坏巢破卵,则凤凰不翔焉;好竭(使干涸)水搏鱼,则蛟龙不出焉;好刳(挖空)胎杀夭(幼小鸟兽),则麒麟不来焉;好填溪塞谷,则神龟不出焉。故王者动必以道,静必以理。动不以道,静不以理,则自夭(短命)而不寿,妖孽数起,神灵不见,风雨不时,暴风水旱并兴,人民夭(夭折)死,五谷不滋(滋长),六畜不蕃息(繁殖增多)。"孔子的这番话中出现许多传说中的神兽,现代人难有真切的感受;但是,这段话的基本意思,可以说是对破坏地球环境所会造成的恶果,作出了生动而透彻的描绘。

孔子不仅着力描述保护自然环境的重要性,而且忠实实践自己的主张,正如《论语》中记载:"子钓而不纲,弋不射宿。"意思是说:孔子只用渔竿钓鱼,而不用大挂网拦河捕鱼;用带绳的箭射鸟,但不射归巢栖息的鸟。

中国历朝历代都以国家法律或者行规村约的形式,对保护自然环境作出统制性的规定。先秦时代就有禁令"春三月,山林不登斤(砍伐工具),以成草木之长,夏三月,川泽不入网罟(网的总称),以成鱼鳖之长"。《礼记》里的规定就更加具体,什么时候可以伐木,什么时候可以捕鱼,什么时候可以网鸟,什么时候可以逮兽……件件桩桩说得清清楚楚,不仅定性,而且量化;不仅制约黎民百姓,对皇家也不例外,违者必究。

　　作为一个现代公民,应当继承和发扬古人重视环境保护的光荣传统。为了自身的生存,为了我们的子孙后代永远都能幸福地生活在地球上,从现在做起,从我做起,从身边的小事做起,"动必以道,静必以理",做一个绿色环保的支持者、拥护者、宣传者、实践者。